高等职业技术院校电类专业教材

数控机床电气检修

（第二版）

SHUKONG JICHUANG DIANQI JIANXIU

主编 张鑫 副主编 李长军

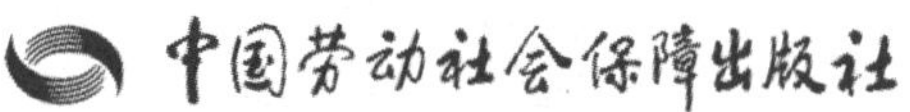

简介

本书主要内容包括数控机床电气故障检修基础、数控装置的故障检修、主轴驱动系统的电气故障检修、进给伺服驱动系统的电气故障检修、自动换刀装置的电气故障检修、冷却泵与润滑系统的电气故障检修、数控机床 PLC 的电气故障检修、数控铣床的电气故障检修、立式数控加工中心的电气故障检修、卧式数控加工中心的电气故障检修。

本书由张鑫主编，李长军副主编，李长城、关开芹、肖云、沈东辉、郭庆玲、卢强、卢旭辰参与编写，刘加勇主审。

图书在版编目(CIP)数据

数控机床电气检修/张鑫主编. —2 版. —北京：中国劳动社会保障出版社，2014
高等职业技术院校电类专业教材
ISBN 978 - 7 - 5167 - 0735 - 7

Ⅰ.①数… Ⅱ.①张… Ⅲ.①数控机床-电气设备-检修-高等职业教育-教材 Ⅳ.①TG659

中国版本图书馆 CIP 数据核字(2014)第 030396 号

中国劳动社会保障出版社出版发行
（北京市惠新东街 1 号 邮政编码：100029）

*

三河市潮河印业有限公司印刷装订 新华书店经销

787 毫米×1092 毫米 16 开本 19 印张 438 千字
2014 年 3 月第 2 版 2025 年 6 月第 9 次印刷
定价：35.00 元

营销中心电话：400-606-6496
出版社网址：http://www.class.com.cn
http://jg.class.com.cn

前　言

为了更好地适应全国高等职业技术院校电类专业教学要求，全面提升教学质量，人力资源和社会保障部教材办公室组织有关学校的一线教师和行业、企业专家，充分调研企业生产和学校教学情况，广泛听取各职业技术院校对教材使用情况的反馈意见，对2006年至2007年出版的全国高等职业技术院校电类专业基础平台教材和电气自动化技术专业模块教材进行了修订，并做了适当的补充开发。

本次教材修订（新编）工作的重点主要体现在以下四个方面：

第一，科学合理安排内容，融入先进教学理念。

根据电类专业毕业生所从事职业的实际需要和教学实际情况的变化，合理确定学生应具备的能力与知识结构，适当调整部分教材的内容及其深度、难度，如《数控机床电气检修（第二版）》中增加了教学中广泛使用的广数GSK980T系统的相关知识；根据相关工种及专业领域的最新发展，在教材中充实“四新”内容，如《变频器应用技术（三菱 第二版）》中改用目前广泛应用的较新型的FR－E740型通用变频器。同时，结合教学改革要求，在教材中融入较为成熟的课改理念和教学方法，以完成具体典型工作任务为主线组织教材内容，将理论知识的讲解与具体的任务载体有机结合，激发学生学习兴趣，提高学生实践能力。

第二，进一步完善教材体系，充分满足教学需求。

在进一步完善现有教材教学内容的基础上，适应专业发展趋势，新开发了《电力电子技术》《过程控制技术》《工业组态软件应用技术》《自动化综合实训》教材，以充分满足当前电气自动化技术专业教学的实际需求。同时，相关教材还可满足“生产过程自动化技术”“工业网络技术”“计算机控制技术”等其他电类专业方向的教学需要。

第三，涵盖国家职业技能标准，与职业技能鉴定要求相衔接。

教材编写坚持以国家职业技能标准为依据，涵盖《维修电工》等国家职业技能标准中（中、高级）的知识和技能要求，并在与教材配套的习题册中增加针对相关职业技能鉴定考试的练习题。同时，严格贯彻国家有关技术标准的要求。

第四，进一步开发辅助产品，提供优质教学服务。

根据大多数学校的教学实际需求，部分教材还配套开发了习题册，以便于学生巩固练习使用。本套教材均提供多媒体教学课件，可通过中国人力资源和社会保障出版集团网站（http：//www. class. com. cn）免费下载，进入主页后搜索相应教材并进入图书详细页面即可找到下载链接。

本次教材的修订（新编）工作得到了江苏、安徽、山东、河南、湖南、广东、广西、四川等省人力资源和社会保障厅及一些高等职业技术院校的大力支持，教材的编审人员做了大量的工作，在此我们表示诚挚的谢意。

人力资源和社会保障部教材办公室

2013 年 11 月

目　录

CONTENTS

国家级职业教育规划教材

课题一　数控机床电气故障检修基础

数控机床是采用数字控制技术的机床，它是一种技术密集度和自动化程度都很高的机电一体化加工设备，目前广泛应用于制造业的各个领域。由于数控机床在运行使用中不可避免地会产生各种故障，而其投资又比普通机床高得多，因此降低数控机床故障率、缩短故障修复时间、提高机床利用率就显得尤为重要。数控机床的技术先进、结构复杂、智能化程度高，对维修人员理论知识和专业技术要求也很高。因此，为了更好地掌握数控机床故障诊断与维修技术，应通过以下 3 个任务的学习来奠定维修基础。

任务 1　认识数控机床

学习目标

1. 了解数控机床的基本概念。
2. 熟悉数控机床的工作过程。
3. 掌握数控机床的组成及工作原理。
4. 认识数控机床中的电气元件。

任务引入

数控机床是数控技术与机床相结合的产物，能实现机械加工的高速度、高精度和高度自动化，代表了机床的发展方向。本任务是从电气角度来认识数控机床的，具体认识数控机床的结构和电气控制系统组成及电气元件。

相关知识

一、数控机床的概念

数控机床是用数字化信号控制机床的运动及其加工过程。国际信息处理联盟对数控机床的定义是：数控机床（Numerical Control Machine Tools）是一个装有程序控制系统的机床，该系统能够逻辑地处理，具有使用号码或其他符号编码指令规定的程序并将其译码，从而使机床动作并加工零件。定义中的程序控制系统即数控系统。

现代数控系统是利用计算机控制加工功能，实现数字控制，并通过接口与外围设备连接，这种系统称为计算机数控（Computer Numerical Control，简称 CNC）系统。具有 CNC 系统的机床称为 CNC 机床，人们提及数控机床，一般是指 CNC 机床。

常见的数控机床有数控钻床（见图1—1—1）、数控车床（见图1—1—2）、数控铣床（见图1—1—3）、立式数控加工中心（见图1—1—4）等。

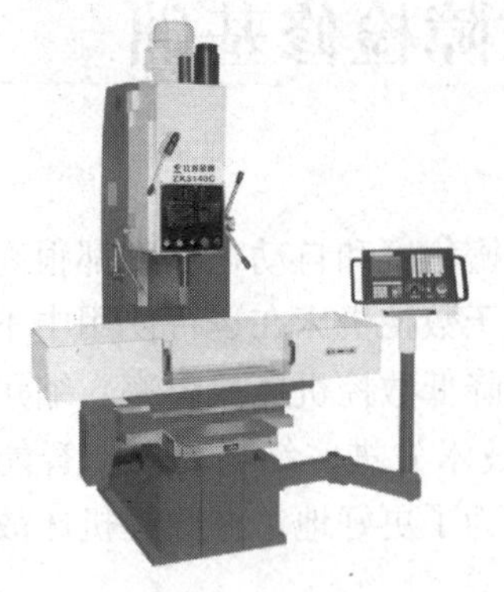

图1—1—1　数控钻床

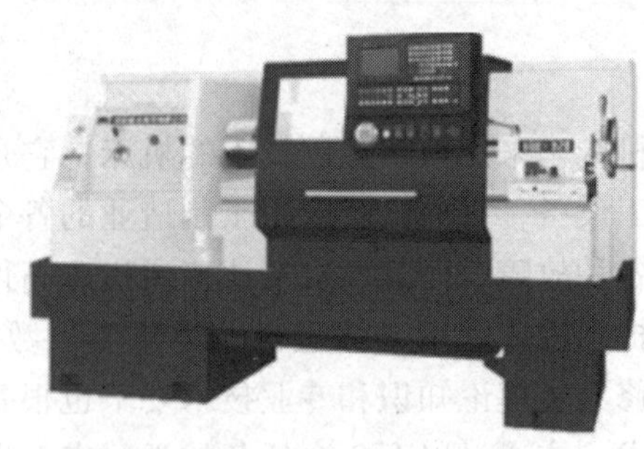

图1—1—2　数控车床

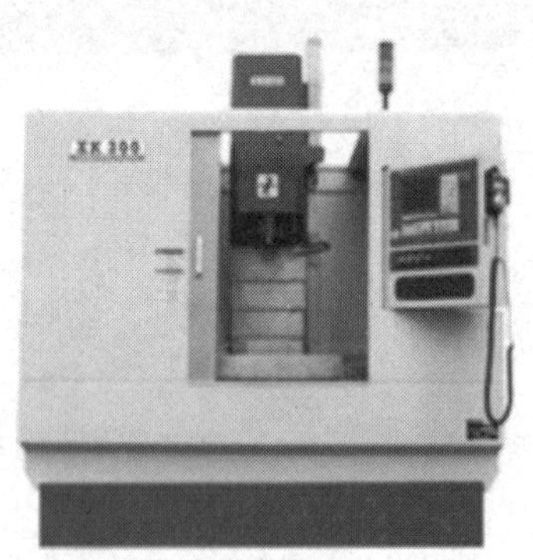

图1—1—3　数控铣床

图1—1—4　立式数控加工中心

二、数控机床的工作过程

数控机床加工零件时，根据零件图样要求及加工工艺，将所用刀具、刀具运动轨迹与速度、主轴转速与旋转方向、冷却等辅助操作以及相互间的先后顺序，以规定的数控代码形式编制成程序，并输入到数控装置中，在数控装置内部控制软件的支持下，经过处理、计算后，向机床伺服系统及辅助装置发出指令，驱动机床各运动部件及辅助装置进行有序的动作与操作，实现刀具与工件的相对运动，加工出所要求的零件，如图1—1—5所示。

三、数控机床的组成

图1—1—6所示是CAK3665NJ数控车床，该机床为万能型通用产品，适合于各种轴类及盘类零件的加工，可加工内、外圆柱面、锥面、螺纹、铰孔、镗孔及各种曲线回转体，可对工件进行多次重复循环加工。下面以此机床为例，学习数控机床的组成。

数控机床一般由输入/输出装置、数控装置（或称CNC装置）、可编程逻辑控制器（PLC）、主轴驱动系统、进给伺服驱动系统、位置检测装置、强电控制电路、辅助装置和机床本体等组成。图1—1—7所示为数控机床的组成框图。

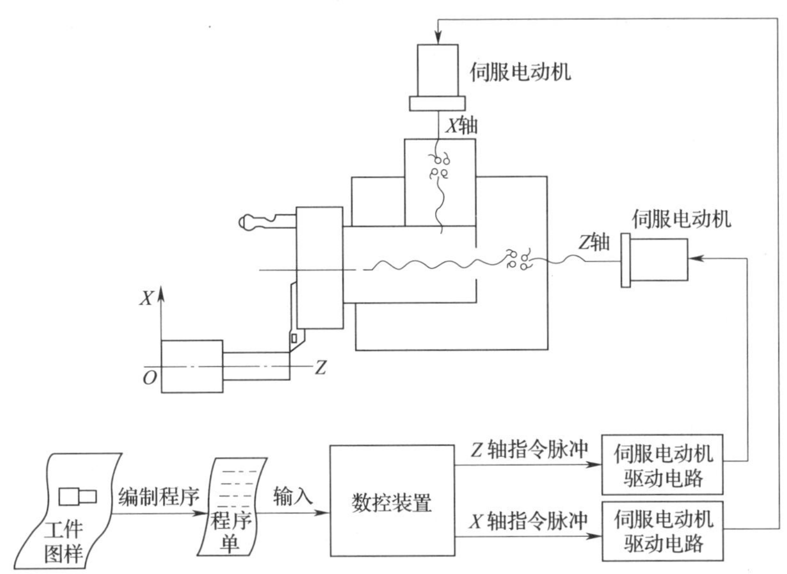

图 1—1—5 数控机床的工作过程示意图

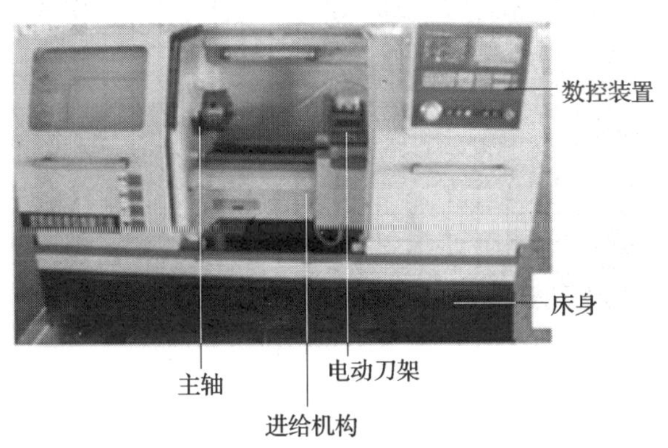

图 1—1—6 CAK3665NJ 数控车床

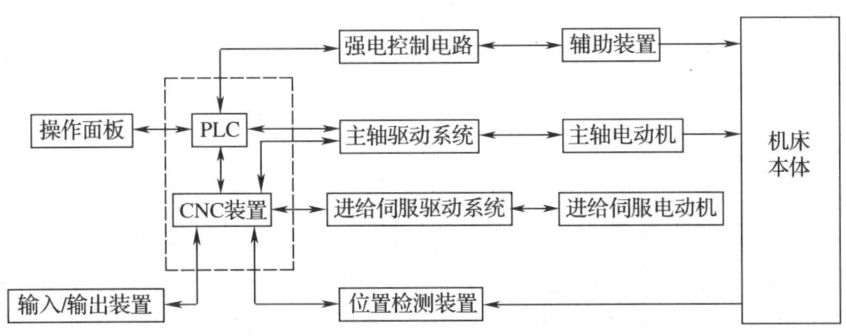

图 1—1—7 数控机床的组成框图

1. 输入/输出装置

输入/输出装置是数控装置与外部设备进行数据或信息交换的装置。输入装置的作用是将程序载体上的数控代码变成相应的电脉冲信号，传送并存入数控装置内。目前，数控机床的输入装置有键盘、磁盘驱动器以及 DNC 网络串行通信的方式输入，极大地方便了信息输入工作。输出装置的作用是通过显示器为操作人员提供必要的信息，显示的信息可以是正在编辑的程序、坐标值，报警信号以及内部工作参数等。目前，输出装置主要是彩色液晶显示器。

2. 数控装置（CNC）

数控装置是数控机床电气控制系统的核心，由硬件和软件两部分组成。它能够自动地对输入的加工程序进行解码、运算和逻辑处理，并将数控加工程序信息按两类控制量分别输出：一类是连续控制量，送往伺服系统；另一类是离散的开关控制量，送往机床强电控制电路，从而协调控制机床各部分的运动，完成数控机床所有运动的控制，实现数控机床的加工过程。

CAK3665NJ 数控车床的数控装置采用 GSK980TDb 系统，图 1—1—8 所示为 GSK980TDb 系统面板。

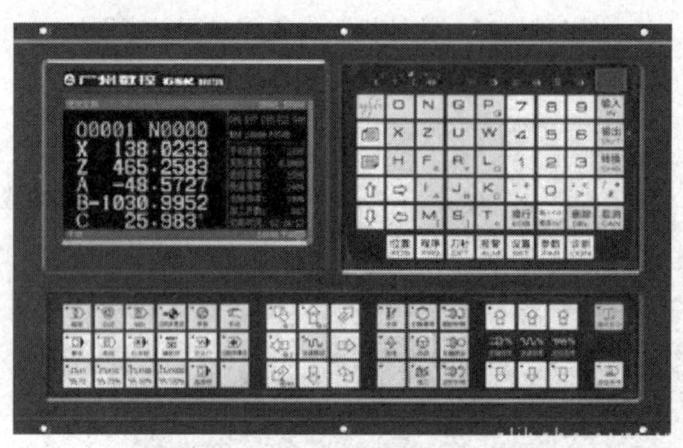

图 1—1—8　GSK980TDb 系统面板

3. 可编程逻辑控制器（PLC）

可编程逻辑控制器是机床各项功能的逻辑控制中心，一般数控装置都内置 PLC（例如，GSK980TDb 系统的 PLC 就是内置的）。它将来自 CNC 装置的各种运动及功能指令进行逻辑排序，使它们能够准确地、协调有序地安全运行；同时，将来自机床的各种信息及工作状态传送给 CNC 装置，使 CNC 装置能及时准确地发出进一步的控制指令，实现对整个机床的控制。

4. 主轴驱动系统

主轴驱动系统由主轴电动机（包括速度检测元件）和主轴伺服驱动装置组成，主轴驱动系统接收来自数控装置的驱动指令，经过速度与转矩（功率）调节输出驱动信号驱动主轴电动机转动，同时接收速度反馈实施速度闭环控制，实现对主轴转速的调节控制。

CAK3665NJ 数控车床的主轴驱动系统采用变频主轴（见图 1—1—9 所示数控车床电气控制柜）。采用日立 SJ300－055HF/7.5 kW 变频调速器控制 5.5 kW 主轴电动机，与机械变速相配合可实现三挡无级调速。

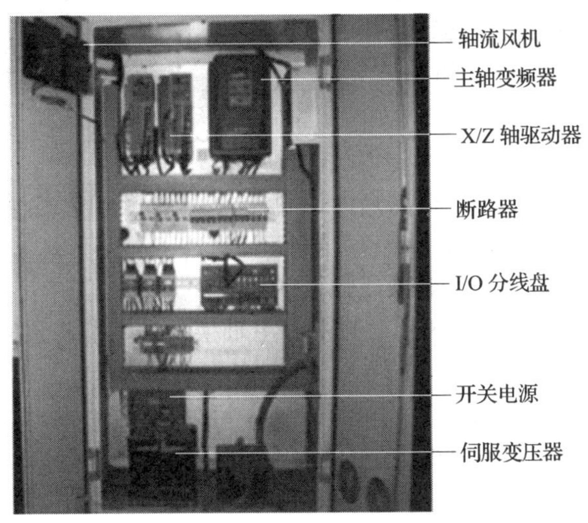

图 1—1—9　数控车床电气控制柜

5．进给伺服驱动系统

进给伺服驱动系统由进给伺服电动机（一般内装速度和位置检测元件）和进给伺服驱动装置组成。进给伺服驱动系统接收来自数控装置的速度指令，经过速度与电流（转矩）调节输出驱动信号驱动伺服电动机转动，同时接收速度反馈信号实施速度闭环控制，实现机床坐标轴运动。

CAK3665NJ 数控车床进给伺服驱动系统中 *X* 轴和 *Z* 轴采用 GSKDA98b 交流伺服驱动装置（见图 1—1—9 所示数控车床电气控制柜），电动机采用 SJT 系列交流伺服电动机。*X* 轴进给最高速度 8 m/min；*Z* 轴进给最高速度 12 m/min。传动丝杠采用精密滚珠丝杠，高刚性精密复合轴承结构，定位准确、传动效率高，两轴联动由数控系统控制。加工螺纹由光电编码器与交流伺服电动机配合实现。

6．位置检测装置

位置检测装置是将数控机床各坐标轴的实际位移量、速度等参数检测出来，转变成电信号反馈给 CNC 装置，通过将反馈回来的实际位移量值与设定值进行比较，并由 CNC 装置发出相比较的差值去控制驱动装置，使各坐标轴按照指令值移动，从而实现对位置的精确控制。常用的位置检测元件有光栅、光电编码器、感应同步器、旋转变压器、磁栅尺等。现代机床多采用光电脉冲编码器（见图 1—1—10）和光栅尺（见图 1—1—11）作为位置测量元件。

图 1—1—10　光电脉冲编码器

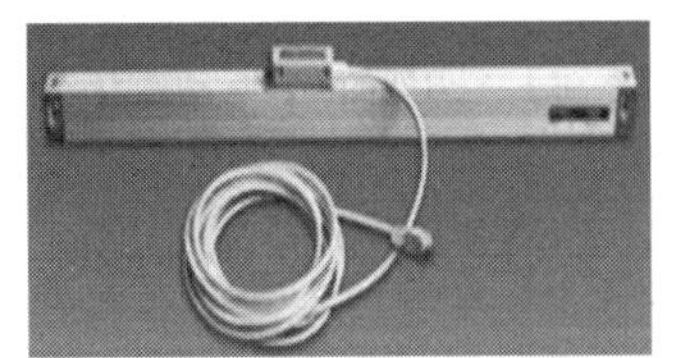

图 1—1—11　光栅尺

CAK3665NJ 数控车床的进给位置检测元件是编码器，此编码器和进给电动机同轴装在一起构成了伺服电动机，如图 1—1—12 所示。

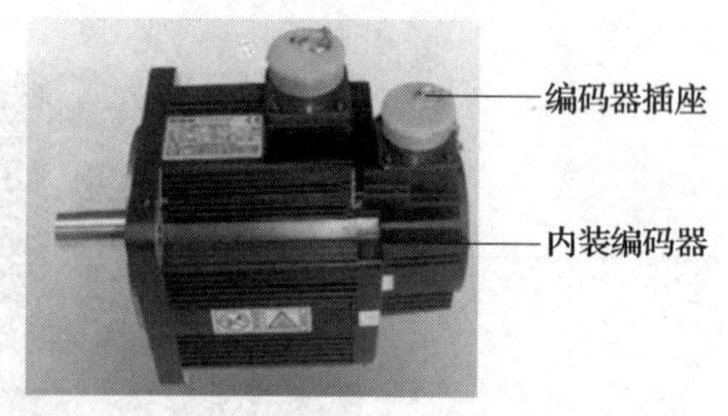

图 1—1—12　伺服电动机（内装编码器）

7. 强电控制电路

随着 PLC 功能的不断强大，机床中传统的继电器逻辑电路已经很少存在。现在机床强电控制电路的主要任务是对电源的控制以及与 PLC 联合控制，把 PLC 输出的辅助控制指令转换成强电信号，以实现对润滑、冷却、气动、液压、排屑和主轴换刀等辅助装置的逻辑控制（见图 1—1—9 所示数控车床电气控制柜）。

CAK3665NJ 数控车床配有四工位电动刀架，可实现自动换刀，刀架电动机功率为 0. 18 kW，转速为 1 500 r/min；配有独立的集中润滑泵对导轨进行自动润滑，润滑电动机功率为 0. 09 kW，转速为 1 400 r/min；配有独立的冷却系统，冷却电动机功率为 0. 12 kW，转速为 2 900 r/min。

8. 机床本体

数控机床的机床本体与传统机床相似，由机床床身、主轴传动装置、进给机构、冷却与润滑装置、交换工作台及排屑装置等组成。但数控机床在整体布局、外观造型、传动系统和刀具系统的结构与操作机构等方面都已发生了很大的改变，满足了数控机床的要求和性能精度，充分发挥了数控机床的特点。

CAK3665NJ 数控车床的机械结构与普通卧式车床机械结构相似，由床身、主轴传动机构、进给传动机构、换刀装置（电动刀架）、尾座、冷却系统、润滑系统等部分组成，其外形如图 1—1—6 所示。机床的运动形式及控制要求见表 1—1—1。

表 1—1—1　　机床的运动形式及控制要求

序号	运动种类	运动形式	控制要求
1	主运动	主轴通过卡盘带动工件的旋转运动	1. 主轴旋转运动采用变频调速器控制主轴电动机手动或自动正反转运行 2. 变频器与机械变速系统相配合可实现三挡无级调速 3. 车削螺纹由主轴光电编码器与交流伺服电动机配合实现
2	X 轴进给运动	带动滑板实现 X 轴的横向进给	X 轴和 Z 轴采用交流伺服电动机带动滚珠丝杠，由数控系统控制两轴联动，可实现手动或自动进给运行
3	Z 轴进给运动	带动床鞍实现 Z 轴的纵向进给	
4	刀架换刀运动	刀架的回转运动选刀	由三相异步电动机带动换刀装置，由数控系统控制刀具的手动或自动选刀
5	辅助运动	工件加工过程的冷却	冷却电动机可实现手动或自动的单方向运转
		机床润滑	集中润滑泵对导轨进行自动间歇润滑

任务实施

一、任务准备

实施本任务所需要的实训设备及工具材料表见表1—1—2。

表1—1—2　　实训设备及工具材料表

序号	设备与工具	型号与说明	数量
1	数控车床	CAK3665NJ	1台
2	机床资料	数控车床使用说明书、电气说明书、数控系统操作说明书	1套
3	电工工具	自定	1套

二、参观数控车间，认识数控车床

1. 在指导教师的指导下，对照数控车床了解其主要结构，并正确填写表1—1—3。

表1—1—3　　数控车床主要结构的功能

序号	结构名称	功　　能
1	数控装置	
2	主轴机构	
3	进给机构	
4	换刀机构	
5	润滑装置	
6	冷却装置	
7	电气控制箱	
8	机床本体	

2. 在指导教师的指导下，仔细观察数控车床及其电气控制柜，并对照图1—1—13所示数控车床电气整机连接示意图，识别各电气元件的型号、位置和用途，并正确填写表1—1—4。

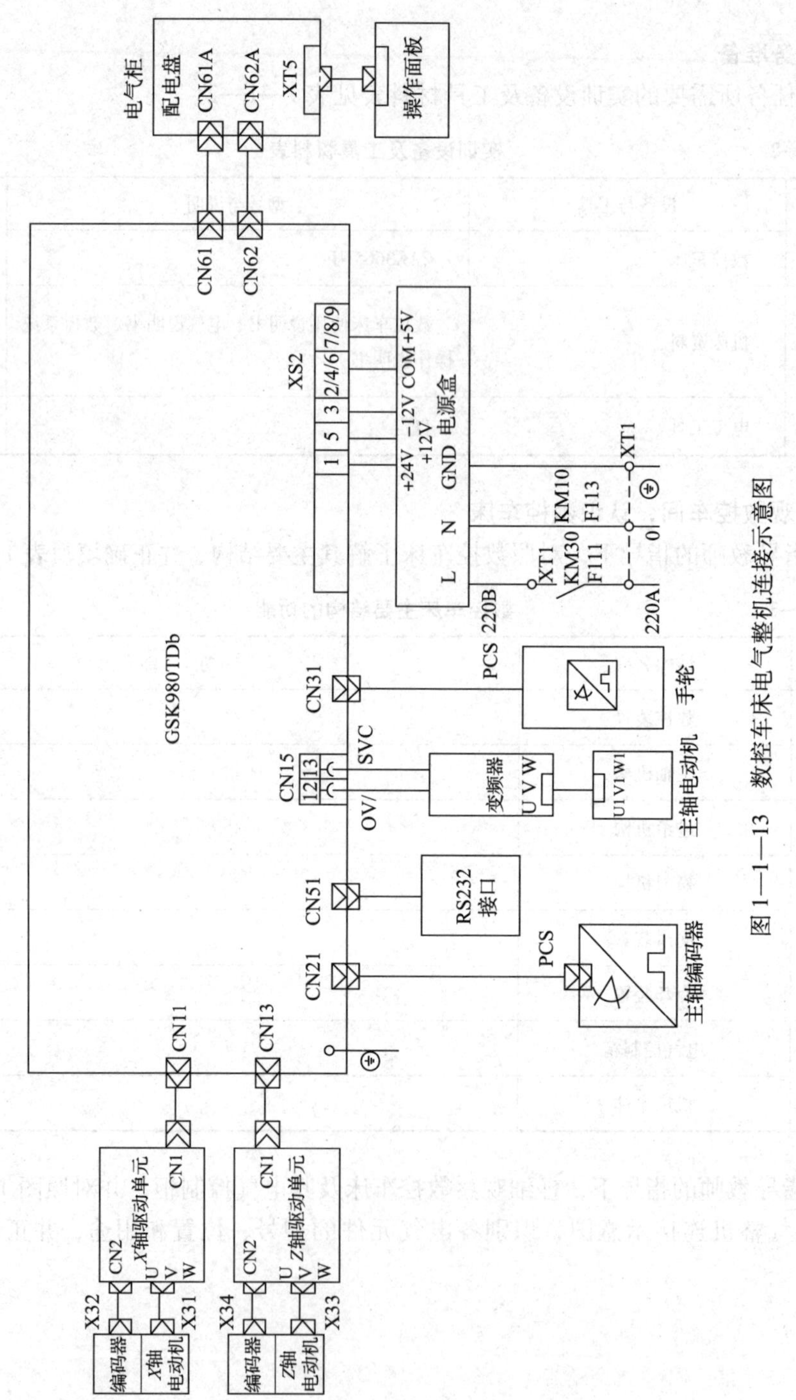

图 1—1—13　数控车床电气整机连接示意图

表 1—1—4　　电气元件的型号和用途

序号	电器名称	型号	用途
1	数控装置		
2	变频器		
3	*X/Z* 伺服驱动器		
4	伺服变压器		
5	开关电源		
6	润滑泵		
7	电动刀架		
8	伺服电动机		
9	主轴编码器		
10	*X/Z* 轴限位开关		
11	轴流风扇		

3. 由指导教师对机床进行操作，观察数控车床主轴、进给、换刀、冷却、润滑等系统的运动，加深理解表 1—1—1 中的机床运动形式和控制要求。

操作提示

本教材所涉及的工作任务，在实施过程中都应遵守以下安全文明生产规定。

1. 在任务实施过程中，要严格遵守安全用电操作规程，未经指导教师同意严禁送电。
2. 爱护设备和工具，未经指导教师同意，严禁乱动数控设备。
3. 分组操作过程中，不得围观人数太多（5～6 人为宜），防止发生人身安全事故。
4. 实训场所严禁打闹。
5. 带电工作时，应严格遵守带电操作规程，以防触电。
6. 任务结束后，要停电、收拾工具、清扫卫生。

任务测评

完成操作任务后，学生先按照表 1—1—5 进行自我测评，再由指导教师评价审核。

表 1—1—5　　测评表

序号	项目	考核内容及要求	配分	评分标准	扣分	得分
1	任务准备	检查工具、资料是否准备齐全	5	1. 工具不齐全，每少一件扣 0.5 分 2. 资料不齐全，扣 3 分		
2	数控装置	能正确理解数控装置的型号、功能	10	1. 不能正确填写型号，扣 3 分 2. 不能正确解释数控装置的功能，扣 7 分		

续表

序号	项目	考核内容及要求	配分	评分标准	扣分	得分
3	主轴机构	能识别主轴箱、主轴变频器、编码器、主轴电动机并说出其作用和所处位置	20	1．不能正确说出主轴变频器型号及其作用，扣5分 2．不能正确说出编码器型号及其作用，扣5分 3．不能正确说出主轴电动机型号及其作用，扣5分 4．不能正确指出各部件的机床位置，扣5分		
4	进给机构	能识别伺服驱动器、伺服变压器、进给机构、伺服电动机并说出其作用及它们在机床中的位置	20	1．不能正确说出伺服驱动器型号及用途，扣5分 2．不能正确说出伺服电动机器型号及用途，扣5分 3．不能正确说出伺服变压器的各组电压及用途，扣5分 4．不能正确指出各部件的机床位置，扣5分		
5	换刀装置	能识别电动刀架型号并说出其用途及位置	10	1．不能正确说出电动刀架的型号及用途，扣8分 2．不能正确指出刀架的机床位置，扣2分		
6	润滑装置	能识别润滑装置型号并说出其用途及位置	10	1．不能正确说出润滑装置型号及用途，扣8分 2．不能正确指出润滑装置的机床位置，扣2分		
7	开关电源	能识别开关电源型号并说出各组电压	5	不能正确说出开关电源的型号与各组电压，扣5分		
8	轴流风扇	能识别轴流风扇的型号及用途	5	不能正确说出轴流风扇型号及用途，扣5分		
9	限位开关	能识别位置开关型号、用途与位置	5	1．不能正确说出限位开关型号及用途，扣3分 2．不能正确指出限位开关的机床位置，扣2分		
10	安全文明生产	应符合国家安全文明生产的有关规定	10	违反安全文明生产有关规定不得分		
指导教师评价					总得分	

思考与练习

一、填空题（将正确答案填在横线上）

1. 数控机床是采用__________技术的机床，即用__________信号控制机床运动及其加工过程。它是一种技术__________和__________程度都很高的机电一体化设备。

2. 现代数控系统又称为__________系统，是采用计算机控制技术实现控制功能的，简称为________________系统。

3. 数控机床一般由________、__________、__________、_________和机床主体等组成。

4. __________是数控机床的核心，一般由输入装置、__________和__________等构成。

5. 数控系统所控制的对象是__________，主要由__________和__________两部分组成。

6. 数控机床中，常用的位置检测元件有____________、____________、____________、____________等。

二、选择题（将正确答案序号填在括号里）

1. 数控机床本体包括（　　）。

A. 主轴、导轨、床身　　　　B. 主轴、导轨、交换工作台

C. 主轴、导轨、排屑装置　　D. 主轴、导轨、床身、交换工作台、排屑装置

2. （　　）是数控系统的执行部分。

A. 数控装置　　B. 伺服系统　　C. 测量反馈装置　　D. 控制器

3. 数控系统中 CNC 的中文含义是（　　）。

A. 计算机数字控制　　B. 工程自动化

C. 硬件数控　　D. 计算机控制

4. 数控机床的控制介质有（　　）。

A. 零件图样和加工程序单　　B. 穿孔带

C. 穿孔带、磁带、磁盘、U 盘　　D. 光电阅读机

三、判断题（将判断结果填入括号中，正确的填“√”，错误的填“×”）

1. 数控机床具有柔性，只需更换程序，就可适应不同尺寸规格零件的自动加工。（　　）

2. 数控装置是数控系统的执行部分。（　　）

3. 数控机床电气控制系统的发展与数控系统、伺服系统、PLC 等发展密切相关。（　　）

4. 所输入的加工程序数据，经计算机处理，发出所需要的脉冲信号，驱动伺服电动机，实现机床的自动控制。（　　）

5. 数控机床是在普通机床的基础上将普通电气装置更换成 CNC 控制装置。（　　）

6. CAK3665NJ 数控车床的主轴驱动系统采用变频主轴。（　　）

四、简答题

1. 什么是数控机床？数控机床由哪几个部分组成？各有什么作用？

2. 简述数控机床的加工过程。

任务 2　数控车床的基本操作

学习目标

1. 熟悉 GSK980TDb 系统操作面板、功能键及其含义。
2. 掌握 GSK980TDb 系统数控车床的基本操作。
3. 理解数控机床坐标轴的确定原则以及数控机床参考点和原点的确定方法。
4. 掌握数控机床的编程方法与步骤。
5. 能够编制与输入简单程序。

任务引入

由于数控机床是一种自动化程度较高、结构复杂的机电一体化设备，因此对维修人员有较高的要求，除了有高度责任心、专业理论和一定的英语阅读能力外，还应该具有数控机床的操作技能。如果维修人员不会操作机床，不知道机床的动作过程，想要修好设备则是不可能的。因此，维修人员应掌握数控车床的基本操作方法，会编制简单的加工程序，对机床进行自动运行加工测试，这就是本任务要学习的主要内容。

相关知识

一、数控车床总面板介绍

在数控系统中，其系列、型号、规格虽有不同，但操作的基本原理、方法和工作内容是相似的，本节以 GSK980TDb 系统为例进行介绍。GSK980TDb 系统的机床总面板主要由状态指示灯、MDI 编辑键盘、显示菜单、LCD 显示区和机床操作面板区等组成，如图 1—2—1 所示。

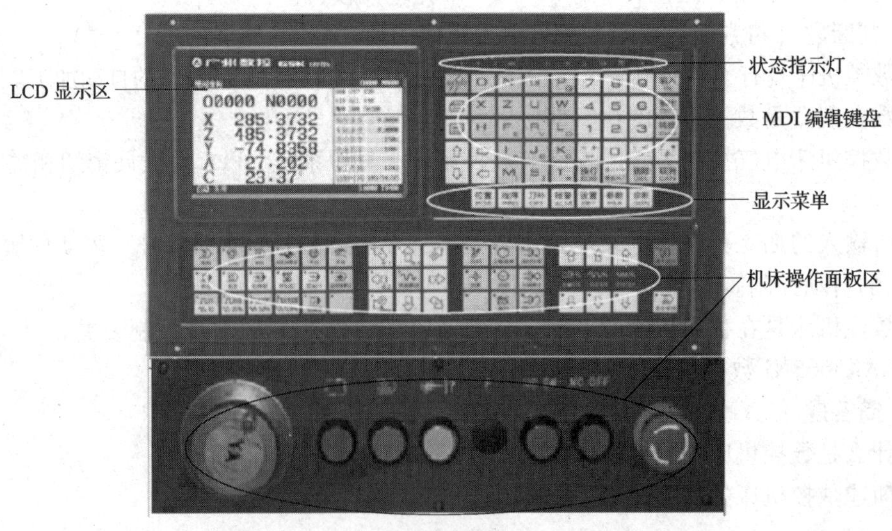

图 1—2—1　GSK980TDb 系统的机床总面板

1. 状态指示灯

机床的状态指示灯及其功能见表 1—2—1。

表 1—2—1　　机床的状态指示灯及其功能

指示灯	功能	指示灯	功能
 X Y Z 4th	轴回零结束指示灯		快速指示灯
	单段运行指示灯		程序段选跳指示灯
	机床锁指示灯	 MST	辅助功能锁指示灯
	空运行指示灯		

2. MDI 编辑键盘

MDI 编辑键盘中各键的名称及功能见表 1—2—2。

表 1—2—2　　各键功能

按键	名称	功能说明
 RESET	复位键	CNC 复位，进给、输出停止等
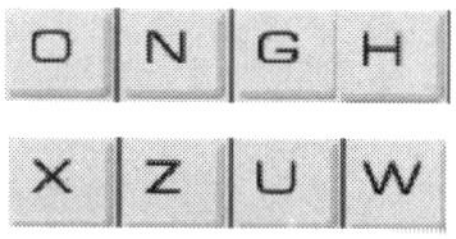 O N G H X Z U W	地址键	地址输入
 F E R V L D I A J B K C M [S] T = P Q	地址键	双地址键，反复按键，在两者间进行切换
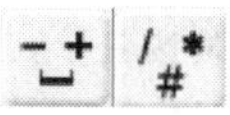 - + / * #	符号键	三符号键，反复按键，在相互间进行切换
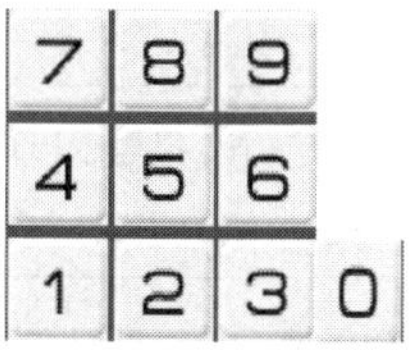 7 8 9 4 5 6 1 2 3 0	数字键	数字输入
 . < >	小数点	小数点输入
 输入 IN	输入键	参数、补偿量等数据输入的确定

续表

按键	名称	功能说明
输出 OUT	输出键	启动通信输出
转换 CHG	转换键	信息、显示的切换
插入INS 修改ALT 删除 DEL 取消 CAN	编辑键	编辑时，程序、字段等的插入、修改、删除（插入INS 修改ALT 为复合键，可在插入、修改、宏编辑间切换）
换行 EOB	EOB 键	程序段结束符的输入
⇧ ⇨ ⇩ ⇦	光标移动键	控制光标移动
	翻页键	同一显示界面下页面的切换

3. 显示菜单

显示菜单键的功能见表 1—2—3。

表 1—2—3　　显示菜单键的功能

菜单键	备　注
位置 POS	进入位置界面。位置界面有相对坐标、绝对坐标、综合坐标、坐标 & 程序 4 个页面
程序 PRG	进入程序界面。程序界面有程序内容、程序目录、程序状态、文件目录 4 个页面
刀补 OFT	进入刀补界面、宏变量界面、刀具寿命管理（参数设置该功能），反复按键可在三界面间转换。刀补界面可显示刀具偏置磨损；宏变量界面可显示 CNC 宏变量；刀具寿命管理可显示当前刀具寿命的使用情况并设置刀具的组号
报警 ALM	进入报警界面、报警日志，反复按键可在两界面间转换。报警界面有 CNC 报警、PLC 报警两个页面；报警日志可显示产生报警和消除报警的历史记录
设置 SET	进入设置界面、图形界面（98TDb 特有），反复按键可在两界面间转换。设置界面有开关设置、参数操作、权限设置、梯形图设置（2 级权限）、时间日期显示（参数设置）；图形界面可显示进给轴的移动轨迹
参数 PAR	进入状态参数、数据参数、螺补参数界面、U 盘高级功能界面（识别 U 盘后）。反复按键可在各界面间转换

续表

菜单键	备　注
诊断 DGN	进入 CNC 诊断界面、PLC 状态、PLC 数据、机床软面板、版本信息界面。反复按键可在各界面间转换。CNC 诊断界面、PLC 状态、PLC 数据显示 CNC 内部信号状态、PLC 各地址、数据的状态信息；机床软面板可进行机床软键盘操作；版本信息界面显示 CNC 软件、硬件及 PLC 的版本号
图形 GRA	进入图形界面（GSK 980TDb－V 特有），可显示进给轴的移动轨迹

4．数控车床操作面板

GSK980TDb 系统的数控车床操作面板及功能见表 1—2—4。

表 1—2—4　　GSK980TDb 系统的数控车床操作面板及功能

按键	名称	功能说明	功能有效时操作方式
进给保持	进给保持键	程序、MDI 代码运行暂停	自动方式、录入方式
循环启动	循环启动键	程序、MDI 代码运行启动	自动方式、录入方式
进给倍率	进给倍率键	进给速度的调整	自动方式、录入方式、编辑方式、机床回零、手脉方式、单步方式、手动方式、程序回零
100% 进给倍率	进给倍率 100% 按键（980TDb－V）	进给速度的调整	自动方式、录入方式、编辑方式、机床回零、手脉方式、单步方式、手动方式、程序回零
X1 F0　X10 25%　X100 50%　X1000 100%	快速倍率键	快速移动速度的调整	自动方式、录入方式、机床回零、手动方式、程序回零
主轴倍率	主轴倍率键	主轴速度调整（主轴转速模拟量控制方式有效）	自动方式、录入方式、编辑方式、机床回零、手脉方式、单步方式、手动方式、程序回零
换刀	手动换刀键	手动换刀	机床回零、手脉方式、单步方式、手动方式、程序回零
点动	点动开关键	主轴点动状态开/关	机床回零、手脉方式、单步方式、手动方式、程序回零
主轴准停	C/S 轴切换（980TDb）	切换主轴速度/位置控制	机床回零、手脉方式、单步方式、手动方式、程序回零

续表

按键	名称	功能说明	功能有效时操作方式
C/S	C/S 轴切换（980TDb－V）	切换主轴速度/位置控制	机床回零、手脉方式、单步方式、手动方式、程序回零
润滑	润滑开关键	机床润滑开/关	自动方式、录入方式、编辑方式、机床回零、手脉方式、单步方式、手动方式、程序回零
冷却	冷却液开关键	冷却液开/关	自动方式、录入方式、编辑方式、机床回零、手脉方式、单步方式、手动方式、程序回零
卡盘	卡盘控制键（980TDb－V）	卡盘夹紧/松开	自动方式、录入方式、编辑方式、机床回零、手脉方式、单步方式、手动方式、程序回零
尾座	尾座控制键（980TDb－V）	尾座进/退	自动方式、录入方式、编辑方式、机床回零、手脉方式、单步方式、手动方式、程序回零
液压	液压控制键（980TDb－V）	液压输出开/关	自动方式、录入方式、编辑方式、机床回零、手脉方式、单步方式、手动方式、程序回零
顺时针转 主轴停止 逆时针转	主轴控制键	顺时针转 主轴停止 逆时针转	机床回零、手脉方式、单步方式、手动方式、程序回零
快速移动	快速开关	快速速度/进给速度切换	自动方式、录入方式、手动方式
X	*X* 轴进给键	手动、单步操作方式各轴正向/负向移动	机床回零、单步方式、手动方式、程序回零
Z	*Z* 轴进给键		
Y	*Y* 轴进给键		
4th	4th轴进给键		
C	Cs 轴进给键（980TDb－V）		

续表

按键	名称	功能说明	功能有效时操作方式
X Z Y 4th C	手脉控制轴选择键	手脉操作方式各轴选择	手脉方式
LX1 F0 LX10 25% LX100 50% LX1000 100%	手脉/单步增量选择与快速倍率选择键	手脉每格移动1/10/100/1 000＊最小当量；单步每步移动1/10/100/1 000＊最小当量；快速倍率Fo、25%、50%、100%	自动方式、录入方式、机床回零、手脉方式、单步方式、手动方式、程序回零
选择停	选择停	选择停有效时，执行M01暂停	自动方式、录入方式
单段	单段开关	程序单段运行/连续运行状态切换，单段有效时单段运行指示灯亮	自动方式、录入方式
跳段	程序段选跳开关	程序段首标有“/”号的程序段是否跳过状态切换，程序段选跳开关打开时，跳段指示灯亮	自动方式、录入方式
机床锁	机床锁住开关	机床锁住时，机床锁住指示灯亮，进给轴输出无效	自动方式、录入方式、编辑方式、机床回零、手脉方式、单步方式、手动方式、程序回零
MST 辅助锁	辅助功能锁住开关	辅助功能锁住时，辅助功能锁住指示灯亮，M、S、T功能输出无效	自动方式、录入方式
空运行	空运行开关	空运行有效时，空运行指示灯点亮，加工程序/MDI代码段空运行	自动方式、录入方式
编辑	编辑方式选择键	进入编辑操作方式	自动方式、录入方式、机床回零、手脉方式、单步方式、手动方式、程序回零

续表

按键	名称	功能说明	功能有效时操作方式
自动	自动方式选择键	进入自动操作方式	录入方式、编辑方式、机床回零、手脉方式、单步方式、手动方式、程序回零
MDI	录入方式选择键	进入录入（MDI）操作方式	自动方式、编辑方式、机床回零、手脉方式、单步方式、手动方式、程序回零
回机床零点	机床回零方式选择键	进入机床回零操作方式	自动方式、录入方式、编辑方式、手脉方式、单步方式、手动方式、程序回零
手脉	单步/手脉方式选择键	进入单步或手脉操作方式（两种操作方式由参数选择其一）	自动方式、录入方式、编辑方式、机床回零、手动方式、程序回零
手动	手动方式选择键	进入手动操作方式	自动方式、录入方式、编辑方式、机床回零、手脉方式、单步方式、程序回零
回程序零点	程序回零方式选择键	进入程序回零操作方式	自动方式、录入方式、编辑方式、机床回零、手脉方式、单步方式、手动方式

5. 附加面板

附加面板中各功能按钮的名称及说明见表1—2—5，其是为有特殊需求的用户设计的选配件。

表1—2—5　　附加面板中各功能按钮的名称及说明

图形符号	名称	功能说明	图形符号	名称	功能说明
	手摇脉冲发生器	摇动手摇脉冲发生器可实现进给操作		“急停”按钮	当出现紧急情况而按下“急停”按钮时，在屏幕上出现“急停报警”字样
NC ON	数控系统上电	按下NC电源“启动”按钮，数控系统得电		“超程释放”按钮	当机床出现超程报警时，按下“超程释放”按钮不要松开，然后用手摇脉冲发生器反向移动该轴，从而解除超程报警
NC OFF	数控系统断电	按下NC电源“停止”按钮，数控系统断电		“循环启动”按钮	用于启动自动运行
F	备用按钮			“进给保持”按钮	用于使自动运行加工暂时停止

二、数控编程基础

1．数控机床坐标系

为了便于描述数控机床的运动，数控研究人员引入了数学中的坐标系，用数控机床坐标系来描述机床的运动。为了准确地描述机床的运动，简化程序的编制方法及保证记录数据的互换性，数控机床的坐标和运动的方向均已标准化。

（1）坐标系确定原则

国际标准化组织 2001 年颁布的 ISO2001 标准规定的命名原则如下。

1）刀具相对于静止工件而运动的原则。这一原则使编程人员能在不知道是刀具移近工件还是工件移近刀具的情况下，就可根据零件图样，确定零件的加工过程。

2）标准坐标（机床坐标）系的规定。在数控机床上，机床的动作是由数控装置来控制的，为了确定机床上的成形运动和辅助运动，必须先确定机床上运动的方向和运动的距离，这就需要一个坐标系才能实现，这个坐标系就称为机床坐标系。

标准的机床坐标系是一个右手笛卡儿直角坐标系，如图 1—2—2 所示，图中规定了 *X*、*Y*、*Z* 三个直角坐标轴的方向。伸出右手的大拇指、食指和中指，并互为 90°，大拇指代表 *X* 坐标轴，食指代表 *Y* 坐标轴，中指代表 *Z* 坐标轴。大拇指的指向为 *X* 坐标轴的正方向，食指的指向为 *Y* 坐标轴的正方向，中指的指向为 *Z* 坐标轴的正方向。围绕 *X*、*Y*、*Z* 坐标轴的旋转坐标分别用 *A*、*B*、*C* 表示，根据右手螺旋定则，大拇指的指向为 *X*、*Y*、*Z* 坐标轴中任意轴的正向，则其余四指的旋转方向即为旋转坐标 *A*、*B*、*C* 的正向。

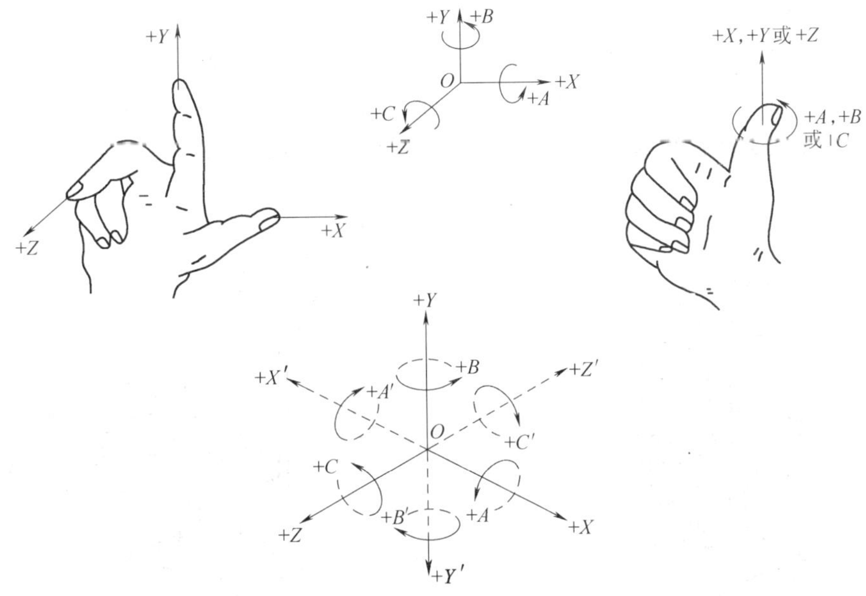

图 1—2—2　右手笛卡儿直角坐标系

3）运动方向的规定。对于各坐标轴的运动方向，均将增大刀具与工件距离的方向确定为各坐标轴的正方向。

（2）坐标轴的确定

1）*Z* 坐标轴。*Z* 坐标轴的运动方向是由传递切削力的主轴所决定的，与主轴轴线平行的标准坐标轴即为 Z 坐标轴，其正方向是增加刀具和工件之间距离的方向，如图 1—2—3 所示。

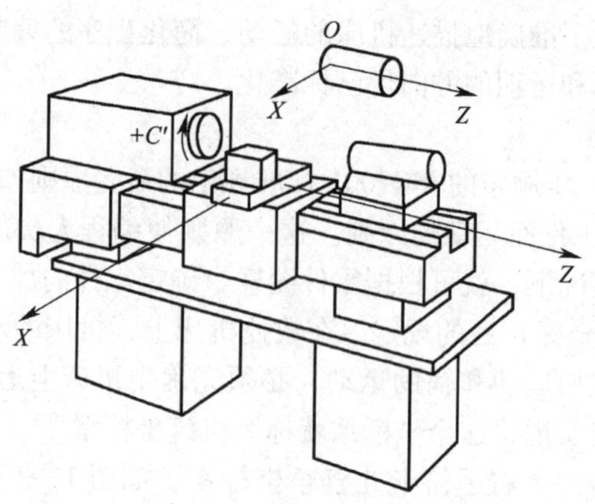

图 1—2—3　数控车床的坐标系

2）X 坐标轴。X 坐标轴平行于工件装夹面，一般在水平面内，它是刀具或工件定位平面内运动的主要坐标。

在有工件回转的机床上（如车床），X 坐标的运动方向是径向的，而且平行于横向滑座，X 坐标轴的正方向为刀具离开工件回转中心的方向，如图 1—2—3 所示。

在有刀具回转的机床上（如铣床），若 Z 坐标轴是垂直的（主轴是立式的），观察者沿刀具主轴向立柱看（即观察者从机床前向立柱看）时，X 坐标轴的正方向指向右方，如图 1—2—4a 所示。若 Z 坐标轴是水平的（主轴是卧式的），观察者沿刀具主轴向工件看（即观察者从机床背面向工件看）时，X 坐标轴的正方向指向右方，如图 1—2—4b 所示。

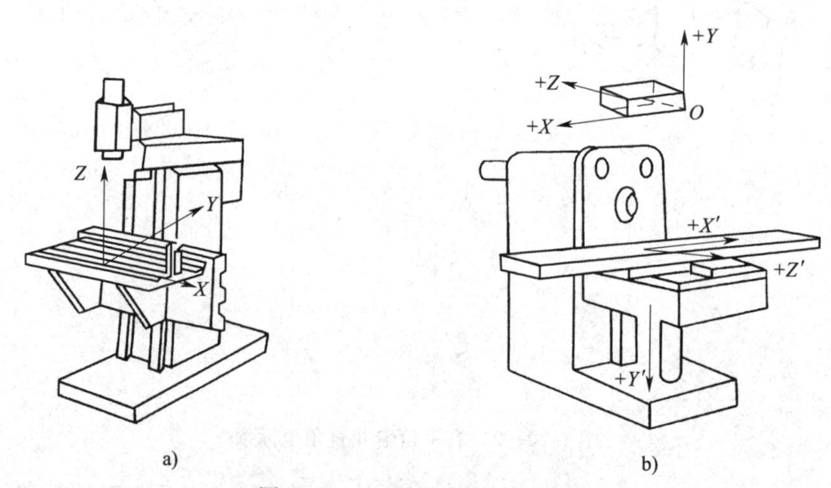

图 1—2—4　数控铣床的坐标系

a）立式数控铣床的坐标系　b）卧式数控铣床的坐标系

3）Y 坐标轴。在确定 X 和 Z 坐标轴后，可根据 X 和 Z 坐标轴的正方向，按照右手笛卡儿坐标系来确定 Y 坐标轴及其正方向。对于移动部分是工件而不是刀具的机床，必须将前面所介绍的移动部分是刀具的各项规定，在理论上作相反的安排。此时，用带“′”的字母表示工件正向运动，如 $+X'$、$+Y'$、$+Z'$表示工件相对于刀具正向运动，$+X$、$+Y$、$+Z$ 表示刀具相对于工件正向运动，二者所表示的运动方向恰好相反，如图 1—2—4b 所示。

（3）机床原点和机床参考点

1）机床原点。机床原点是机床制造厂家设置在机床上的一个基准位置，它不仅是在机床上建立工件坐标系的基准点，而且还是机床调试和加工时的基准点。数控车床的机床原点一般为主轴回转中心与卡盘后端面的交点，如图 1—2—5 所示。数控铣床的机床原点一般设在 X、Y、Z 坐标轴的正方向极限位置上，如图 1—2—6 所示。

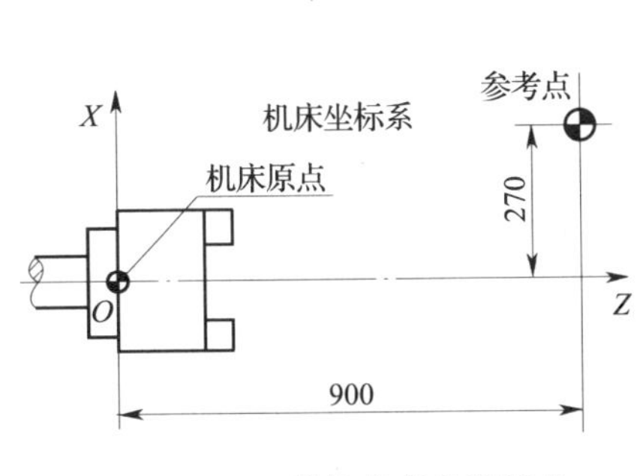

图 1—2—5　数控车床机床原点

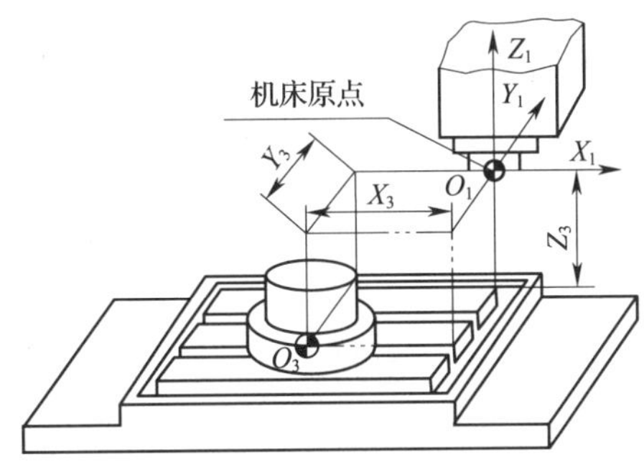

图 1—2—6　数控铣床机床原点

2）机床参考点（机床零点）。机床参考点是用于对机床运动进行检测和控制的固定位置点。机床参考点的位置是由机床制造厂家在每个进给轴上用限位开关精确调整好的，坐标值已输入数控系统中。因此，机床参考点对机床原点的坐标是一个已知数。

对于大多数数控机床而言，开机第一步总是先使机床返回参考点（即所谓的机床回零）。开机回参考点的目的就是为了建立机床坐标系，只有机床参考点被确认后，刀具（或工作台）移动才有基准。

机床参考点可以与机床原点重合，也可以不重合。通常，在数控铣床上，机床原点和机床参考点是重合的；而在数控车床上，机床参考点是离机床原点最远的极限点，如图 1—2—5 所示。

2. 数控编程

数控编程是指从零件图样到获得数控加工程序的全部工作过程。

（1）数控编程的分类

1）手工编程。手工编程是指主要由人工来完成数控编程中各个阶段的工作。一般对几何形状不太复杂的零件，所需的加工程序不长，计算比较简单，用手工编程比较合适。

2）计算机自动编程。自动编程是指在编程过程中，除了分析零件图样和制定工艺方案由人工进行外，其余工作均由计算机辅助完成。采用计算机自动编程时，数学处理、编写程序、检验程序等工作是由计算机自动完成的。由于计算机可自动绘制出刀具中心运动轨迹，使编程人员可及时检查程序是否正确，需要时，可及时修改，以获得正确的程序。又由于计算机自动编程代替程序编制人员完成了烦琐的数值计算，可使编程效率提高几十倍乃至上百倍，因此解决了手工编程无法解决的许多复杂零件的编程难题。因而，自动编程的特点就在于编程工作效率高，可解决复杂形状零件的编程难题。

（2）数控编程的步骤

1）分析零件图样。编程人员拿到零件图样后，应准确识读零件图样表述的各种信息，通过分析，确定该零件是否适合在数控机床上加工或适宜在哪种数控机床上加工，甚至还要确定零件的哪几道工序可在数控机床上加工。

2）确定工艺过程。在分析图样的基础上，进行工艺分析，选定机床、刀具和夹具，确定零件加工的工艺路线、工步顺序以及切削用量等工艺参数。

3）计算加工轨迹尺寸。根据零件图样、加工路线和零件加工允许的误差，计算出零件轮廓的坐标值。

4）编写程序单。加工路线、工艺参数及刀具数据确定以后，编程人员可以根据数控系统规定的功能指令代码及程序段格式，逐段编写加工程序单，并校核上述两个步骤的内容，纠正其中的错误。此外，还应填写有关的工艺文件，如数控加工工序卡片、数控刀具卡片等。

5）制作控制介质。把编制好的程序单上的内容记录在控制介质上作为数控装置的输入信息。

6）程序校验。编制好的加工程序必须经过校验和试切才能正式使用。校验的方法是直接将编制好的加工程序输入到数控装置中，让机床空运行，检查机床的运动轨迹是否正确。当发现有加工误差时，应分析误差产生的原因，找出问题所在，并加以修正。

每一种数控系统，根据系统本身的特点与编程的需要，都有一定的程序格式。对于不同的数控系统，其程序格式也不尽相同。因此，编程人员在按数控程序的常规格式进行编程的同时，还必须严格按照系统说明书的格式进行编程。

3. 数控程序的组成

一个完整的程序由程序号、程序内容和程序结束三部分组成，如下所示。

```
O0001;                                  程序号
N10   G99   G40   G21;             ┐
N20   T0101;                       │
N30   G00   X100.0   Z100.0;       │
N40   M03   S800;                  ├ 程序内容
……                                 │
N200   G00   X100.0   Z100.0;      ┘

N210   M30;                             程序结束
```

（1）程序号

每一个存储在系统存储器中的程序都需要指定一个程序号以相互区别，这种用于区别零件加工程序的代号称为程序号。因为程序号是加工程序开始部分的识别标记（又称为程序名），所以，同一数控系统中的程序号（名）不能重复。程序号写在程序的最前面，必须单独占一行。

广州数控系统程序号的书写格式为 O××××。其中，O 为地址符，其后为 4 位数字，数值为 0000～9999，在书写时，其数字前的零可以省略不写，如 O0020 可写成 O20。

（2）程序内容

程序内容是整个加工程序的核心，它由许多程序段组成。程序段是程序的基本组成部分，每个程序段由若干个数据字构成，而数据字又由表示地址的英文字母、特殊文字和数字构成。如 X30.0、G50 等。

1）程序段格式。程序段格式是指一个程序段中字、字符、数据的排列、书写方式和顺序。通常情况下，程序段格式有字—地址程序段格式、使用分隔符的程序段格式、固定程序段格式三种。这里主要介绍字—地址程序段格式。

N—G—X—Y—Z—F—S—T—M—LF

程序段号（N）　准备功能（G）　尺寸字（X—Y—Z）　进给功能（F）　主轴功能（S）　刀具功能（T）　辅助功能（M）　结束标记（LF）

例如，N50 G01 X30.0 Z30.0 F100 S800 T01 M03；

2）程序段的组成

①程序段号。程序段号由地址符“N”开头，其后为若干位数字。

在大部分系统中，由于程序段号仅作为“跳转”或“程序检索”的目标位置指示。因此，它的大小及次序可以颠倒，也可以省略。程序段在存储器内以输入的先后顺序排列，而程序的执行是严格按信息在存储器内的先后顺序一段一段地执行，也就是说执行的先后次序与程序段号无关。但是，当程序段号省略时，该程序段将不能作为“跳转”或“程序检索”的目标程序段。

程序段号也可以由数控系统自动生成，程序段号的递增量可以通过“机床参数”进行设置，一般可设定增量值为 10。

②程序段内容。程序段的中间部分是程序段的内容，程序内容应具备 6 个基本要素，即准备功能字、尺寸功能字、进给功能字、主轴功能字、刀具功能字、辅助功能字等（见表 1—2—6、表 1—2—7），但并不是所有的程序段都必须包含所有功能字，有时一个程序段内仅包含其中一个或几个功能字也是允许的。

表 1—2—6　　数控机床主要功能及其地址表

功能	地址	意义
准备功能	G	指定运动方向（直线、圆弧等）
尺寸功能	X、Y、Z	坐标轴运动指令
	U、V、W	
	A、B、C	
	I、J、K	圆弧中心坐标
	R	圆弧半径
进给功能	F	每分钟进给速度，每转进给速度
主轴功能	S	主轴速度
刀具功能	T	刀具号
辅助功能	M（见表 1—2—7）	机床上的开/关控制
	B	工作台分度等

表 1—2—7　　常用的 M 功能代码表

代码	控制功能	代码	控制功能
M00	程序停止	M09	冷却泵关
M01	选择程序停止	M43	主轴高速
M02	程序段结束	M42	主轴中速
M03	主轴正转	M41	主轴低速
M04	主轴反转	M30	程序结束
M08	冷却泵开		

③程序段结束。程序段以结束标记“CR（或 LF）”结束，实际使用时，常用符号“;”或“*”表示“CR（或 LF）”。

（3）程序结束

结束部分由程序结束指令构成，它必须写在程序的最后。可以作为程序结束标记的 M 指令有 M02 和 M30，它们代表零件加工程序的结束。为了保证最后程序段的正常执行，通常要求 M02 或 M30 单独占一行。

任务实施

一、任务准备

实施本任务所需要的实训设备及工具材料表见表 1—2—8。

表 1—2—8　　实训设备及工具材料表

序号	设备与工具	序号与名称	数量
1	数控车床	CAK3665NJ	1 台
2	机床资料	数控车床使用说明书、数控系统操作说明书	1 套

二、在指导教师的示范操作和指导下，对数控车床进行手动基本操作

1. 机床电源接通的操作

（1）机床通电前的检查

检查机床状态是否正常；检查电源电压是否符合要求；检查电气柜内、外的所有电气元件、模块插件、连接器和连接线有无松动和脱落。

（2）接通机床总电源

关好电气柜门，接通机床电气柜总电源。

（3）接通数控系统电源

按下机床操作面板上“NC ON”启动按钮，数秒后显示屏亮，显示有关位置和信息，如图 1—2—7 所示，如果 LCD 画面显示“急停”报警画面，可松开“急停”按钮并按下 RESET 键数秒后，系统将复位。

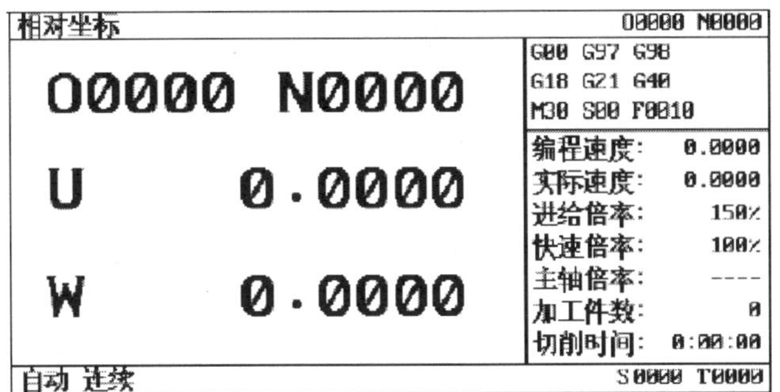

图 1—2—7 开机后的画面

（4）检查散热风机

检查散热风机等运转正常后，即开机完成。

2. 机床电源关机的操作

（1）停止所有进给轴的移动。

（2）关闭所有辅助功能（如主轴、冷却泵等）。

（3）按下“急停”按钮后，再按下“NC OFF”停止按钮。

（4）关闭机床总电源。

要点提示

在数控车床操作面板的左下角，有一个红色蘑菇头形状的“急停”按钮。如果机床在运行过程中发生危险或紧急情况时，操作人员可以立即按下“急停”按钮，数控车床的全部动作会立即停止，该按钮同时自锁，显示屏出现急停报警。当险情或故障排除后，将该按钮顺时针旋转一个角度即可复位。

3. 机床回零点的操作

（1）操作前先检查刀架当前位置是否在返回参考点减速挡块之前。如果不是，先在手动操作方式下，将刀架移动到减速挡块之前。

（2）按下“回机床零点”键，进入机床回零点操作方式。

（3）按下“ ”键直到 X 轴移动进入减速后方可释放该键，再经过一段时间，机床操作数字键上方对应的 X 轴回零点指示灯亮，X 轴随即停止运动。此时，X 轴返回零点操作完成。

（4）按下“ ”键直到 Z 轴移动到减速后方可释放该键，再经过一段时间，机床操作数字键上方对应的 Z 轴回零点指示灯亮，Z 轴随即停止运动。此时，Z 轴返回零点操作完成。

要点提示

数控机床各坐标轴在返回机床零点以后，机床以参考点为原点建立起机床坐标系。此时，机床的软超程保护功能和螺距补偿功能才能有效。

（1）在返回机床零点过程中，为了刀具及机床的安全，数控车床的返回零点操作一般应按先 *X* 轴后 *Z* 轴的顺序进行。

（2）在采用增量编码器的数控车床上，只要数控系统断电后重启动，就必须执行返回零点操作。返回零点操作还可已通过自动、MDI 方式，或者用 G28 指令来完成。

4．坐标轴移动的操作

（1）*X* 轴和 *Z* 轴点动操作。操作步骤如下：

1）按下“手动”键，机床进入手动操作方式。

2）按住“  ”键，刀架向 *X* 轴负方向移动，抬手则停止移动。

3）按住“  ”键，刀架向 *X* 轴正方向移动，抬手则停止移动。

4）按住“  ”键，刀架向 *Z* 轴负方向移动，抬手则停止移动。

5）按住“  ”键，刀架向 *Z* 轴正方向移动，抬手则停止移动。

（2）快速点动。操作步骤如下：

1）按下“手动”键，机床进入手动操作方式。

2）按下“快速进给倍率”按键，选定刀架的快速移动速率。

3）同时，按下某一方向的点动键与“快速移动”键时，快速移动指示灯“ ”亮，刀架快速移动。放开“快速移动”键，其指示灯灭，快速移动恢复成点动速度。

要点提示

①快速倍率对程序快速指令同样有效，对手动返回参考点的快速移动程序也有效。

②在编辑与手摇脉冲方式下，“快速移动”键无效。

（3）手摇脉冲进给操作。操作步骤如下：

1）按下“手摇脉冲”选择键，指示灯亮，机床处于手摇进给操作方式。

2）选择手摇脉冲进给轴按键或。按下 *X* 键，选择 *X* 轴；按下 *Z* 键，选择 *Z* 轴。

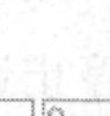

3）选择手摇进给倍率。按下任意“进给倍率”键选择任一速度。

4）顺时针方向或逆时针方向旋转手摇脉冲发生器，向相应的方向移动刀具。

要点提示

①在手摇进给方式下，可以执行手动主轴起停、手动冷却液开闭、手动选刀操作。

②数控机床中的手摇脉冲发生器多用于近距离对刀等操作。

5．主轴的操作

（1）主轴正转操作。操作步骤如下：

1）按下控制面板上的“手动”键，机床进入手动方式。

2）选择主轴变速挡位和级数。用机床主轴变速手柄和操作面板的主轴倍率开关，按照组成的变速组合图表，来选定主轴变速挡位和级数。

3）按下“主轴正转”（逆时针）键，指示灯亮，主轴电动机以机床设定的转速正转。

4）按下“主轴停止”键，主轴正转停止。

（2）主轴反转操作。操作步骤如下：

1）按下控制面板上的“手动”键，机床进入手动方式。

2）选择主轴变速挡位和级数。用机床主轴变速手柄和操作面板的主轴倍率开关，按照组成的变速组合图表，来选定主轴变速挡位和级数。

3）按下“主轴反转”（顺时针）键，指示灯亮，主轴电动机以机床设定的转速反转。

4）按下“主轴停止”键，主轴反转停止。

要点提示

“主轴正转”“主轴反转”和“主轴停止”这几个键是互锁的，即按下其中一个键，指示灯亮，其余两个会失效，指示灯灭。

6．冷却液开闭操作

（1）冷却泵开。在任意操作方式下，按下“冷却液开闭”键，冷却泵通电工作。打开冷却液阀门，冷却液喷出。

（2）冷却泵关。再按一下“冷却液开闭”键，冷却泵断电，冷却液关闭。

7．手动选刀操作

（1）选择手动方式。

（2）按住“手动换刀”键，刀架自动松开，然后逆时针方向转位，并且通过刀架上的无触点开关搜索出需求的刀位。

（3）释放“手动换刀”键后，刀架自动反转，然后紧锁在邻近的刀号位上。显示器的右下角显示出当前的刀位号 Txxxx。

要点提示

轻点选刀键，可以实现一次选一个刀位。按住选刀键，直到刀架转过所要的刀位后再释放，就可以一次选到任意刀位。

8．机床导轨润滑操作

（1）润滑开。在手动方式下按一下导轨“润滑”键，润滑开始运行。

（2）润滑停止。再按一下导轨“润滑”键，则润滑停止。

要点提示

GSK980TDb 型数控车床要求每天必须给导轨及滑板泵油不能少于两次注油，期间一定要使机床的两轴往复运动。

9．机床超程释放的操作

在操作过程中，由于某种原因可能会使机床伺服轴在某一方向的移动位置出现超程，数控系统会发出报警并停止伺服轴的移动。当出现超程后，应采取如下操作进行超程释放：按住“超程释放”键，同时按下“超程轴反方向进给”键进行移动，进入安全区，即可正常操作。

三、在指导教师的指导下，完成下列程序的编辑与录入

将图 1—2—8 所示的加工程序输入到 CNC 系统中，操作步骤如下：

O0001	；	(程序名)
N0005	G0 X100 Z50；	(快速定位)
N0010	M12；	(夹紧工件)
N0015	T0101；	(换1号刀，执行1号刀补)
N0020	M3 S600；	(启动主轴，主轴转速600r/min)
N0025	M8；	(开冷却液)
N0030	G1 X50 Z0 F600；	(以600mm/min速度靠近切削点)
N0040	W−30 F200；	
N0050	X80 W−20 F150；	
N0060	G0 X100 Z50；	(快速退回定位点)
N0070	T0100；	(取消刀补)
N0080	M5 S0；	(停止主轴)
N0090	M9；	(关冷却液)
N0100	M13；	(松开工件)
N0110	M30；	(程序结束，关主轴、冷却液)
N0120	%	

图 1—2—8　加工程序

1. 建立一个新程序。操作流程如下（以建立 O0001 程序为例）：

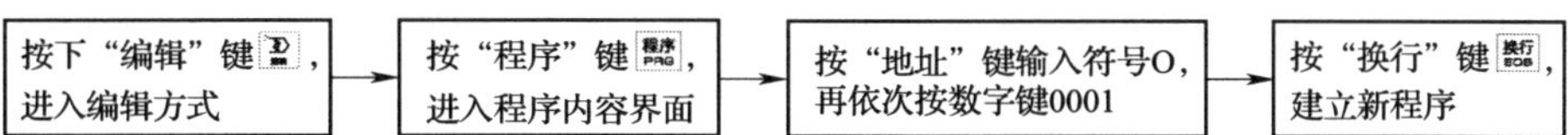

在建立新程序时，要注意建立的程序号应为内存储器中所没有的新程序号。

2. 按照图 1—2—8 所示的程序逐个输入。

先输入“G0 X100 Z50;”，一个程序段输入完毕，按“换行”键结束。

3. 按照第 2 步的输入方法依次完成其他程序段的输入。

四、在指导教师的示范操作和指导下，对数控车床进行自动运行操作

1. 机床锁住运行操作。操作步骤如下：

（1）按下“自动”键，机床进入自动操作方式。

（2）按下“机床锁”键，此时机床锁住运行指示灯“○”亮，机床进入锁住运行状态。

（3）按下“循环启动”键，程序自动运行。

机床锁住运行常用于程序校验。机床锁住运行时：①机床拖板不移动，位置界面下的综合坐标页面中的“机床坐标”不改变，相对坐标、绝对坐标和余移动量显示不断刷新，与机床锁住开关处于关状态时一样；②M、S、T 代码能够正常执行。

2. 机床的自动运行操作。操作步骤如下：

（1）按下“自动”键，机床进入自动操作方式。

（2）选择要执行的程序。

（3）按下循环启动键，自动加工循环开始。

（4）程序执行完毕，循环启动键指示灯灭，加工循环结束，程序返回到开头，准备下一次执行。

要点提示

在程序执行期间，若按下“进给保持”键，程序的执行指令将被暂停；再按下“循环启动”键，程序将继续执行。

任务测评

完成操作任务后，学生先按照表 1—2—9 进行自我测评，再由指导教师评价审核。

表 1—2—9　　　　测评表

序号	项目	考核内容及要求	配分	评分标准	扣分	得分
1	任务准备	检查工具、资料是否准备齐全	5	1．工具不齐全，每少一件扣 0.5 分 2．资料不齐全，扣 3 分		
2	电源开启与关闭操作	能正确掌握数控车床开启电源与关闭电源的操作	10	1．开启电源步骤不正确，扣 5 分 2．关闭电源步骤不正确，扣 5 分		
3	机床回零点的操作	掌握 X 轴、Z 轴回零点的操作步骤	10	1．X 轴回参考点不正确，扣 5 分 2．Z 轴回参考点不正确，扣 5 分		
4	手动操作	能正确掌握手动方式下的功能操作	25	1．不能正确启动和停止主轴，扣 5 分 2．不能正确打开和关闭切削液，扣 5 分 3．不能正确操作坐标轴移动，扣 5 分 4．不能正确进行手动换刀，扣 5 分 5．不能操作超程释放，扣 5 分		
5	程序输入	正确输入程序	20	1．不熟悉各编辑键，扣 10 分 2．不能正确输入程序，扣 10 分		
6	自动运行操作	正确掌握自动方式下的功能操作	10	1．不能正确进行机床锁定的操作，扣 5 分 2．不能正确操作循环启动，扣 5 分		
7	急停操作	正确进行急停操作	10	紧急情况下不能进行急停操作，扣 10 分		
8	安全文明生产	1．应符合国家安全文明生产的有关规定 2．劳保用品齐全	10	违反安全文明生产有关规定不得分		
指导教师评价					总得分	

思考与练习

一、填空题（将正确答案填在横线上）

1. GSK980TDb 系统的数控机床总面板主要由__________、__________、__________和__________等组成。

2. 数控机床开机步骤包括以下过程：①__________；②__________；③__________；④__________。

3. 为了刀具及机床的安全，数控车床的返回机床零点操作，一般应按先____________顺序进行。

4. 数控机床坐标系采用的是__________坐标系。

5. 数控机床坐标系的正方向规定为________________。

6. 数控机床坐标系中 Z 轴的方向指的是__________的方向，其正方向是__________。

7. 数控车床中 X 轴的方向是__________，其正方向是__________________。

8. 数控机床坐标系一般可分为__________和________________两大类。

9. 数控编程是指从零件图样到获得________________的全部工作过程。

10. 数控机床的编程方法有__________和__________两种。

11. 一个完整的数控程序由__________、__________和__________三部分组成。

12. 数控机床程序段的格式由__________、__________和__________等组成。

二、选择题（将正确答案序号填在括号里）

1. 数控机床工作时，当发生任何异常现象需要紧急处理时应启动（　　）。

A. 程序停止功能　　B. 暂停功能　　C. 急停功能

2. 下面情况下，（　　）需要手动返回机床参考点。

A. 机床电源接通开始工作之前

B. 机床停电后，再次接通数控系统电源时

C. 机床在急停信号或超程报警信号解除之后，恢复工作时

D. ABC 都是

3. 数控机床主轴以 800 r/min 转速正转时，其指令应是（　　）。

A. M03 S800　　B. M04 S800　　C. M05 S800

4. 在“机床锁定”方式下，进行自动运行，（　　）功能被锁定。

A. 进给　　B. 刀架转位　　C. 主轴

5. 数控机床每次接通电源后，在运行前，首先应做的是（　　）。

A. 给机床各部分加润滑油　　B. 检查刀具安装是否正确

C. 机床各坐标轴回参考点　　D. 工件是否安装正确

6. 在 CRT/MDI 面板的功能键中，显示机床现在位置的键是（　　）。

A. POS　　B. PRGRM　　C. OFSET

7. 在 CRT/MDI 面板的功能键中，用于程序编制的键是（　　）。

A. POS　　B. PRGRM　　C. ALARM

8．在 CRT/MDI 面板的功能键中，用于报警显示的键是（　　）。

A．DGNOS　　B．ALARM　　C．PARAM

9．准备功能又叫（　　）。

A．M 功能　　B．G 功能　　C．S 功能　　D．T 功能

10．在数控机床坐标系中平行机床主轴的直线运动为（　　）。

A．*X* 轴　　B．*Y* 轴　　C．*Z* 轴

11．下列指令属于辅助功能的是（　　）。

A．G01　　B．M08　　C．T01　　D．S500

12．下列指令属于主轴正转功能的是（　　）。

A．M03　　B．M04　　C．M08　　D．M09

13．辅助功能字 M08 的功能是（　　）。

A．程序停止　　B．冷却液开

C．主轴停止　　D．主轴顺时针转动

三、判断题（将判断结果填入括号中，正确的填“√”，错误的填“×”）

1．数控机床软极限可以通过调整系统参数来改变。（　　）

2．按数控系统操作面板上的 RESET 键后就能消除报警信息。（　　）

3．当数控机床返回参考点后，机床的软超程保护功能和螺距补偿功能才能有效。（　　）

4．当数控机床失去对机床参考点的记忆时，必须进行返回参考点的操作。（　　）

5．数控机床在手动和自动运行中，一旦发现异常情况，应立即使用“紧急停止”按钮。（　　）

6．输入程序过程中出现报警，须按“复位”键消除。（　　）

7．数控车床换刀时，必须先回零。（　　）

8．MDI 功能的特点是只可以输入指令、数据和参数，但不可以插入和修改程序。（　　）

9．在确定机床坐标系时，一般先确定 *X* 轴，然后确定 *Y* 轴，再根据右手定则法确定 *Z* 轴。（　　）

10．数控机床坐标系是机床固有的坐标系，一般情况下不允许用户改动。（　　）

11．机床参考点是数控机床上固有的机械原点，该点到机床坐标原点在进给坐标轴方向上的距离可以在机床出厂时设定。（　　）

12．车床主轴必须反转，应用 M04 指令。（　　）

13．梯形图不是数控加工编程语言。（　　）

四、简答题

1．简述数控机床通电与断电的操作步骤。

2．数控车床的坐标轴是怎样规定的？试按右手笛卡尔坐标系确定数控车床中 *Z* 轴和 *X* 轴的位置及方向。

3．一个完整的加工程序由哪几部分组成？其开始部分和结束部分常用什么符号及代码表示？

任务3　数控机床的电气系统维护

学习目标

1. 掌握数控机床电气系统的日常维护内容与要求。
2. 理解数控机床的抗干扰措施。
3. 掌握数控机床常见电气故障的特点、分类与诊断方法。
4. 掌握电气元件的维护方法和要点。
5. 理解数控机床电气故障的分类与诊断方法。

任务引入

数控机床维修不仅包括数控机床在使用过程中发生故障时，依靠维修人员排除故障和及时修复故障，还应该包括正确使用、日常维护与保养等工作。只有坚持做好对机床的日常维护与保养工作，才可以延长元器件的使用寿命，延长机械部件的磨损周期，及时发现故障隐患并及时清除，避免停机待修，从而延长设备平均无故障时间，增加机床的利用率，充分发挥数控机床的加工优势，确保数控机床能够正常工作。因此，无论是对数控机床的操作者，还是对数控机床的维修人员来说，数控机床的维护与保养就显得非常重要，必须高度重视，必须认真学习和实践本次任务的主要内容。

本次任务的主要内容如下：

1. 依据科学的管理与维护，有目的地制订出相应的日常维护计划。
2. 对照数控车床进行电气维护。

相关知识

一、数控机床电气系统的维护

1. 数控机床的维护

数控系统经过一段较长时间的使用，元器件总要老化甚至损坏。为了尽量延长元器件的使用寿命和零部件的磨损周期，防止各种故障，特别是恶性事故的发生，就必须对数控系统进行日常的维护工作。具体的日常维护保养要求，在数控系统的使用、维修说明书中有明确的规定。概括起来，要注意以下几个方面。

（1）严格遵守操作规程和日常维护制度

数控系统的编程、操作和维修人员必须经过专门的技术培训，熟悉所用数控机床的数控系统的使用环境、条件等，能按机床和系统的使用说明书的要求，正确、合理地使用，应尽量避免因操作不当引起的故障。应根据操作规程要求，针对数控系统各个部件的特点确定各自保养条例，进行日常维护工作。

（2）清洁机床电气箱热交换器过滤网

每周清洁机床电气箱热交换器过滤网，当车间环境较差时，需要 2 ~ 3 天清洁一次，如图 1—3—1 所示。

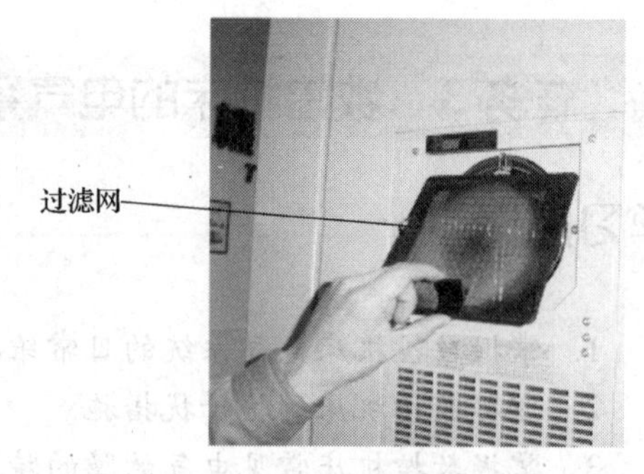

图 1—3—1　清洁机床电气箱热交换器过滤网

（3）防止灰尘进入数控装置内

机械加工车间内空气中飘浮的灰尘和金属粉末落在印制电路板和电器插件上，容易引起元器件间绝缘电阻下降，从而出现故障甚至损坏元器件。因此，除非进行调整和维修，否则不允许随意开启数控柜门，更不允许在使用时敞开柜门。已经受外部尘埃、油雾污染的电路板、接插件等，可采用专用电子清洁剂喷洗。

（4）定时清扫数控柜的散热通风系统及电动机

为防止数控装置过热，应经常检查数控柜、数控装置上各冷却风扇工作是否正常。应根据车间环境状况，按照数控机床使用说明书中的规定，每半年或一个季度清扫检查一次。如果环境温度过高，造成数控柜内的温度超过 55 ~ 60℃时，应及时加装空调装置，并定期清洁数控机床上的各种电动机，如图 1—3—2 所示。

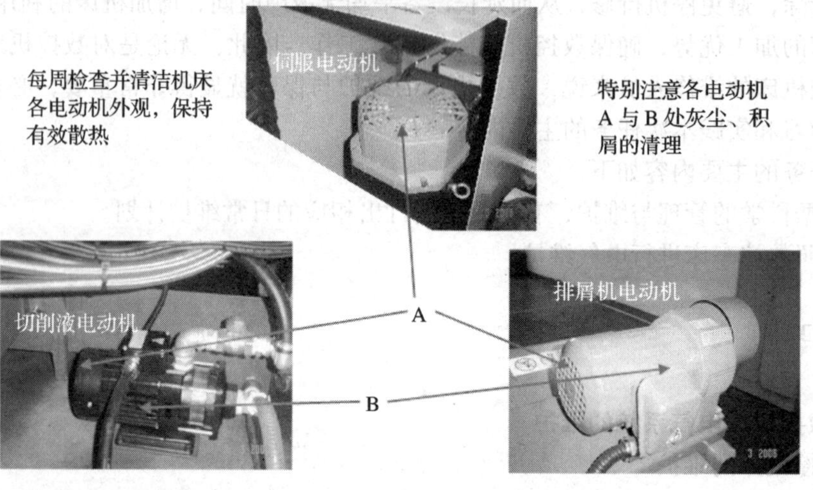

图 1—3—2　定期清洁数控机床上的各种电动机

（5）经常监视数控系统的电网电压

通常，数控系统允许的电网电压范围在额定值的 85% ~ 110%，如果超出此范围，轻则使数控系统不能稳定工作，重则会造成重要电子部件的损坏。因此，要经常注意电网电压的波动，对于电网质量比较差的地区，应配置交流稳压装置。

（6）定期更换存储器用电池

在数控系统中，部分 CMOS 存储器中的存储内容在关机时靠电池供电保持，如图 1—3—3 所示。一般采用锂电池或可充电的镍镉电池，电池电压降到一定值就会造成参数丢失。因此，要定期检查电池电压，当电池电压降到限定值时，机床就会报警提示操作人员及时更换电池。更换电池时，一定要在数控系统通电状态下进行，这样才不会造成存储参数丢失。另外，为了防止参数丢失，可将数控系统中的参数事先备份，一旦参数丢失，在更换新电池后，可将参数重新输入。

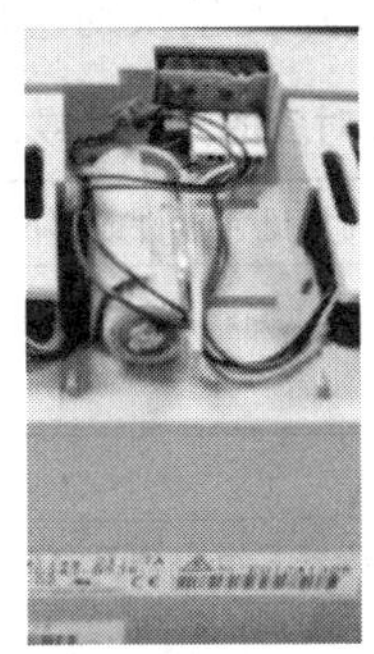

图 1—3—3　数控机床用电池

（7）数控系统长期不用时的维护

数控机床应尽量避免长期不用。当数控机床长期不用时，为了避免数控系统的损坏，应对数控系统进行定期维护保养。应经常给数控系统通电或让数控机床运行温机程序，在空气湿度大的雨季，应该 2～3 天开机一次，运行 1～2 h，利用电气元件本身发热驱走数控柜内的潮气，以保证电子元器件的性能稳定可靠。而且，温机程序可使油膜均匀地覆盖在丝杠、导轨等部件上，达到保护目的。

（8）备用电路板的维护

印制电路板长期不用也容易出现故障，因此，数控机床中的备用电路板如图 1—3—4 所示，应定期装到数控系统中通电运行一段时间，以防损坏。

2. 电气部分的维护

电气部分包括动力电源输入线路、继电器、接触器、控制电路和伺服驱动单元等，其维护保养主要包括以下几点。

（1）检查三相电源的电压值是否正常，有无偏相，如果输入的电压超出允许范围则应进行相应调整。

（2）检查所有电气连接是否良好。

（3）检查各类开关是否有效，可借助于数控系统屏幕显示的诊断画面及可编程机床控制器（PMC）、输入/输出模块上的 LED 指示灯检查确认，若工作状态不良应更换。

（4）检查各继电器、接触器是否工作正常，触点是否完好，可利用功能试验程序，通过运行该程序确认各控制器件是否完好、有效。

（5）检验热继电器、电弧抑制器等保护器件是否有效。

图 1—3—4　备用电路板

（6）检查伺服驱动装置的散热风扇是否异常，清扫散热片积尘，检查固定螺钉是否松动等。

3．数控系统维护中应特别关注的器件

数控系统维护中，要特别关注定期检查那些会因失修或维护不当而引发故障的元器件或部位。表1—3—1所列即为数控系统维护中常见的故障类型及对应的元器件或部位。

表1—3—1　　数控系统维护中常见的故障类型及对应的元器件或部位

故障类型	出现故障的常见元器件或部位
易污染	传感器（如光栅、光电头、电动机整流子、编码器）、接触器的铁心截面、过滤器、风道、低压控制电器
易击穿	电容器、大功率晶体管（如晶闸管）
易老化及使用寿命问题	存储器电池及其电路、光电池、光电阅读器、继电器及高频接触器等
易氧化及易腐蚀	电动/电磁开关、继电器与接触器触头、接插件接头、熔断器卡座、接地点等
易磨损	测速发电机的电刷、电动机的电刷、离合器的摩擦片、轴承、齿轮副、高频动作的接触器
易疲劳失效	低压电器中的弹簧元器件（多出现弹性失效）、常拖动弯曲的电缆线等
易松动移位	机械手的传感器、定位机构、位置开关、编码器、测速发电机等
易卡死	因润滑不良等而造成不能到位的元器件（如接触器、热继电器、位置开关、电磁开关、电磁阀等）
易温升过高	伺服放大回路中的大功率元器件（如稳压器与稳压电源、变压器、继电器、接触器、电动机等具有线圈或绕组的元器件）
易泄漏	切削液、润滑油、液压回路（这些部位的泄漏不仅使其本身工作出现故障，泄漏的油液还会流入电气装置中引发电气故障）

二、数控机床的抗干扰措施

数控系统是由微电子电路构成的，在环境较恶劣的工业现场中使用，数控系统极易受电磁干扰、电网干扰和接地干扰的影响，如图1—3—5所示。为保证系统在此环境中能够正常工作，系统必须具有相应的抗干扰措施，且必须达到电磁兼容性要求。数控机床的干扰类型及措施见表1—3—2。

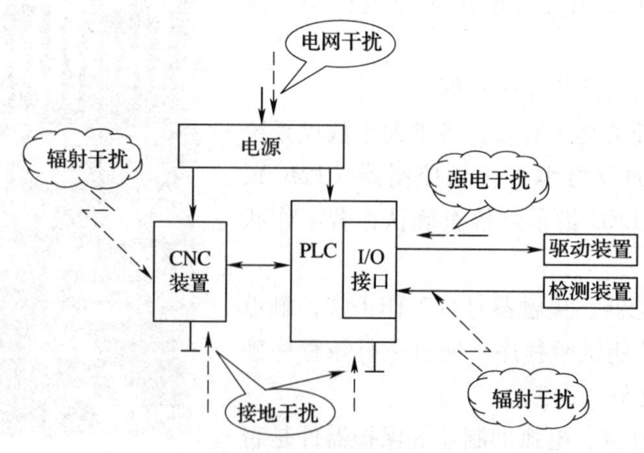

图1—3—5　数控系统干扰构成

表 1—3—2　　数控机床的干扰类型及措施

干扰类型		传递方式	干扰源	抗干扰措施
电磁干扰	强电干扰	是一种电磁干扰，具有传导性和辐射性，既可通过电缆传递，又可以电磁场辐射形式传播	主要来自强电箱内驱动电路中接触器、电磁铁、继电器等电磁器件动作时产生的电磁尖脉冲或浪涌噪声，不仅干扰驱动电路自身，还会干扰其他信号电路	对于传导方式的强电干扰，可采取特殊接口电路来阻断干扰信号的传递 对于辐射方式的强电干扰，可采取屏蔽与可靠接地
	辐射干扰	以空间感应方式传播，包括电磁波干扰与静电干扰	主要来自电火花、中、高频电加热、电焊机等设备产生的强烈脉冲型电磁波，通过空间辐射干扰数控机床	抗辐射干扰有硬件措施和软件措施如下： （1）硬件措施：可采取感应体接地；采用带屏蔽层的信号线，并将屏蔽层单端接地；不要把屏蔽层当作信号线或公共线使用 （2）软件措施：采取软件滤波，即在软件中编写滤波程序
接地干扰	接地噪声干扰	具有传导性和辐射性，既可通过电缆传递，也可以噪声波在空间传播	是由过大的接地电阻与接地电位差以及它们的变化造成的	机床接地点选择要合理；接地体的几何形状与埋设应符合技术要求，接地电阻小于1 Ω、接地线要粗（应大于电源线的截面积）；接地点的连接处要可靠焊接，防止虚焊
	接地噪声耦合干扰		主要由各种屏蔽地间的电位差以及多点接地构成接地回路造成的	采取单端一点接地方法
电网干扰		具有传导性和辐射性，既可通过电缆传递，也可以噪声波在空间传播	主要是由电力不足、电网电压（频率、幅值、相位）不稳定、电网分配不合理以及电源系统本身抗干扰能力差等因素造成的	抗电网内部干扰的措施：采取低通滤波器、隔离变压器、稳压电源 抗电网外部干扰的措施：远离电网干扰源

三、数控机床电气系统的故障特点及主要故障原因

数控机床电气系统故障的维修特点是故障原因明了、比较容易诊断，但是故障率相对比较高。

造成电气故障的主要原因如下：

（1）电气元件有使用寿命限制，非正常使用会大大降低使用寿命，如开关触头经常过电流使用而烧损、粘连，提前造成开关损坏。

（2）电气系统容易受外界影响造成故障，如环境温度过热、电柜温升过高，致使有些电器损坏，甚至鼠害也会造成许多电气故障。

（3）操作人员非正常操作，造成开关手柄损坏、限位开关被撞坏等。

（4）电线、电缆磨损会造成断线或短路，蛇皮线管进冷却水、油液而长期浸泡，橡胶电线膨胀、黏化，会使其绝缘性能下降造成短路。

（5）冷却泵、排屑器、电动刀架及伺服电动机等电动机进水，绕组绝缘性能下降，轴承损坏会造成电动机故障。

四、数控机床的电气故障分类

数控机床电气故障分类方法有很多种，通常按下面几种方法进行分类。

1．按故障发生性质分类

按故障发生的性质分类，分为硬件故障、软件故障和干扰故障三种，见表1—3—3。

表1—3—3　　按故障发生性质分类

种类	含　义
硬件故障	其是指电子、电器件、印制电路板、电线电缆、接插件等元器件的不正常状态甚至损坏，这时需要修理，甚至更换才可排除的故障
软件故障	其是指由程序编制错误、机床操作失误、参数设定不正确等引起的故障
干扰故障	其是指由于系统工艺、线路设计、电源地线配置不当等以及工作环境的恶劣变化而引起的故障，表现为内部干扰和外部干扰

2．按故障发生后有无报警指示分类

按故障出现时有无报警指示，分为有诊断指示故障和无诊断指示故障。

（1）有诊断指示故障

现在的数控系统都设计有完善的自诊断程序，实时监控整个系统的软硬件性能，一旦发现故障，则会立即报警，或者还有简要文字说明在屏幕上显示出来，结合系统配备的诊断手册，不仅可以找到故障发生的原因、部位，而且还有排除的方法提示。机床制造者也会针对具体机床设计相关的故障指示及诊断说明书。上述这两部分有诊断指示的故障加上各电气装置上的各类指示灯，使得绝大多数电气故障的排除较为容易。

（2）无诊断指示故障

无诊断指示的故障是上述两种诊断程序的不完整性所致（如开关不闭合、接插松动等）。这类故障则要依靠对产生故障前的工作过程和故障现象及后果加以分析、排除。故障分析、排除顺利与否，主要取决于维修人员对机床的熟悉程度和技术水平。

3．按故障出现时有无破坏性分类

按故障出现时有无破坏性，分为破坏性故障和非破坏性故障。

（1）破坏性故障

对于破坏性故障，损坏工件甚至机床的故障，维修时不允许重演，这时只能根据产生故障时的现象进行相应的检查、分析并排除，技术难度较高且有一定风险。如果可能会损坏工件，则可卸下工件，试着重现故障过程，但应十分小心。

（2）非破坏性故障

目前，这种故障可以通过“清零”等操作予以消除，当维修人员判断数控机床的故障属

于此类故障后，可以重现故障，并通过故障现象进一步分析和判断，以确定故障原因，并加以排除。

4. 按故障出现的必然性与偶然性分类

按故障出现的必然性与偶然性，分为系统性故障和随机性故障。

（1）系统性故障

系统性故障是指只要满足一定的条件就一定会产生的确定故障，此类故障排除比较容易。

（2）随机性故障

随机性故障是指在相同的条件下偶尔发生的故障，这类故障的分析较为困难，通常多与机床机械结构的局部松动错位、部分电气工件特性漂移或可靠性降低、电气装置内部温度过高有关。此类故障的分析须经反复试验、综合判断才可能排除。

了解电气故障的分类有利于故障分析与排除，但一种故障的产生往往是多种类型的混合，维修人员在分析、排除故障时，可参照上述分类采取相应的分析与排除方法。

五、数控机床电气故障的诊断方法

1. 常规检查法

常规检查是指依靠人的五官等感觉器官，并借助于一些简单的仪器来寻找机床故障的原因。这种方法在维修中是常用的，也是首先采用的，维修中应本着“先静后动、先外后内（先静态检查，后通电试运行检查；先检查外部故障，后检查机床内部故障）”“先一般后特殊、先软后硬（先按照故障一般原则查找一般原因和故障点，后查找特殊原因和故障点）”及“先公后专（先公用部分，后专用部分）”的维修原则。

常规检查法一般采用的检查顺序为：①电源及接口电路；②接线、电缆与接插器件；③接地与屏蔽装置；④机床数据参数。

2. 参数检查法

参数检查法是在显示器上调用参数设置画面，利用检查参数来判定故障的类型、确定诊断与排除故障的方法。数控机床参数是经一系列的试验和调整而获得的，是保证机床正常运行的重要参数。其参数通常存放在由电池保持供电的 RAM 中，一旦电池电压不足或系统长期不通电或外部干扰都会使参数丢失或发生紊乱，将导致机床不能正常工作，此时可调出机床参数进行检查、修改或传送。

以下情况可先采用参数检查法：①长期闲置不用的机床；②多种报警同时存在；③调试后使用的机床出现的报警停机；④长期运行老机床的各种超差故障、伺服电动机温升、高频振动与噪声；⑤新工序、新材料或加工条件改变后出现故障；⑥无缘无故出现的不正常现象。

3. 同类交换法

同类交换法是对疑点部分用其型号、功能完全相同的电路板、模块、集成电路和其他零部件进行互相交换，观察故障转移情况，以快速确定故障部位。

采用同类交换法检测故障时需注意以下几点。

（1）交换前必须断电，并检查有无其他危险。

（2）不要损坏其他部分电路与部件。

（3）控制板和编码器等交换后，还要注意参数或程序的更改。

4．自诊断功能法

自诊断功能法是在硬件模块、功能部件上各状态测试点（在系统设计制造时设置的）和相应诊断软件的支持下，利用数控系统中计算机的运算处理能力，实时监测系统的运行状态，并在预知系统故障或系统性能，系统运行品质劣变时，及时自动发出报警信息的方法。

数控系统的自诊断显示形式主要有软件报警和硬件报警，可借助维修手册获得故障原因与故障的大致部位。

（1）软件报警主要是显示器上显示的报警号和报警信息。

（2）硬件报警主要是伺服单元与模块等印制板的指示灯、数码管与报警灯发出报警信息。

5．原理分析法

根据电气连接图与控制原理图，从逻辑上分析各点的逻辑电平和特征参数，从系统各部件的工作原理进行分析和判断，确定故障部位的维修方法。这种方法的运用，要求维修人员对整个系统或每个部件的工作原理、信号流程都有清楚的、较深的理解，才可能对故障部位进行准确定位。

原理分析法的步骤如下：

（1）根据故障现象进行原理分析，并勾画出故障范围。

（2）根据手册信息，检测怀疑部分的相关 I/O 接口的逻辑状态。

（3）逻辑状态对比。

（4）测量、比较，确定故障器件。

（5）故障排除并试运行。

6．功能程序测试法

功能程序测试法是一种脱机诊断法。对所检修系统的 G、M、S、T、F 功能使用指令编程一个试验程序，并在故障诊断时空运行这个程序，检查系统功能执行与运行轨迹情况，可快速确定哪个功能不良或失效。

在以下场合中可使用功能程序测试法：①加工出废品，又无法确定是 CNC 系统功能故障还是编程问题或是操作不当时；②CNC 系统出现随机性或偶发性故障，无法确定 CNC 系统稳定性时，可进行连续性循环功能程序测试；③长期闲置不用的机床重新使用初期或维修后机床出现报警故障，参数检查法未能奏效，并且怀疑是 CNC 系统功能不良时。

除了上面介绍的几种常用诊断方法外，还有测量比较法、敲击诊断法、升降温法、隔离法等。在实际应用中，维修技术人员应该根据实际情况，现场分析、判断，采取有效且较简便的方法排除故障，以减少停机时间。

任务实施

一、任务准备

实施本任务所需要的实训设备及工具材料见表 1—3—4。

表 1—3—4 实训设备及工具材料

序号	设备与工具	序号与名称	数量
1	数控车床	CAK3665NJ	1台
2	机床资料	数控车床使用说明书、数控系统操作说明书、机床使用与保养手册	1套
3	电工工具	自定	1套

二、在指导教师的指导下，参照数控车床相关资料制定数控车床需要维护检查的项目，并正确填写维护检查内容（表 1—3—5）

表 1—3—5 数控车床的维护检查项目

序号	维护部位	维护检查内容	维护检查结果记录
1	数控装置		
2	通风散热装置		
3	强电控制柜		
4	润滑装置		
5	换刀装置		
6	伺服电动机		
7	限位开关		

三、参照上述项目表中的维护检查内容对机床进行逐一检查，并把检查结果记录在表 1—3—5 中

任务测评

完成操作任务后，学生先按照表 1—3—6 进行自我测评，再由指导教师评价审核。

表 1—3—6 测评表

序号	项目	考核内容及要求	配分	评分标准	扣分	得分
1	任务准备	检查工具、资料是否准备齐全	5	1. 工具不齐全，每少一件扣 0.5 分 2. 资料不齐全，扣 3 分		
2	数控装置	1. 检查数控装置开关、接插件等是否牢固 2. 检查装置内有无灰尘和金属粉末 3. 检查轴流风扇运转是否正常 4. 定期检查存储器用电池	15	1. 检查项目，每漏一处扣 3 分 2. 维护不当，每处扣 1 分		

续表

序号	项目	考核内容及要求	配分	评分标准	扣分	得分
3	通风散热装置	1. 能正确清洁机床电气箱热交换器过滤网 2. 能正确清扫数控柜的散热通风系统	10	1. 维护检查项目，每漏一处扣5分 2. 维护不当，每处扣1分		
4	强电控制柜	1. 能正确检查数控柜门的关闭情况 2. 能正确清扫数控柜内的灰尘和金属粉末 3. 能正确监视电源电压是否正常 4. 能正确检查电气元件及插件、接线是否良好 5. 能正确检查接地线是否紧固	20	1. 维护检查项目，每漏一处扣4分 2. 维护不当，每处扣1分		
5	润滑装置	1. 能正确检查润滑油是否正常 2. 能正确检查润滑装置是否正常	10	1. 维护检查项目，每漏一处扣5分 2. 维护不当，每处扣1分		
6	换刀装置	1. 能正确检查导线有无绝缘损坏和刀架电动机绝缘情况 2. 能正确检查换刀装置运转是否正常	10	1. 维护检查项目，每漏一处扣5分 2. 维护不当，每处扣1分		
7	伺服电动机	1. 能正确检查伺服电动机插头有无松动和进切削液等 2. 能正确检查伺服电动机绝缘情况	10	1. 维护检查项目，每漏一处扣5分 2. 维护不当，每处扣1分		
8	限位开关	1. 能正确检查限位开关是否损坏 2. 能正确检查限位开关动作是否正常	10	1. 维护检查项目，每漏一处扣5分 2. 维护不当，每处扣1分		
9	安全文明生产	应符合国家安全文明生产的有关规定	10	违反安全文明生产有关规定不得分		
指导教师评价					总得分	

思考与练习

一、填空题（将正确答案填在横线上）

1. 数控系统允许的电网电压范围为额定值的__________%。

2. 普通数控机床如果环境温度过高，造成数控柜的温度超过__________时，应考虑加装空调装置。

3. 为保持 RAM 所保存的系统数据__________应及时更换电池，以便确保系统能正常工作。另外，一定要注意，电池的更换应在数控系统__________状态下进行。

4. 数控机床从故障发生的性质分类，分为__________、__________和__________故障三种。

5. 数控机床电气故障常用诊断方法有____________、____________、____________、____________、____________、____________等。

二、选择题（将正确答案序号填在括号里）

1. 以下情况可采用参数检查法是（　　）。

A. 长期闲置不用的机床　　B. 多种报警同时存在

C. 无缘无故出现的不正常现象　　D. 以上都是

2. 数控机床如长期不用时，最重要的日常维护工作是（　　）。

A. 清洁　　B. 干燥　　C. 通电　　D. 切断电源

3. 所谓联机诊断，是指数控计算机中的（　　）。

A. 远程诊断能力　　B. 自诊断能力

C. 脱机诊断能力　　D. 通信诊断能力

4. 下列选项中，不属于数控机床故障诊断与维修的一般方法的是（　　）。

A. 追踪法　　B. 自诊断功能　　C. 通信诊断　　D. 替换法

5. 下列选项中，不属于数控机床故障诊断与维修的技术的是（　　）。

A. 在线诊断　　B. 自修复系统

C. 专家诊断系统　　D. 计算机仿真与检测

6. 数控机床电气柜的空气交换部件应（　　）清除积尘，以免温升过高产生故障。

A. 每日　　B. 每周　　C. 每季度　　D. 每年

三、判断题（将判断结果填入括号中，正确的填“√”，错误的填“×”）

1. 供电电压过低、过高，波动过大；电源相序不正确或三相输入电压的不平衡；环境温度过高；有害气体、潮气、粉尘渗入；外来振动和干扰等引起的故障属于数控机床自身故障。（　　）

2. 对长期不用的数控系统要经常通电，特别是在梅雨季节更应如此，利用电气元件本身的发热来驱散数控系统内的潮气，保证电子器件性能稳定可靠。（　　）

3. 数控机床在长期不用时，可以直接放置在车间里。（　　）

4. 数控机床应在机床断电时更换数控系统的后备电池。（　　）

5. 维修人员只要有较强的动手能力，不需要具有一定的外语基础和专业外语基础。（　　）

6．维修人员常用的仪表有万用表、示波器等仪器。（ ）

7．功能程序测试法常用于闲置时间较长的数控机床恢复使用时和对数控机床进行定期检修后。（ ）

8．故障信息一般以“报警显示”的形式在CRT进行显示，报警显示的内容与数控系统的不同无关。（ ）

9．所谓开机自诊断，是指数控系统通电时，由系统内部诊断程序自动执行的诊断，它类似于计算机的开机诊断。（ ）

10．维修人员应具备较高的素质要求：专业知识面广、经过良好的技术培训、熟悉数控机床结构。（ ）

11．维修人员故障检修前，应根据故障现象与故障记录，认真对照系统、机床使用说明书进行各相检查，以便确认故障的原因。（ ）

四、简答题

1．如何对数控系统进行日常维护？

2．数控机床中的抗干扰的措施有哪些？

课题二　数控装置的故障检修

任务1　认识数控装置

学习目标

1. 了解数控装置在数控机床中的作用。
2. 掌握数控装置的硬件与软件的结构组成及工作过程。
3. 熟悉典型数控装置及其特点。
4. 熟悉 GSK980TDb 数控装置的基本组成单元。
5. 掌握 GSK980TDb 数控装置的信号接口及定义。

任务引入

目前，在机械设备上应用较多的数控系统有日本 FANUC 系统、德国西门子系统和国产的广州数控系统、武汉华中数控系统等，无论何种品牌的数控系统，它们都具有通用型、模块化、多功能型和网络型等特点。本任务将以应用较为广泛的 GSK980TDb 数控系统为例，对数控装置的基本结构和接口功能来进行学习。

相关知识

20 世纪 70 年代初，新一代数控系统——计算机数控系统（简称 CNC 系统）发展起来。它是用一台专用计算机代替以往的硬件数控系统（NC 系统），实现数值控制的系统，其核心是 CNC 装置。从 20 世纪 70 年代中期开始，大规模集成电路和超大规模集成电路有了迅速的发展，所以计算机数控系统很快便跨入微处理机阶段。随着微处理机和微型计算机的发展，CNC 数控装置的性能和可靠性不断提高，成本不断下降，推动了数控机床的发展。

一、数控装置的结构与原理

数控装置（简称 CNC 装置）是接收来自信息载体的控制信息并将其转换成数控设备的指令信号的计算机。其结构由硬件和软件两部分组成，硬件为软件的运行提供了支持环境；软件必须在硬件的支持下才能运行，离开软件，硬件便无法工作。

1. 数控装置的硬件结构及工作原理

按 CNC 装置中各电路板的插接方式分类，可将其分为大板式结构和模块化结构；按 CNC 装置总体安装结构形式分类，可将其分为整体式结构和分体式结构；按微处理器的个数分类，可将其分为单 CPU 和多 CPU 结构；按 CNC 装置的开放程度，可将其分为 PC 嵌入式

NC、NC 嵌入式 PC、软件型 CNC 和基于现场总线的 PC 控制等。

（1）单微处理器结构

1）组成。这种结构的 CNC 装置中只有一个微处理器，采用集中控制，分时处理数控的各个任务。有的 CNC 装置虽有两个以上的微处理器，但只有其中一个微处理器能够控制系统总线，占有总线资源，而其他微处理器则作为专用的智能部件，不能访问主存储器。它们组成了主从结构。这类结构也属于单微处理器结构如图 2—1—1 所示。从图中可看到，CNC 装置的硬件组成部分主要有 CPU 及总线、存储器、输入/输出设备接口（I/O 接口）、位置控制器、显示设备接口、数控机床用可编程控制器 PLC 接口和通信及网络接口等。

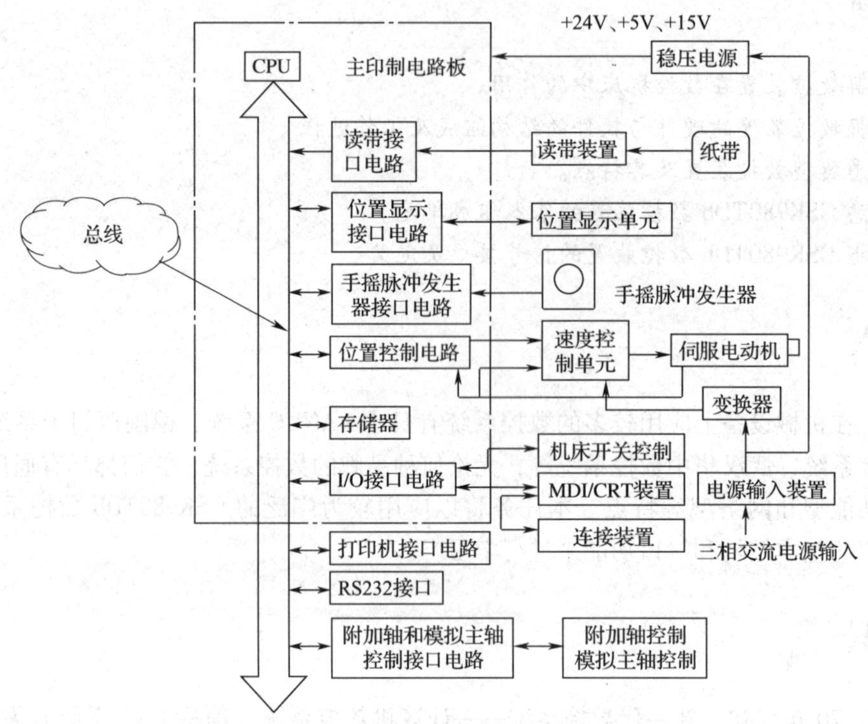

图 2—1—1　单微处理器 CNC 系统结构框图

2）特点。

①CNC 系统中只有一个微处理器，对各种实现集中控制、分时处理。

②微处理器通过总线与存储器、输入/输出控制等接口电路相连，构成 CNC 系统。

③结构简单，容易实现。

（2）多微处理器结构

多微处理器结构是由两个或两个以上的微处理器来构成处理部件。各处理部件之间通过一组公用地址和数据总线进行连接，每个微处理器共享系统公用存储器或 I/O 接口，每个微处理器分担系统的一部分工作，从而将在单微处理器的 CNC 装置中顺序完成的工作转为多微处理器的并行、同时完成的工作，因而大大提高了整个系统的处理速度。多微处理器结构的 CNC 装置大都采用模块化结构，根据设备要求选用功能模块构成 CNC 装置，常见的有 6 种基本功能模块。如果希望扩充功能，则可以再增加相应的模块。表 2—1—1 所列为多微处理器结构 CNC 装置的基本功能模块。如果某个模块出了故障，其他模块仍能工作，可靠性高。由于硬件一般是通用的，容易配置，因此只要开发新的软件就可以构成不同的 CNC 装置，这样便于组织规模生产，能够形成批量生产并保证质量。

表 2—1—1　　多微处理器结构 CNC 装置的基本功能模块

基本功能模块	功　能
CNC 管理模块	该模块具有管理和组织整个 CNC 系统工作过程的职能，如系统初始化、中断管理、总线裁决、系统出错识别和处理、系统软/硬件诊断等
存储器模块	它是存放程序和数据的主存储器，也可以是各功能模块间传送数据用的共享存储器
CNC 插补模块	该模块能够对工件加工程序进行译码、刀具补偿、坐标位移量计算和进给速度处理等插补前的预处理工作。然后，按给定的插补类型和轨迹坐标进行插补计算，并向各个坐标轴发出位置指令值
位置控制模块	该模块能够自动比较插补后的坐标位置指令值与位置检测单元反馈回来的实际位置值，并进行自动加减速、回基准点、伺服系统滞后量的监视和漂移补偿，最后得到速度控制的模拟电压，去驱动进给电动机
PLC 模块	该模块能够对加工程序中的开关功能和来自机床的信号进行逻辑处理，以实现各功能与操作方式之间的连锁。例如，机床电气设备的启动与停止、刀具交换、回转台分度、工件数量和运行时间的计算等
数据输入、输出和显示模块	它包括加工程序、参数、数据和各种操作命令的输入和输出以及显示所需要的各种接口电路

1）结构类型

①共享存储器结构。多微处理器共享存储器的结构框图如图 2—1—2 所示。其中，包括 4 个微处理器，分别承担 I/O、插补、伺服功能、零件程序编辑和 CRT 显示功能，适用于两坐标轴的车床，三坐标、四坐标、五坐标轴的加工中心。该系统主要有 4 个子系统和 1 个公共数据存储器，每个子系统按照各自存储器所存储的程序执行相应的控制功能（如插补、轴控制、I/O 等）。这种分布式处理器系统的子系统之间不能直接进行通信，都要同公共数据存储器通信。在公共数据存储器板上有优先级编码器，规定伺服功能微处理器级别最高，其次是插补微处理器，再次是 I/O 微处理器等。当两个以上的微处理器同时请求时，优先编码器决定先接收的请求，对该请求发出承认信号；相应的微处理器接到信号后，便把数据存到公共数据存储器的规定地址中，其他子系统则从该地址读取数据。

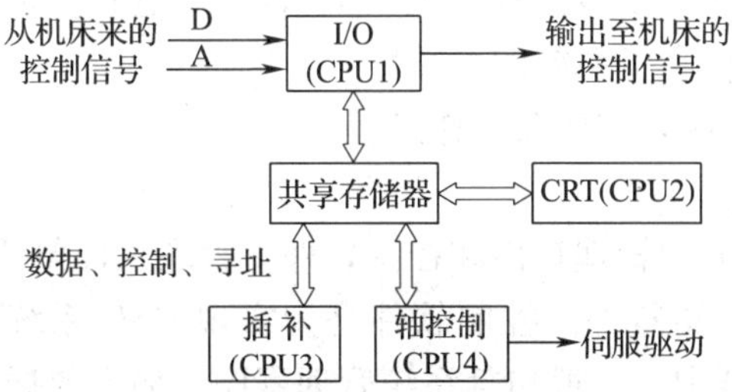

图 2—1—2　多微处理器共享存储器的结构框图

②共享总线结构。以系统总线为中心的多微处理器结构，称多微处理器共享总线结构。CNC 装置中的各功能模块分为带有 CPU 的主模块和不带 CPU 的各种（RAM/ROM、I/O）从模块两大类。所有主、从模块都插在配有总线插座的机柜内，共享标准系统总线。系统总线的作用是把各个模块有效地连接在一起，依靠公共存储器来实现各模块之间的通信，按要求交换数据和控制信息，构成一个完整的系统，实现各种预定的功能。公共存储器直接插在系统总线上，有总线使用权的主模块都能访问，可供任意两个模块交换信息。多微处理器共享总线结构框图如图 2—1—3 所示。

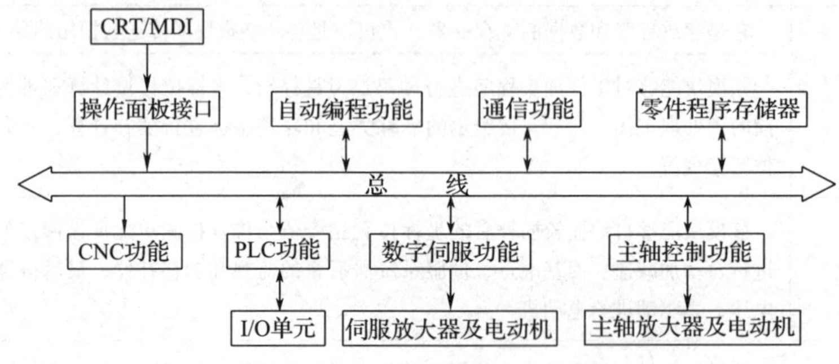

图 2—1—3 多微处理器共享总线结构框图

2）特点

①性价比高。多微处理器结构中的每个微机完成系统中指定的一部分功能，独立执行程序。相比单微处理器，它提高了计算的处理速度，适用于多轴控制、高进给速度、高精度、高效率的控制要求。由于系统采用共享资源，而单个微处理器的价格又比较便宜，使得 CNC 装置的性价比大为提高。

②具有良好的适应性和扩展性。多微处理器的 CNC 装置大都采用模块化结构，可将微处理器、存储器、I/O 控制组成独立级的硬件模块，相应的软件也采用模块结构，固化在硬件模块中。硬件、软件模块形成特定的功能模块，模块间接口是固定的，并有明确的定义，彼此可以进行信息交换。这样，可以使 CNC 装置设计简单、适应性强和扩展性好、调整维修方便、结构紧凑、效率高。

③硬件通用性强。由于硬件是通用的，容易配置，只要开发新的软件就可构成不同的 CNC 装置，因此多微处理器结构便于组织规模生产，且保证质量。

④可靠性高。多微处理器 CNC 装置的每个微机分管各自的任务，形成若干模块。如果某个模块出了故障，其他模块仍能照常工作；而单微处理器的 CNC 装置，一旦出现故障就会造成整个系统瘫痪。另外，多微处理器的 CNC 装置可进行资源共享，省去了一些重复机构，不但降低了成本，也提高了系统的可靠性。

2. 数控装置的软件组成、结构及工作过程

（1）软件组成

数控装置的软件主要分为管理软件和控制软件。管理软件包括零件数控加工程序或其他辅助软件，存放在 RAM 存储器中。控制软件是为实现 CNC 系统各项功能所编制的专用软件，存放在 EPROM 存储器中，一般包括系统管理程序、输入数据处理程序、插补运算程序、速度控制程序和诊断程序等。数控装置软件的组成如图 2—1—4 所示。

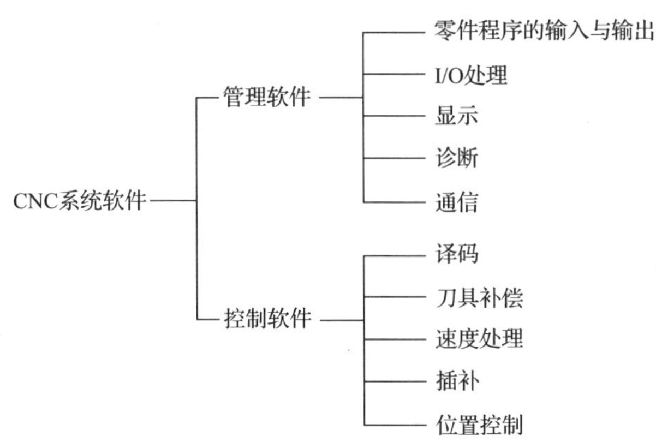

图 2—1—4 数控装置的软件组成

（2）软件结构

CNC 装置是在同一时间或同一时间间隔内完成两种以上性质相同或不同的工作，因此需要对装置软件的各功能模块实现多任务并行处理。在 CNC 软件设计中，常采用资源分时共享并行处理和资源重叠流水并行处理技术。资源分时共享并行处理适用于单微处理器系统，主要采用对 CPU 的分时共享来解决多任务的并行处理。资源重叠流水并行处理适用于多微处理器系统，其是指在一段时间间隔内处理两个或多个任务，即时间重叠。由于两种技术处理方式不同，相应的 CNC 软件也可设计成不同的结构形式。不同的软件结构，对各项任务的安排方式不同，管理方式也不同。常见的 CNC 软件结构形式有前后台型软件结构和中断型软件结构。

1）前、后台型软件结构。将整个 CNC 软件分为前台程序和后台程序。前台程序为实时中断程序，承担几乎全部实时任务，实现插补、位置控制和数控机床开关逻辑控制等实时功能。后台程序，也称为背景程序，是一个循环运行程序，实现数控加工程序的输入、预处理和管理等任务。在后台程序的循环运行过程中，前台实时中断程序不断的定时插入，两者密切配合，共同完成零件的加工任务。图 2—1—5 所示为前后台程序运行关系图。

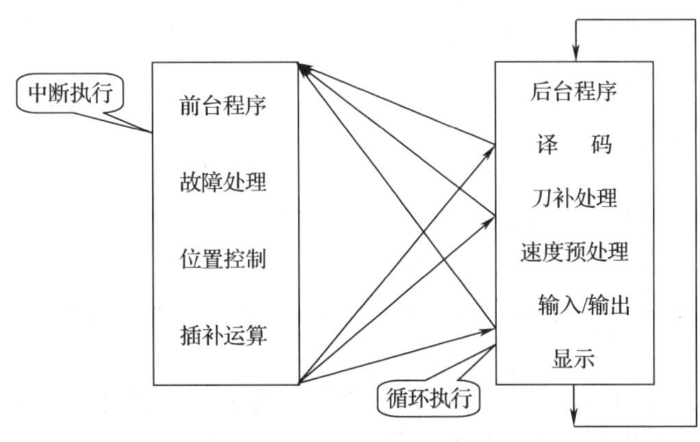

图 2—1—5 前后台程序运行关系图

2）中断型软件结构。中断型软件结构的特点是除了初始化程序之外，整个系统软件的各种功能模块分别安排在不同级别的中断服务程序中，整个软件就是一个庞大的中断系统。其管理的功能主要通过各级中断服务程序之间的相互通信来解决，如图 2—1—6 所示。

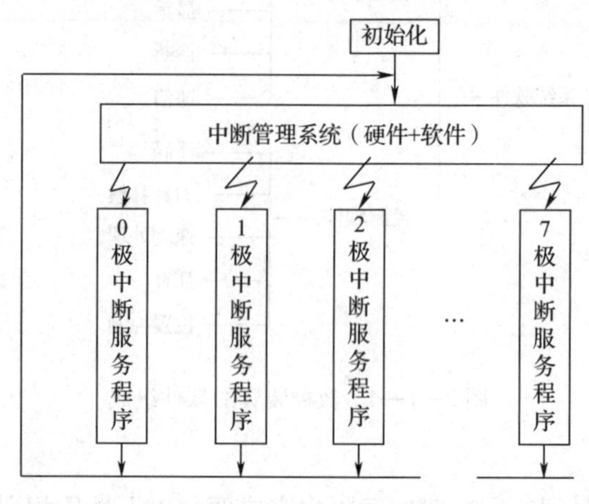

图 2—1—6　中断型软件结构

一般在中断型软件结构模式的 CNC 软件体系中，控制 CRT 显示的模块为低级中断（0 级中断），只要系统中没有其他中断级别请求，总是执行 0 级中断，即系统进行 CRT 显示。其他程序模块，如译码处理、刀具中心轨迹计算、键盘控制、I/O 信号处理、插补运算、终点判别、伺服系统位置控制等处理，分别具有不同的中断优先级别。开机后，系统程序首先进入初始化程序，进行初始化状态的设置、ROM 检查等工作。初始化后，系统转入 0 级中断 CRT 显示处理。然后，系统就进入各种中断的处理，整个系统的管理是通过每个中断服务程序之间的通信方式来实现的。

（3）软件的工作过程

CNC 装置软件是一系列能够完成各种功能的程序的集合，它在硬件环境支持下，按照系统监控软件的控制逻辑，对系统初始化、程序的输入、译码处理、刀具补偿、速度处理、插补运算、位置控制、I/O 接口处理、显示和诊断处理等方面进行控制。

1）开机初始化。数控系统接通电源以后，首先运行初始化程序，对整个数控装置正常工作做准备。开机初始化程序主要完成以下任务。

① 对 RAM 作为工作寄存器的单元设置初始状态，一般的单元就是清零；对一些特殊的单元（如各级中断的保护区的返回地址寄存单元），则置为该中断服务程序入口地址及设置堆栈栈底地址等。

② 对 ROM 进行奇偶校验。如果检查发现奇偶有错，则初始化就停止进行，程序直接转入 ROM 出错处理，报警信号显示主板出错。

③ 为数控系统正常进行而设置一些所需的初始状态，例如，零件程序存储器区域设置，AS 区域设初始位等。

2）程序的输入。CNC 装置开始工作时，首先通过输入设备把零件加工程序、控制参数和补偿数据输入到数控装置，然后将数控代码由外码（ISO、EIA 码）转换为数控内码，然后送入存储器存储中或直接去译码。早期程序的输入是用纸带阅读机和键盘来进行的。现代程序的输入还可以通过通信方式（DNC，分布式数控）、网络方式以及磁盘、磁带、U 盘等其他方式进行零件程序的输入。

3）译码处理。译码就是把零件程序段的各种工件轮廓信息（如起点、终点、直线或圆弧等）、加工速度 F 和其他辅助信息（M、S、T）按一定规律翻译成计算机系统能识别的数据形式，并按系统规定的格式存放在译码结果缓冲器中。在译码过程中，还要完成对程序段的语法检查，若发现语法错误，应立即报警。

4）刀具补偿。根据刀具参数，确定刀具长度补偿和刀具半径补偿量。通常情况下，CNC 装置的零件程序以零件轮廓轨迹编程，但是 CNC 装置实际控制的是刀具中心轨迹，而不是刀尖轨迹。刀具补偿作用是把零件轮廓轨迹转换成刀具中心轨迹，以保证零件加工的精度。

5）进给速度处理。编程所给的刀具移动速度，是指各坐标的合成方向上的速度，根据合成速度计算各运动坐标的分速度，同时按机床允许的最低速度、最高速度、最大加速度和最佳升降速规划，进行速度处理。

6）插补运算。插补是指数控机床能够实现的线性加工能力，就是在工件轮廓的某起始点和终止点之间进行“数据密化”，并求取中间点的过程。插补精度直接影响工件的加工精度，而插补速度决定了工件的表面粗糙度和加工速度，所以插补功能越强，说明数控系统能够加工更多、更复杂的轮廓。大多数数控系统都具有直线和圆弧的插补功能，而一些高档数控系统能够插补椭圆、抛物线、螺旋线等复杂曲线。

7）位置控制。数控系统中伺服系统就是把数控装置给的位移指令转换成机床移动部件的位移，然后再经过位置检测元件把实际位移量反馈给数控装置，数控装置再通过软件对位置进行调整，再一次向伺服系统输出实际需要的进给量。同时，还要完成位置回路的增益调整、各坐标的螺距误差补偿和反向间隙补偿，以提高机床的定位精度。

8）显示。CNC 装置的显示主要是为操作者提供方便，通常用于零件程序的显示、参数显示、刀具位置显示、机床状态显示、报警显示等。有些 CNC 装置中还有刀具加工轨迹的静态和动态图形显示。

9）I/O 处理。主要处理 CNC 装置面板开关信号、机床电气信号的输入、输出和控制，如换刀、换挡、冷却等。

10）诊断处理。在程序运行中，由诊断程序及时发现系统故障，并指出故障类型。也可在运行前或故障发生后，诊断程序及时检查 CPU、存储器、接口、开关、伺服系统等主要部件的功能是否正常，并指出故障发生的部位。

3．数控装置的特点及功能

（1）特点

1）灵活通用。硬件系统采用模块化结构，易于扩展，通过变换软件还可以满足被控设备的各种不同要求。接口电路的标准化大大方便了生产厂家和用户。用同一种 CNC 系统就可以满足多种数控设备的要求。

2）控制功能的多样化。CNC 装置利用计算机强大的运算能力，可实现许多复杂的控制功能，如在线自动编程、加工过程的图形模拟、故障诊断、机器人控制以及网络化控制等。

3）使用可靠、维修方便。由于目前普遍采用大容量存储器存储零件程序，无须读带机直接参加工作，大大减少了故障率。另外，因为许多功能由软件实现，硬件所需元器件大为减少，从而提高了系统的性能和可靠性。CNC 装置的诊断程序可以提示故障部位，减少了维修的停机时间。其编辑功能对编制程序十分方便，零件程序编好后可以显示程序，甚至可通过空运行显示刀具轨迹，检验程序的正确性。

4）易于实现机电一体化。由于 CNC 系统具有很强的通信功能，便于与 DNC、FMS 和 CIMS 系统进行通信联络。同时，大规模集成电路的采用，使硬件元器件数目大为减少，CNC 装置结构紧凑，与机床结合在一起。

（2）功能

CNC 装置的功能通常包括基本功能和选择功能。基本功能是数控系统必备的功能；选择功能是可供用户根据机床特点和工作用途进行选择的功能。CNC 装置的功能见表 2—1—2。

表 2—1—2　CNC 装置的功能

功能		功能说明
基本功能	控制功能	主要反映 CNC 装置能够控制以及能够同时控制的轴数（即联动轴数）。控制的轴数越多，特别是联动轴数越多，CNC 装置就越复杂
	准备功能	是指机床动作方式的功能。主要有移动、坐标设定、坐标平面选择、刀具补偿、固定循环等指令。G 代码的使用有模态（续效）和非模态（一次性）两种
	插补功能	是指 CNC 装置可实现的插补加工线型的能力，如直线插补、圆弧插补和其他二次曲线与多坐标插补能力
	进给功能	是指切削进给、同步进给、快速进给、进给倍率等。它反映刀具进给速度，一般用 F 代码直接指定各轴的进给速度
	刀具功能	用来选择刀具，用 T 和它后面的两位或 4 位数字表示
	主轴功能	是指定主轴转速的功能，用 S 代码表示。主轴的转向用指令 M03（正转）、M04（反转）指定。机床面板上设有主轴倍率开关，可以不修改程序就可改变主轴转速
	辅助功能	也称 M 功能，用来规定主轴的起停和转向、切削液的接通和断开、刀库的起停、刀具的更换、工件的夹紧或松开
	字符显示功能	CNC 装置可通过软件和接口在 LCD 显示器上实现字符显示，如显示程序、参数、坐标位置和故障信息等
	自诊断功能	CNC 装置有各种诊断程序，可以防止故障的发生和扩大
选择功能	补偿功能	CNC 装置可以对加工过程中由于刀具磨损、更换刀具、机械传动的丝杠螺距误差和反向间隙所引起的加工误差给予补偿
	固定循环功能	是指 CNC 装置为常见的加工工艺所编制的、可以多次循环加工的功能。该固定程序使用前，要由用户选择合适的切削用量和重复次数等参数，然后按固定循环约定的功能进行加工。用户若须编制适用于自己的固定循环，可借助用户宏程序功能
	固定显示功能	CNC 装置一般可配置 LCD 显示器，能显示人机对话编程菜单、零件图形、动态刀具轨迹等
	通信功能	CNC 装置通常备有 RS－232C 接口，有的还备有 DNC 接口，设有缓冲存储器，可以按数控格式输入，也可以按二进制格式输入，进行高速传输。有的 CNC 装置还能与制造自动协议 MAP 相连，进入工厂通信网络，以适应 FMS、CIMS 的要求
	人机对话编程功能	不但有助于编制复杂零件的程序，而且可以方便编程

二、典型数控装置及其特点

1. 日本 FANUC（法那科）数控装置

日本 FANUC 公司自 20 世纪 50 年代末期生产数控系统以来，已开发出 40 多种系列的数控系统。20 世纪 70 年代中期，FANUC 公司的 CNC 系统大量进入中国市场，在中国 CNC 市场上处于举足轻重的地位。目前，应用较为广泛的 FANUC 数控系统包括 FANUC 0i/16i、18i 及 160i/180i/210i/ 160is/180is/210is－MODEL B、180is－M MODEL B5。下面介绍部分数控装置。

（1）高性能/价格比的 0i 系列

如图 2—1—7 所示，该系统具有整体软件功能包，高速、高精度加工，并有网络功能。0i 系列分为两大类：M 类用于数控加工中心与数控铣床；T 类用于数控车床。

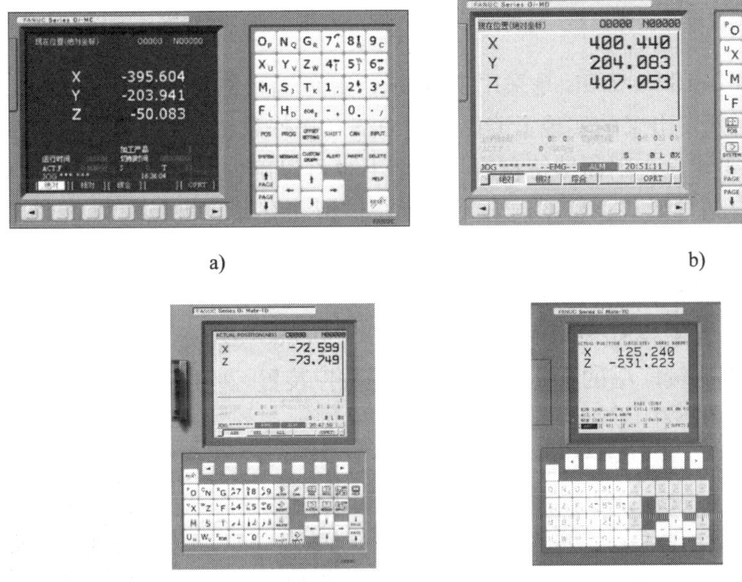

图 2—1—7　FANUC 0i/0i mate 系列数控装置操作面板

a）FANUC 0i－MC　b）FANUC 0i－MD　c）FANUC 0i Mate－TD　d）FANUC 0i Mate－TC

（2）具有网络功能的超小型、超薄型 CNC 16i/18i/21i 系列

如图 2—1—8 所示，该系统的控制单元与 LCD 集成于一体，具有网络功能，超高速串行数据通信。其中，FS16i－MB 的插补、位置检测和伺服控制以纳米为单位。16i 最大可控制八轴，六轴联动；18i 最大可控制六轴，四轴联动；21i 最大可控制四轴，四轴联动。

（3）开放式 CNC 160i/180i/210i 系列

如图 2—1—9 所示，这种开放式 CNC 具有 CNC 与 PC 功能融合为一体，CNC 和计算机之间通过高速网络连接，高速传送大批量数据，并实现机床的智能化。例如，CNC 机床的图形操作界面利用网络功能的信息交换、利用数据库的刀具文件管理等。其中，FANUC Series 160i/180i/210i 是使用 Windows 2000/XP 的高性能开放式 CNC，是一台独立的 CNC，内部具有运行于 Windows 2000/XP 的计算机板，经高速串行总线接口与 CNC 显示单元连接。

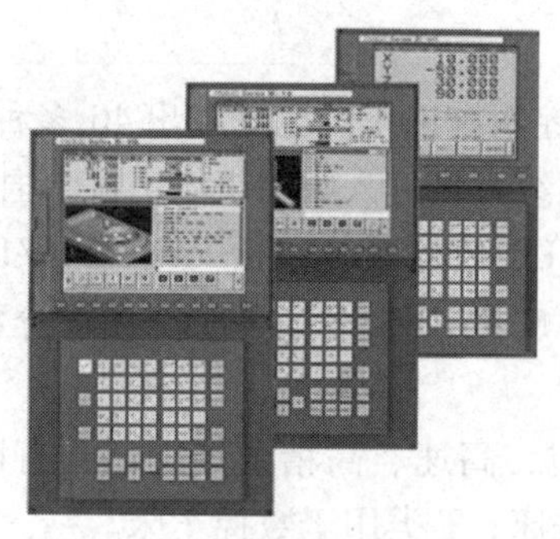

图 2—1—8 FANUC 16i/18i/21i 系列数控装置操作面板

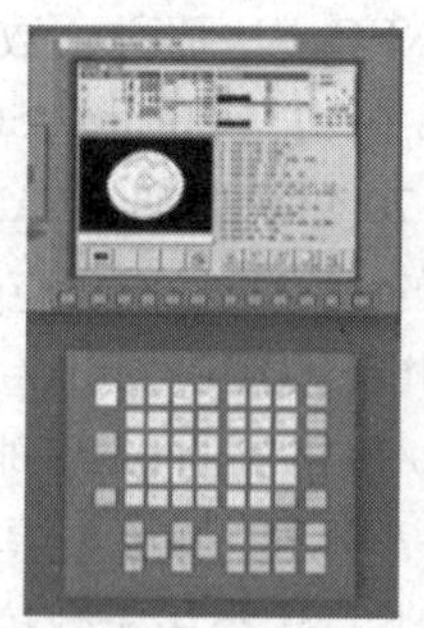

图 2—1—9 FANUC Series 160i/180i/210i 数控装置操作面板

FANUC Series 160is/180is/210is 是采用 Windows CE 的高可靠性的开放式 CNC。Windows CE 是面向内嵌用途而开发出来的实现紧凑操作的 O/S（操作系统），由于这类操作系统采用半导体存储器而不需要硬盘，因而即使在现场环境下也可以确保其高可靠性。FANUC Series 160is/180is/210is 具有两种形式：CNC 与显示单元一体型和有计算机板的独立 CNC，后者经高速串行总线与显示器相连。

2. 德国 SIEMENS 数控装置

德国西门子数控装置主要有 SINUMERIK3/8/810/850/880/820/802/840 等。下面主要介绍目前在国内市场应用比较广泛的 810、802、840 等数控装置。

（1）SINUMERIK 802S/C 系列

如图 2—1—10 所示，该系列装置是专为低端数控机床市场而开发的经济型 CNC 控制装置。SINUMERIK 802S 和 SINUMERIK 802C 具有相同的显示器、操作面板、数控功能、PLC 编程方法等。这两个数控装置的差别在于：SINUMERIK 802S 配备有步进驱动系统，控制步进电动机，可带 3 个步进驱动轴及一个 ±10 V 模拟伺服主轴；而 SINUMERIK 802C 配备有伺服驱动系统，采用传统的模拟伺服 ±10 V 接口，最多可带三个伺服驱动轴及一个伺服主轴。

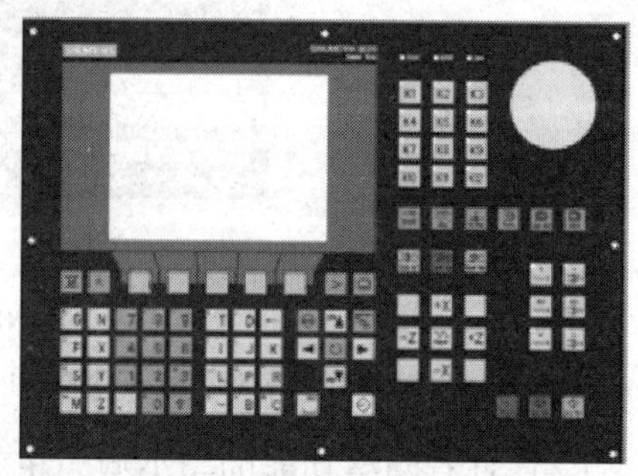

图 2—1—10 SIEMENS 802S/C 数控装置操作面板

（2）SINUMERIK 802D 系列

该装置属于中低档数控装置。其特点是全数字驱动；中文系统、结构简单（通过 PROFIBUS 连接系统面板、I/O 模块和伺服驱动系统）、调试方便。SINUMERIK 802D 系统具有免维护的特性。该数控装置的核心部件—控制面板单元（PCU）具有 CNC、PLC、人机界面（HMI）和通信等功能。

（3）SINUMERIK 802D SL 系列

如图 2—1—11 所示，该数控装置是一种将数控系统（NC、PLC、HMI）与驱动控制系统集成在一起的控制装置。它可连接全数控键盘（垂直型或水平型），支持最多三个 PP72/

48 I/O 模块（输入/输出模块）、两个 ADI4 模块（电源模块），支持 MCPA 模块（多载波功放基站），支持通过 PP72/48 I/O 模块连接的机床控制面板 MCP，或通过 MCPA 模块连接的机床控制面板 MCP 802D SL，通过 PROFIBUS 总线与 PLC I/O 连接通信和通过 Drive-CliQ 总线连接驱动控制系统 SINAMICS S120 。SINUMERIK 802D SL 数控装置适用于车削、铣削、磨削、冲压等标准机床。

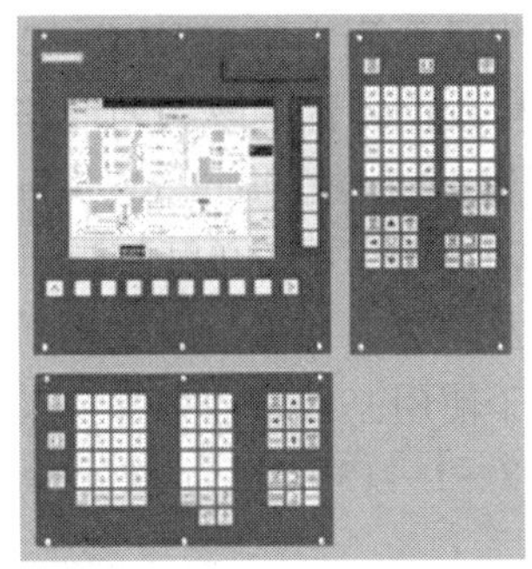

图 2—1—11 SINUMERIK 802D SL 数控装置操作面板

（4）SINUMERIK 840C 系列

SINUMERIK 840C 数控装置内装功能强大的 PLC 135WB2，可以控制 SIMODRIVE 611A/D 模拟式或数字式交流驱动系统，适用于高复杂度的数控机床。

（5）SINUMERIK 840D/810D/840Di 系列

SINUMERIK 840D/810D/840Di 系列数控装置是 20 世纪 90 年代中期推出的全数字化数控装置。它具有高度模块化及规范化的结构，将 CNC 和驱动控制集成在一块板上，将闭环控制的全部硬件的软件集成，便于操作、编程的监控。该系统具有较高的系统一致性，即显示/操作面板、机床操作面板、S7-300PLC、输入/输出模块、PLC 编程语言、数控系统操作、工件程序编程、参数设定、诊断、伺服驱动等部件均相同。图 2—1—12 所示为 SINUMERIK 810D/840D 数控装置操作面板。

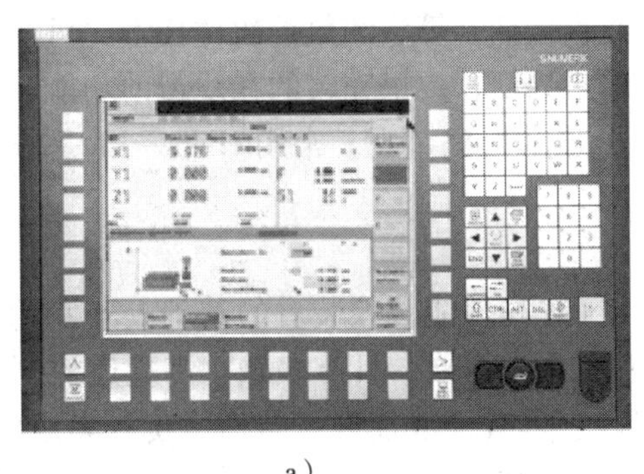

a)

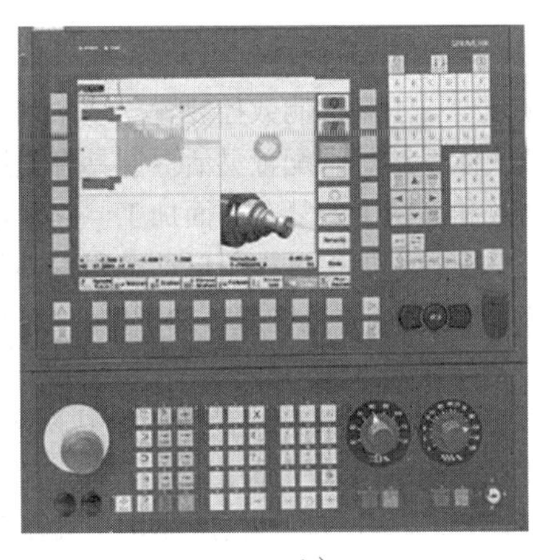

b)

图 2—1—12 SINUMERIK 810D/840D 数控装置操作面板

a) SINUMERIK 810D b) SINUMERIK 840D

3. 华中数控装置

华中数控装置的产品类型主要有世纪星系列、小博士系列、华中 I 型系列等产品。其中，华中 I 型系列为高档、高性能数控装置；世纪星系列、小博士系列为经济型、高性能数控装置。

（1）世纪星系列

世纪星系列主要有 HNC－21T、HNC－21/22M、HNC－18i/18xp/19xp、HNC－210A/B/C 等型号数控装置。该系列的华中数控装置采用先进的开放式体系结构，内置嵌入式工业 PC，配置 19cm 或 24cm（7.5 in 或 9.4 in）彩色液晶显示屏和通用工程面板，将进给轴接口、主轴接口、手持单元接口、内嵌式 PLC 接口集成于一体，支持硬盘、电子盘等程序存储方式以及软驱、DNC、以太网等程序交换功能，具有低价格、高性能、配置灵活、结构紧凑、易于使用、可靠性高等特点。该系列主要应用于数控车床、数控铣床、数控加工中心等。图 2—1—13 所示为华中 HNC－22M 数控装置操作面板。

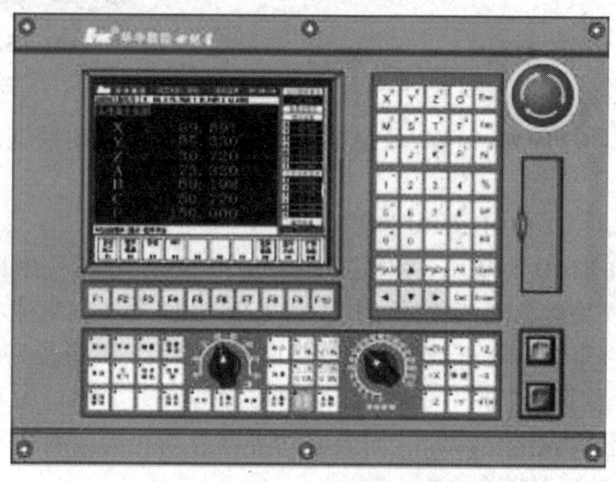

图 2—1—13　华中 HNC－22M 数控装置操作面板

（2）华中 I 型（HNC－1）系列

该系列属于高性能数控装置。该系列数控装置是基于通用 32 位工业控制机和 DOS 平台的开放式体系结构，配置灵活。它具有先进的曲面直接插补算法和数控软件技术，可实现高速、高效和高精度的复杂曲面加工。它采用汉字用户界面，提供完善的在线帮助功能，具有三维仿真校验和加工过程图形动态跟踪功能，图形显示形象直观。常用 HNC－1T 是车床数控系统、HNC－1M 是铣床、加工中心数控系统。

（3）华中－2000 型

华中－2000 型数控装置是在华中 I 型（HNC－1）高性能数控装置的基础上开发的高档数控装置。该系统采用通用工业 PC、TFT 真彩色液晶显示器，具有多轴、多通道控制能力和内装式 PLC，可与多种伺服驱动单元配套使用。它具有开放性好、结构紧凑、集成度高、可靠性好、性价比高、操作维护方便的优点，是适合我国国情的新一代高档、高性能数控装置。

4. 广州数控（GSK）装置

广州数控（GSK）装置的产品类型主要有 GSK928 系列、GSK980 系列、GSK 218 系列、GSK983 系列等。

（1）GSK928 系列

该系列数控装置为经济型数控装置，采用大规模门阵列（CPLD）进行硬件插补，实现高速控制。采用液晶显示器（LCD）、中文菜单及刀具轨迹图形显示，界面友好；加速、减速时间可调；可适配反应式步进系统、混合式步进系统或交流伺服系统，构成不同档次的数控系统。图 2—1—14 所示为 GSK928TEII 数控装置操作面板。

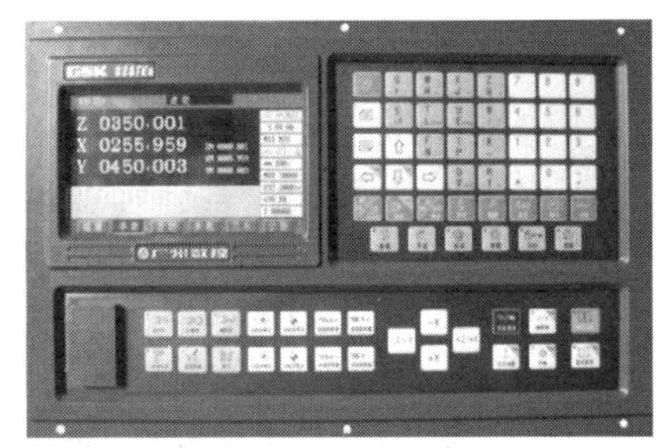

图 2—1—14 GSK928TE Ⅱ 数控装置操作面板

（2）GSK980 系列

自从 1998 年推出的普及型 GSK980 系列数控装置后，随后出现升级换代产品——GSK980TDa、GSK980TDb、928TEII、980TB1、GSK980TA2 、GSK980TB2 数控装置，用于数控车床控制系统。该数控装置采用了 32 位嵌入式 CPU 和超大规模可编程器件 FPGA，运用实时多任务控制技术和硬件插补技术，实现了微米级精度的运动控制，确保了加工的高速和高效。在保持 GSK980 系列外形尺寸及接口一致的前提下，采用了 18 cm（7 in）彩色宽屏 LCD 及更友好的显示界面；加工轨迹能实时跟踪显示；增加了系统时钟及报警日志。在编程方面，采用 ISO 国际标准数控 G 代码，同时兼容日本 FANUC（法那科）数控系统。图 2—1—15 所示为 GSK980TDb 数控装置操作面板。

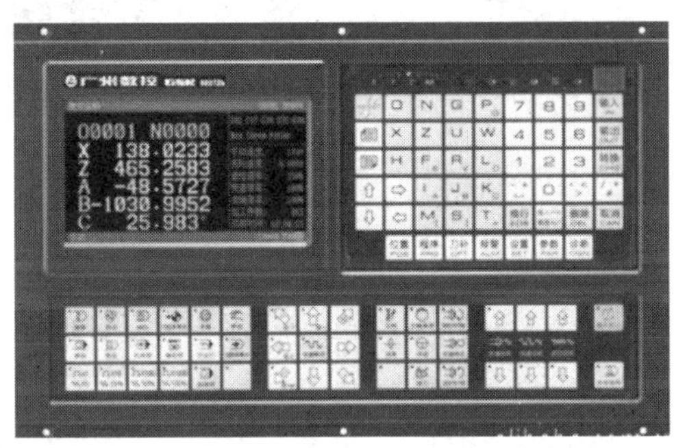

图 2—1—15 GSK980TDb 数控装置操作面板

（3）GSK 983 系列

该系统采用最新的高集成 FPGA、CPLD 芯片和表面贴装技术，使控制单元的尺寸大大减小。它采用了 LCD 显示器，实现了显示单元的薄型化；可以实现 5 个进给轴和一个主轴的控制；内置强大的 PLC、高速缓冲串行 DNC 接口，以高达 38 400 的波特率连接计算机或 U 盘，从而实现了高速度、高精度的 DNC 加工，适用于数控铣床、数控加工中心的控制。图 2—1—16 所示为 GSK 983 系列数控装置操作面板。

三、数控装置的组成及接口定义

本节以 GSK980TDb 系统为实例，介绍数控装置的组成及接口定义。

1．GSK980TDb 数控装置的组成

GSK980TDb 数控装置主要由主板、MDI 键盘、I/O 单元和 LCD 显示单元等组成，如图 2—1—17 所示。主板主要包括 CPU、内存、PMC、I/O－Link 控制、伺服控制、主轴控制等。I/O 单元主要包括电源、I/O 接口、通信接口、MDI 控制、显示控制、手摇脉冲发生器控制和高速串行总线等。

2．GSK980TDb 数控装置的接口定义

图 2—1—18 所示是 GSK980TDb 数控装置的背面接口，接口的功能见表 2—1—3。

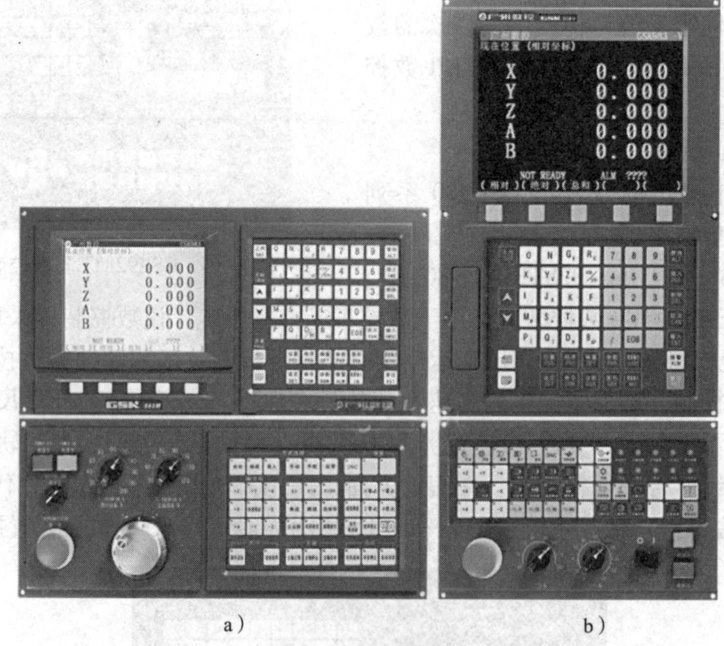

图 2—1—16　GSK 983 系列数控装置操作面板

a）GSK 983M－S　b）GSK 983M－V

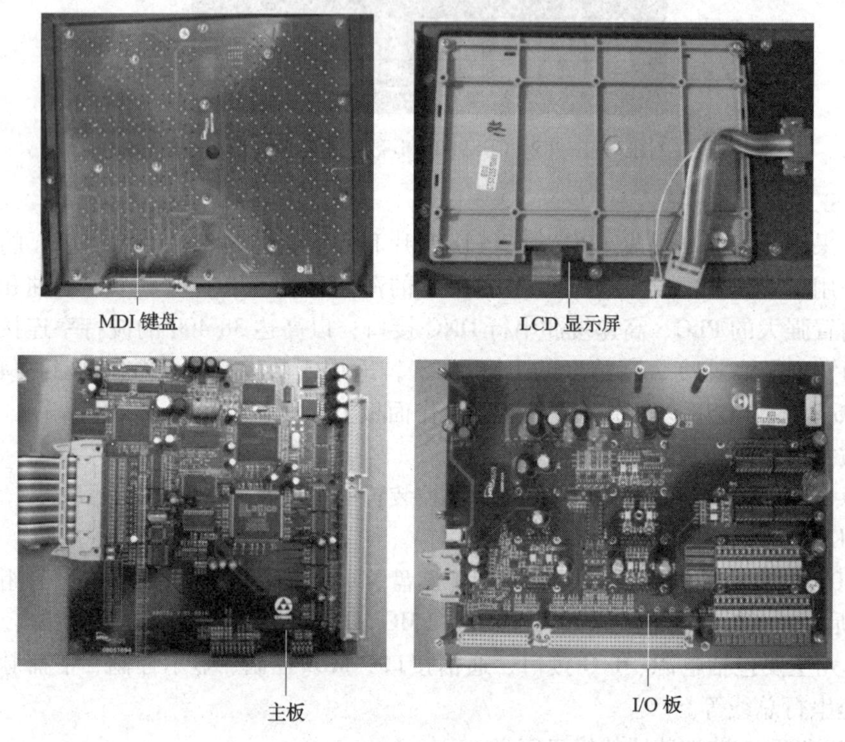

图 2—1—17　数控装置内部结构实物图

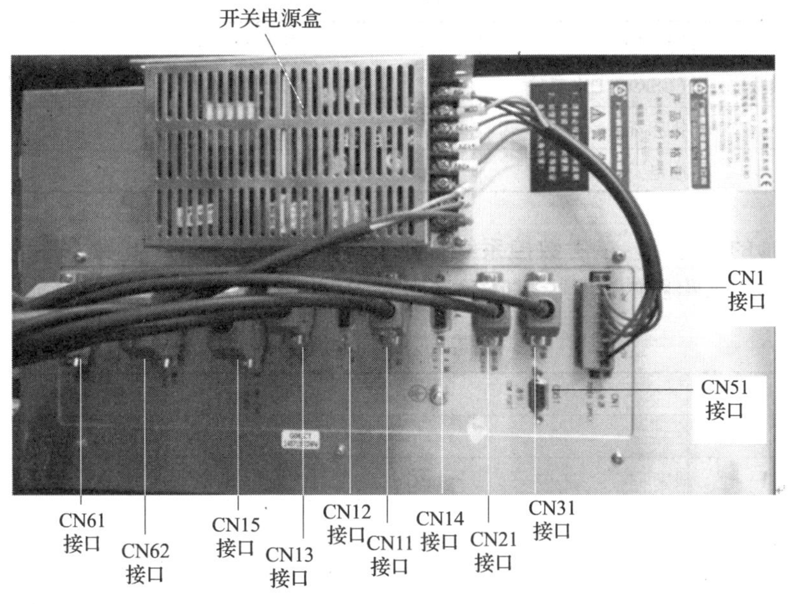

图 2—1—18　GSK980TDb 数控装置的背面接口

表 2—1—3　**GSK 980TDb 数控系统的背面接口功能**

接口	功　能
CN1	电源接口。由开关电源盒提供数控装置所需的 +5 V、+24 V、+12 V、-12 V、GND 电源，由此接口引入
CN11	*X* 轴接口。15 芯 D 型孔插座，连接 *X* 轴驱动单元
CN12	*Y* 轴接口。15 芯 D 型孔插座，连接 *Y* 轴驱动单元
CN13	*Z* 轴接口。15 芯 D 型孔插座，连接 *Z* 轴驱动单元
CN14	4th 轴接口。15 芯 D 型孔插座，连接 4th 轴驱动单元
CN15	主轴接口。25 芯 D 型孔插座，连接主轴驱动单元
CN21	编码器接口。15 芯 D 型针插座，连接主轴编码器
CN31	手摇脉冲发生器接口。26 芯 D 型针插座，连接手手摇脉冲发生器
CN51	通信接口。9 芯 D 型孔插座，连接 PCRS-232 接口
CN61	输入接口。44 芯 D 型针插座，连接机床输入信号接口
CN62	输出接口。44 芯 D 型孔插座，连接机床输出信号接口

任务实施

一、任务准备

实施本任务所需要的实训设备及工具材料表见表 2—1—4。

表 2—1—4　　实训设备及工具材料表

序号	设备与工具	序号与名称	数量
1	数控车床（GSK980TDb 系统）	CAK3665NJ	1 台
2	机床资料	数控车床使用说明书、数控系统操作说明书	1 套
3	常用电工工具	自选	1 套

二、在教师的指导下，参考数控系统说明书，认识 GSK980TDb 数控系统的接口功能，重点检查电源接口各引脚的电压，并正确填写表 2—1—5

表 2—1—5　　数控装置的接口功能

接口	功　能
CN1	
CN11	
CN13	
CN15	
CN21	
CN31	
CN61	
CN62	

三、在教师的指导下，拆卸数控装置并认识其基本结构

有条件的学校可以进行数控装置的拆卸，并认识和理解主要模块。在拆卸数控装置的过程中，注意不要损坏元器件和模块。

任务测评

完成操作任务后，学生先按照表 2—1—6 进行自我测评，再由指导教师评价审核。

表 2—1—6　　测评表

序号	项目	考核内容及要求	配分	评分标准	扣分	得分
1	任务准备	检查工具、资料是否准备齐全	5	1. 工具不齐全，每少一件扣 1 分 2. 资料不齐全，扣 3 分		
2	电源接口	1. 认识电源接口功能 2. 正确测量各组电源电压	15	1. 不能正确认识电源接口，扣 5 分 2. 不能正确测量各组电源电压，每处扣 2 分		
3	*X*/*Z* 轴接口	1. 认识 *X* 轴接口功能 2. 认识 *Z* 轴接口功能	15	1. 不能正确认识 *X* 轴接口，扣 7 分 2. 不能正确认识 *Z* 轴接口，扣 8 分		

续表

序号	项目	考核内容及要求	配分	评分标准	扣分	得分
4	主轴与编码器接口	1. 认识主轴接口功能 2. 认识编码器接口功能	15	1. 不能正确认识主轴接口，扣7分 2. 不能正确认识编码器接口，扣8分		
5	输入/输出接口	1. 认识输入接口功能 2. 认识输出接口功能	15	1. 不能正确认识输入接口，扣7分 2. 不能正确认识输出接口，扣8分		
6	基本结构	1. 能正确拆卸数控装置 2. 认识数控装置的主要结构	25	1. 不能正确拆卸数控装置，扣10分 2. 不能正确认识数控装置的主要结构，每处扣5分		
7	安全文明生产	应符合国家安全文明生产的有关规定	10	违反安全文明生产有关规定，不得分		
指导教师评价					总得分	

思考与练习

一、填空题（将正确答案填在横线上）

1. 数控装置结构由________和________两部分组成。

2. CNC 装置的按硬件结构分为________和________；按 CNC 装置总体安装结构形式分为________和________；按微处理器的个数分为________和________。

3. 单微处理器结构，只有一个微处理器，采用________、________处理数控的各个任务。

4. 多微处理器结构的 CNC 装置大都采用________结构，常见的有 6 种基本功能模块是________、________、________、________、________、________。

5. CNC 管理模块具有________和________整个 CNC 系统工作过程的职能，如系统初始化、________、________、________、________等。

6. 系统总线的作用是把各个模块有效地________在一起，依靠________来实现各模块之间的________，按要求交换________，构成一个完整的系统，实现各种预定的功能。

7. 在 CNC 软件设计中，常采用资源________并行处理技术，较常见的 CNC 软件结构形式有________软件结构和________软件结构。

8. CNC 软件分为________程序和________程序。前台程序为实时中断程序，承担实时任务，实现________、________等实时功能。后台程序也称为________，是一个循环运行程序，实现数控加工程序的________、________等任务。

9. CNC 软件在硬件的支持下，实现了对系统________、________、________、________、________、________、________、________等方面控制。

10. 插补是指数控机床能够实现的________能力，大多数数控系统都具有________和________的插补功能。

11. GSK980TDb 数控系统，能控制________伺服驱动轴和一个模拟主轴。

12. CNC 装置中的存储器模块，主要存放＿＿＿＿和＿＿＿＿的存储器。

13. 数控系统的管理软件存放在＿＿＿＿存储器中；控制软件存放在＿＿＿＿存储器中。

14. CNC 装置的功能通常包括＿＿＿＿和＿＿＿＿；基本功能包括＿＿＿＿、＿＿＿＿、＿＿＿＿、＿＿＿＿、＿＿＿＿、＿＿＿＿、＿＿＿＿、＿＿＿＿和自诊断功能等。

15. 数控装置将所收到的信号进行一系列处理后，再将其处理结果以＿＿＿＿形式向伺服系统发出执行命令。

二、选择题（将正确答案序号填在括号里）

1. CNC 装置由硬件和软件组成，软件在（　　）的支持下运行。

A. 硬件　　B. 存储器　　C. 显示器　　D. 程序

2. 数控装置的软件由（　　）组成。

A. 控制软件　　B. 管理软件和控制软件两部分

C. 管理软件

3. 数控系统常用的两种插补功能是（　　）。

A. 直线插补和圆弧插补　　A. 直线插补和抛物线插补

C. 抛物线插补和圆弧插补　　D. 螺旋线插补和抛物线插补

4. 下列数控系统中（　　）是数控车床应用的控制系统。

A. FANUC 0i Mate - MD　　B. HNC—22M

C. GSK980TD

5. GSK980TDb 数控系统的 CN1 接口功能是（　　）。

A. 编码器接口　　B. 伺服接口

C. 模拟主轴接口　　D. 电源接口

三、判断题（将判断结果填入括号中，正确的填“√”，错误的填“×”）

1. 单微处理器结构的 CNC 装置，采用集中控制、分时处理数控的各个任务。（　　）

2. 多微处理器结构的 CNC 装置大都采用模块化结构。（　　）

3. 华中 HNC—21T 数控系统，采用先进的开放式体系结构，广泛用于车、铣、加工中心等各种机床控制。（　　）

4. GSK980TB2 数控系统，运用实时多任务控制技术和硬件插补技术，实现了微米级精度的运动控制。（　　）

5. 数控系统中控制软件一般包括数控零件加工程序、系统管理程序、输入数据处理程序、插补运算程序、速度控制程序和诊断程序等。（　　）

6. CNC 装置的控制功能，主要反映 CNC 装置能够控制以及能够同时控制的轴数。（　　）

7. 刀具补偿可以把零件轮廓轨迹转换成刀具中心轨迹，以保证零件加工的精度。（　　）

四、简答题

1. 简述数控装置的软件工作过程。

2. 简述数控装置的特点。

3. 简述 GSK980TDb 数控系统的特点。

任务2　数控装置的故障检修

学习目标

1. 掌握数控装置的硬件故障诊断方法。
2. 掌握数控装置的软件故障诊断方法。
3. 能对数控装置的故障进行检修。
4. 掌握 GSK980TDb 数控系统与存储卡进行数据备份和恢复的方法。
5. 能正确识读数控装置操作面板的电气线路原理。

任务引入

数控装置是数控机床的核心，它的可靠运行直接关系到整个设备运行的正常与否。当系统发生故障时，首先根据故障现象来综合判断故障发生的部位，初步确定是硬件故障还是软件故障，然后通过必要的检测与实验，达到确认和最终排除故障的目的。因此，本任务主要学会数控系统的参数备份与恢复，学会对数控装置的故障进行检修。

相关知识

一、数控系统硬件故障诊断与处理

CNC 系统中的硬件故障泛指所有电子器件故障、接插件故障、线路板（模块）故障与线缆故障。当硬件故障发生时，可通过常规检查、利用自诊断功能报警号和信号状态指示灯，检测关键点的信号波形、电压值及调整相关的参数，并参考相关的技术手册，来进一步查找故障原因，以便准确、高效地排除故障。

1. 常规检查

（1）外观检查

当系统发生故障时，首先进行外观检查。总体查看机床各部分工作状态是否处于正常状态（如各坐标轴位置、主轴状态、刀库、机械手位置等），各电控装置（如数控系统、温控装置、润滑装置等）有无报警指示，局部查看有无保险烧断，元器件烧焦、开裂、电线电缆脱落，各操作元件位置是否正确及冷却风扇是否转动正常等。

（2）接线、电缆与接插件检查

针对故障相关部分，用一些简单的维修工具及仪器检查电缆与模块接插件是否牢固；线路板连接是否正确；是否所有集成电路上器件正常而无变形等。对于长期闲置或缺少维护的老机床，应重点检查电缆的疲劳破损、接线点的氧化与腐蚀等会造成信号传递中的各种故障。

（3）电源电压检查

电源电压正常是机床控制系统正常工作的必需条件，如果电源电压不正常，一般会造成故障停机，有时还会造成控制系统动作紊乱。因此，当硬件出现故障后，电源电压检查不可忽视。

（4）定期保养的易损部件及元器件的检查

有些部件、元器件按规定应及时清理、维护，否则容易出现故障。如冷却风扇的清理维护。

2. GSK980TDb 数控装置故障的屏幕报警信息

（1）报警识别

当发生报警时，可通过按［报警 ALM］软键进入报警界面，系统屏幕将出现相应的报警画面并显示出报警原因，如图 2—2—1 所示。

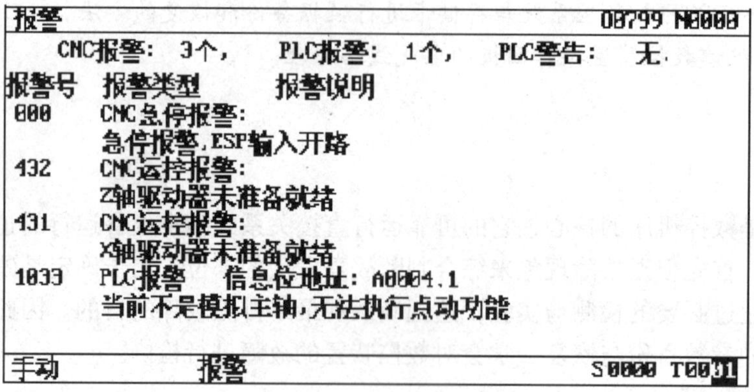

报警　O0799 N0000
CNC报警：3个，　PLC报警：1个，　PLC警告：无
报警号　报警类型　报警说明
000　CNC急停报警：
急停报警，ESP输入开路
432　CNC运控报警：
Z轴驱动器未准备就绪
431　CNC运控报警：
X轴驱动器未准备就绪
1033　PLC报警　信息位地址：A0004.1
当前不是模拟主轴，无法执行点动功能
手动　报警　S0000 T0001

图 2—2—1　报警显示画面

（2）报警号码与报警信息

GSK980TDb 数控系统的报警主要分为三类：一是 CNC 报警，部分报警号码与报警信息见表 2—2—1；二是 PLC 报警，报警号码与信息见表 2—2—2；三是操作提示报警，报警信息见表 2—2—3。

表 2—2—1　　CNC 报警信息一览表

报警分类	报警号码	故障报警信息
CNC 报警	000	急停报警，ESP 输入开路
	320	CPU 电压异常，请检查电源后重新启动
	403	运行速度太快
	404	由于主轴停止转动，进给被停止
	405	螺纹加工主轴未启动或转速太低
	406	螺纹加工进给速度超过上限值（参数 No. 027）
	407	螺纹加工时，主轴转速波动超过限制
	408	变螺距加工时，出现螺距小于 0
	409	参考点未建立，不能返回第 2、3、4 参考点
	410	回零方式 A，回零失败
	411	超出 *X* 轴正向软件行程限制
	412	超出 *Z* 轴正向软件行程限制

续表

报警分类	报警号码	故障报警信息
CNC 报警	416	超出 *X* 轴负向软件行程限制
	417	超出 *Z* 轴负向软件行程限制
	421	*X* 轴正向超程
	422	*Z* 轴正向超程
	426	*X* 轴负向超程
	427	*Z* 轴负向超程
	431	*X* 轴驱动器未准备就绪
	432	*Z* 轴驱动器未准备就绪

表 2—2—2　　PLC 报警信息一览表

号码	内容	信息地址
1000	换刀时间过长	A0000. 0
1001	换刀结束时，刀架未到位报警	A0000. 1
1002	换刀未完成报警	A0000. 2
1003	未收到刀架锁紧信号	A0000. 3
1004	换刀完成时，重复检测锁紧信号，锁紧信号无效	A0000. 4
1005	系统断电前，换刀出错	A0000. 5
1006	预分度接近开关信号无效	A0000. 6
1007	刀架过热报警	A0000. 7
1008	尾座功能无效，不能执行 M10 和 M11 代码	A0001. 0
1009	主轴旋转中，不可以退尾	A0001. 1
1011	没有检测到尾座进，不得启动主轴	A0001. 3
1012	换刀方式 A 及 B 最多可有 8 把刀	A0001. 4
1015	请确认刀架工位数（6、8、10、12 工位）	A0001. 7
1016	防护门未关，不允许自动运行	A0002. 0
1017	卡盘压力低报警	A0002. 1
1019	主轴旋转时，不得松开卡盘	A0002. 3
1020	主轴旋转时，夹紧到位信号无效报警	A0002. 4
1021	卡盘夹紧到位信号无效时，不得启动主轴	A0002. 5
1022	卡盘松开，不得启动主轴	A0002. 6

表 2—2—3　　操作提示报警一览表

提示内容	产生提示的操作
存储量不够	程序数量超过 10 000 个或总存储容量超过 40 MB
数据非法	数据输入时超出范围
程序段太长	输入的程序段超过 255 个字符
输入未允许	输入数字中含有不可识别的字符
串口未连接	串口未连接时进行通信操作
通信出错	数据传输出错
块删除失败	块删除时没有找到目标字符
检索失败	向上、下光标检索时没有找到目标字符
行数超范围	零件程序的最大编辑行数（69993）限制，禁止增行
非法 G 指令	输入了非法的指令字
文件不存在	检索时目标零件程序不存在
文件已存在	文件另存或改名时，有同名文件
在参数页改	在诊断界面中修改参数时
操作方式不正确	在文件目录页面打开程序或按［OUT］键进行数据传输时
文件已删除	删除零件程序时目标零件程序被删除成功

（3）报警日志显示

按下报警ALM键进入报警显示界面，再按报警ALM键进入报警日志界面，如图 2—2—2 所示，通过▤键和▤键可查看共 200 条的报警日志信息。最新的报警日志信息排在第一页的最前面，依次顺推。当报警日志超过 200 条时，最后一条历史日志信息将被清除。

```
报警日志            页数  1                00799 N0000
2010/01/07  10:45:21  432# 0 00799.CNC     N0000
Z轴驱动器未准备就绪
2010/01/07  10:45:21  431# 0 00799.CNC     N0000
X轴驱动器未准备就绪
2010/01/07  10:45:18    0# 0 00799.CNC     N0000
急停报警,ESP输入开路
2010/01/07  10:32:58 1033# 1 PLC.LDX       A0004.1
当前不是模拟主轴,无法执行点动功能
2010/01/07  10:32:45    0# 1 00799.CNC     N0000
急停报警,ESP输入开路
录入                                    S0000 T0001
```

图 2—2—2　报警日志界面

3. 数控装置常见故障的诊断与处理

当系统发生故障时，首先需要判断故障发生的部位，即初步确定故障发生在系统内部还是系统外部。当故障发生在系统内部时，一般可以通过系统的报警显示来确认故障原因，必要时，可以借助各组成模块的指示灯来进一步确认。当故障发生在系统外部时，还需要判断故障是由 PLC 程序逻辑条件不满足引起的还是由机床系统的元件故障引起的。为此，在维修和排除故障时，应熟练掌握系统 I/O 接口信号诊断技术，变频器、驱动器以及电动机相关的应用技术，以便准确、高效地排除故障。数控装置常见的故障诊断与处理方法见表 2—2—4。

表 2—2—4　数控装置常见的故障诊断与处理方法

故障现象	诊断与处理方法
电池报警故障	当报警灯亮时，应及时更换电池，否则机床参数可能丢失。而且应该在机床通电状态下更换电池，以保证参数不丢失，系统能正常工作
键盘故障	在使用键盘输入程序时，如果有字符不能输入、不能消除、程序不能复位或显示屏不能变换页面等故障，首先应检查有关按键是否接触良好，进行修复或更换；若没有效果或所有按键都不起作用，可进一步检查该部分的接口电路板、系统控制软件及电缆连接状态等
熔丝熔断	数控装置内熔丝熔断，多由于在对数控装置进行测量时的误操作，或由于数控机床发生了撞车或装置内有短路故障等所致。因此，更换熔丝前一定要查明原因，排除后更换同规格、同型号的熔丝
数控机床参数故障	在加工过程中，温度及使用状况的变化，机床突然断电，或因意外按下急停按钮等情况发生时，都可能使机床参数发生变化，导致数控机床不能正常工作。可通过参数的查找、修改或通过参数恢复来处理
数控装置“NOT READY”（没准备好）故障	（1）首先应检查 CRT 显示面板上是否有其他故障指示灯亮及故障信息提示。若有问题应按故障信息目录的提示去处理 （2）检查伺服系统电源装置是否有熔丝熔断、断路器跳闸等问题。如果合闸或更换新的熔丝后断路器再次跳闸，应检查电源部分是否有问题；检查是否有电动机过热、大功率晶体管组件过电流等故障而使计算机监控电路起作用；检查数控装置各板是否有故障指示灯点亮情况 （3）检查数控装置所需各交流电源、直流电源的电压值是否正常。如果电源电压不正常，会造成系统逻辑混乱而产生“NOT READY”（没准备好）故障
显示器无辉度或无任何画面	（1）原因可能是显示器有关单元电缆连接不良。应重新检查、连接电缆 （2）检查显示器单元的输入电压是否正常。在检查前，应先确定显示器单元所用的电源是直流还是交流，并确认其额定电压值。在确认输入电压过低的情况下，还应检查接入电网的电压是否正常。如果是电源电路接触不良，造成输入电压过低，还会引起数控装置的某些印制电路板上硬件或软件报警，如主轴低压报警灯亮，因此可通过几个方面的相互印证来确认故障所在 （3）显示器单元本身故障

二、数控系统软件故障诊断与处理

数控系统的软件配置包括三个部分：生产厂家研制的启动芯片、基本系统软件、加工循环、测量循环等；针对具体机床所用的 NC 机床数据、PLC 机床数据、PLC 报警文本、PLC 用户程序等；加工主程序、加工子程序、刀具补偿参数、零点偏置参数、R 参数等。

数控机床的软件故障多数为软件功能存储器故障或因参数变化形成的，一般采取核对参数、修改参数和更换存储器芯片来完成相应的故障处理。具体地说，对于软件丢失或参数变化造成的运行异常、程序中断和停机故障，可采取对数据、程序进行更改或清除后再重新输入的方法来恢复系统的正常工作；对于程序运行或数据处理中发生中断而造成的停机故障，可采取硬件复位法或关掉数控机床总电源开关，然后再重新开机的方法排除故障。引起数控系统软件故障的常见原因及诊断与处理见表2—2—5。

表2—2—5　　引起数控系统软件故障的常见原因及诊断与处理

故障现象	故障原因	诊断与处理
误操作	在调试用户程序或修改机床参数时，操作者误删除或更改了软件内容或参数，从而造成软件故障	对照机床参数说明书或加工程序，更改变化了的参数或更正编写的加工程序，来排除机床故障
数控系统后备电池电压不足	由于为RAM供电的电池电压不足，电池电路断路、短路、接触不良等，都会造成RAM得不到维持电压	（1）应对长期闲置不用的数控机床经常定期开机，以防电池长期得不到充电，造成机床软件和数据的丢失 （2）当为RAM供电的电池当出现电量不足报警时，应及时更换新的电池，以防最后连报警都无法提供，出现软件和数据的丢失
干扰信号引起	由于电源的波动及干扰脉冲串入数据系统控制总线，引起时序错误或造成数控装置等停止运行	采取现象查找干扰源，根据预防干扰措施，加强重复接地、接零与稳定电源
软件死循环	由于运行复杂程序或进行大量计算时，有时会造成系统死循环引起系统中断，造成软件故障	优化程序或关闭电源，重新启动系统
操作不规范	操作者违反了机床的操作规范，从而造成机床报警或停机现象	加强对操作者的业务培训，严格执行操作规范
用户程序出错	由于用户程序中出现语法错误、非法数据、运行或输入中出现故障报警等	根据提示可采取对数据、程序进行更改或清除后再重新输入的方法来恢复系统的正常工作

要点提示

当参数出现问题时，可以采用以下三种方式中的某一种来恢复系统。

（1）对照随机资料参数表的硬拷贝逐个检查机床的参数。

（2）利用输入/输出设备恢复参数。

（3）利用计算机和数控机床的DNC功能，通过DNC软件进行参数输入。

三、数控系统参数的正确设置、更改与备份

数控系统中的加工程序（Program）、参数（Parameter）、螺距误差补偿（Pitch）、宏参数（Macro）、刀具补偿（Offset）、工件坐标系（Work）、PLC程序、PLC数据，在机床断电后是依靠安装在控制单元上的电池进行保存的。如果控制单元损坏、电池失效或更换时出现差错都会导致数据的丢失，如果之前没有做好备份，将导致严重的损失。

因此，数控机床平时就要定期开机运行，定期做好数据的备份工作，以防意外发生。数控系统一般有两种进行数据备份和恢复的方法：一是使用存储卡；二是通过 RS—232 串口与个人计算机进行数据的备份和恢复。两者相比，使用存储卡比较方便，传输性能更优越，推荐使用存储卡进行数据的备份。下面以 GSK980TDb 数控系统为例，学习数据设置、更改与备份。

1. 设置界面操作

按下 设置SET 键进入设置界面，通过 ▤ 键、 ▤ 键来查看设置界面中的 4 个页面：开关设置界面、参数操作界面、权限设置界面和时间日期界面。其中，时间日期界面由状态参数 No. 002 的 Bit7 设定是否显示。

（1）开关设置界面如图 2—2—3 所示。其主要用来显示参数、程序、自动序号的开、关状态。

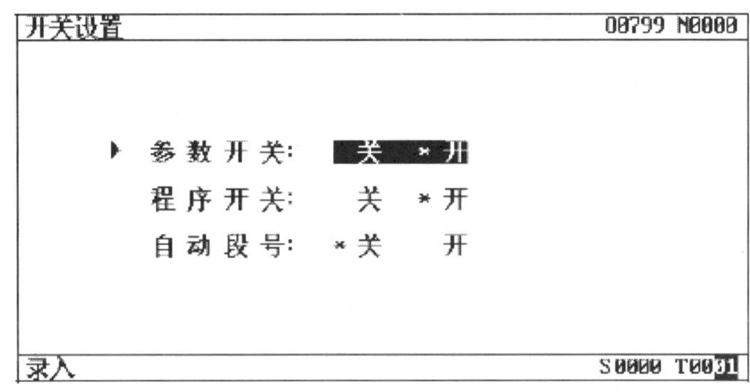

图 2—2—3 开关设置界面

1）参数开关。只有当参数开关打开时，才可以修改参数，关闭时，禁止修改参数。

2）程序开关。只有当程序开关打开时，才可以编辑程序；关闭时，禁止编辑程序。

3）自动序号。只有当自动序号开关打开时，编辑程序时才自动生成程序段号；自动序号开关关闭时，程序段号不会自动生成，需要时，须手动输入。

（2）参数操作界面如图 2—2—4 所示。在此页面中，可进行 CNC 数据（状态参数、数据参数、螺距补偿参数、刀具偏置等）的备份及恢复。

（3）权限设置界面如图 2—2—5 所示。其主要用来显示、设置用户操作级别。

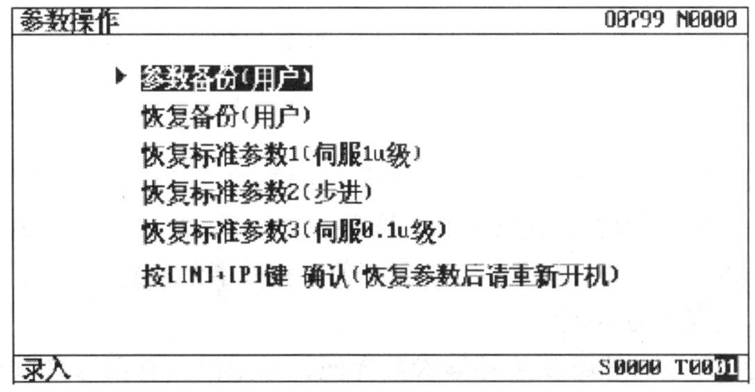

图 2—2—4 参数操作界面

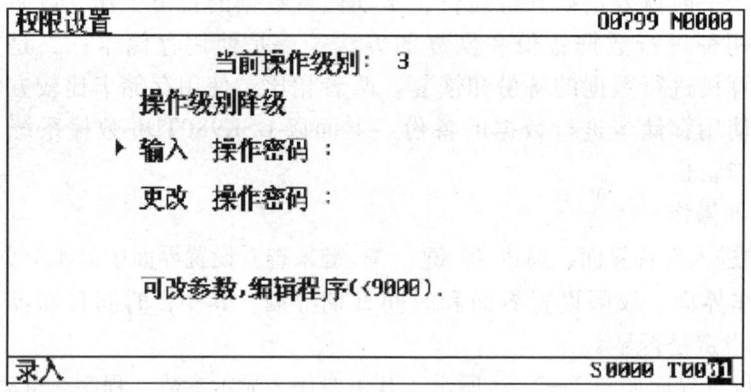

图 2—2—5　权限设置界面

GSK 980TDb 密码等级分为 4 级，由高到低分别是机床厂家级（2 级）、设备管理级（3 级）、工艺员级（4 级）、加工操作级（5 级）。

1）机床厂家级。允许修改 CNC 的状态参数、数据参数、螺补参数、刀补数据、编辑零件程序（包括宏程序）、编辑修改 PLC 梯形图、下载上传梯形图。

2）设备管理级。初始密码为 12345，允许修改 CNC 的状态参数、数据参数、刀补数据、编辑程序。

3）工艺员级。初始密码为 1234，可修改刀补数据（进行对刀操作）、宏变量，编辑零件程序，不可修改 CNC 的状态参数、数据参数及螺补参数。

4）加工操作级。无密码级别，可进行机床操作面板的操作，不可修改刀补数据，不可选择零件程序，不可编辑程序，不可修改 CNC 的状态参数、数据参数及螺补参数。

2. 参数界面操作

参数按键 [参数 PAR] 为一复用键，反复按此键可进入状态参数、数据参数与螺距误差补偿参数等几个界面。

(1) 状态参数界面

按参数键 [参数 PAR] 进入状态参数界面，状态参数共有 48 个，分两页显示，可通过翻页键 [▤] 或 [▤] 进入每个页面查看或修改相关参数，如图 2—2—6 所示。从状态参数界面可以看到，界面的下部有两行参数内容显示行：第一行显示当前光标所在的参数某一位的中文含义，可以按 [L] 键或 [W] 键来改变显示的参数位；第二行显示当前光标所在参数所有位的英文缩写。

(2) 数据参数界面

反复按参数键 [参数 PAR]（如在状态参数界面可按翻页键 [▤]）进入数据参数界面，可通过翻页键 [▤] 或 [▤] 进入每个界面查看或修改相关参数，如图 2—2—7 所示。从数据参数界面可以看到，界面的下部有一行中文提示行，显示当前光标所指参数的含义。

(3) 螺距误差补偿参数界面

反复按参数键 [参数 PAR] 进入螺距误差补偿参数界面，螺距误差补偿参数共有 256 个，分 13 页显示，可通过翻页键 [▤] 或 [▤] 显示各页，如图 2—2—8 所示。

状态参数					O0001 N0001
序号	数据	序号	数据	序号	数据
001	00010010	009	00000000	172	01101000
002	10000011	010	00011111	173	00000000
003	00010000	011	00000000	174	00001000
004	01000000	012	10101011	175	00000000
005	00010011	013	00000000	176	00000000
006	00000000	014	00011111	177	00000000
007	10000000	164	00000000	178	00000000
008	00011111	168	00000000	179	00000000

*** *** *** 模拟主轴 手轮 半径编程 ISC INI
BIT0:1/0:英制输入/公制输入(需重开机)
序号 001
自动 连续 S0000 T0000

图 2—2—6 状态参数界面

数据参数					O0001 N0001
序号	数据	序号	数据	序号	数据
015	1	023	8000	031	1260
016	1	024	100	032	400
017	1	025	100	033	200
018	1	026	100	034	0
019	5	027	8000	035	0
020	0	028	200	036	0
021	0	029	100	037	9999
022	4000	030	10	038	9999

X轴指令倍乘系数
序号 015
自动 连续 S0000 T0000

图 2—2—7 数据参数界面

螺补参数					O0001 N0001
序号	X	Z	序号	X	Z
000	0	0	010	0	0
001	0	0	011	0	0
002	0	0	012	0	0
003	0	0	013	0	0
004	0	0	014	0	0
005	0	0	015	0	0
006	0	0	016	0	0
007	0	0	017	0	0
008	0	0	018	0	0
009	0	0	019	0	0

序号 000
自动 连续 S0000 T0000

图 2—2—8 螺距误差补偿参数界面

3. 诊断界面操作

反复按诊断键 诊断 DGN 可进入 CNC 诊断界面、PLC 状态界面、PLC 数据界面、机床软面板及版本信息界面。

(1) CNC 诊断界面

CNC 和机床间的输入/输出信号的状态，CNC 和 PLC 间传送的信号状态，PLC 内部数据及 CNC 内部状态等都可以通过诊断显示出来。

按诊断键进入 CNC 诊断界面显示，CNC 诊断界面显示有键盘诊断、状态诊断及辅助机能参数等内容，可通过翻页键 ▤ 或 ▤ 查看，如图 2—2—9 所示。在 CNC 诊断显示界面，界面的下部有两行诊断号详细内容显示行：第一行显示当前光标所在诊断号的某一位的中文含义，可以按 L。键或 W 键来改变显示的诊断位；第二行显示当前光标所在诊断号所有位的英文缩写。

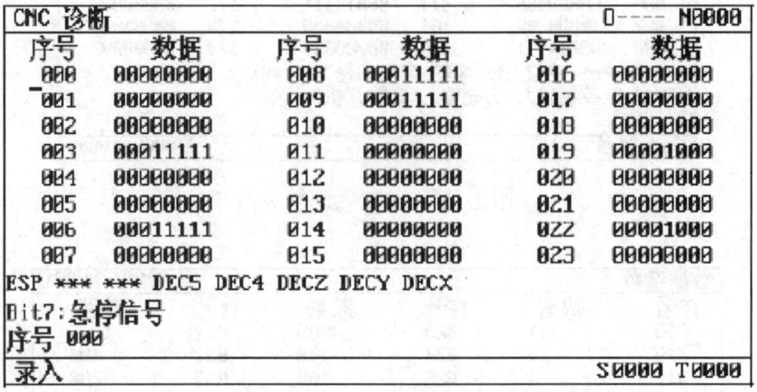

CNC 诊断　　O---- N0000

序号	数据	序号	数据	序号	数据
000	00000000	008	00011111	016	00000000
001	00000000	009	00011111	017	00000000
002	00000000	010	00000000	018	00000000
003	00011111	011	00000000	019	00001000
004	00000000	012	00000000	020	00000000
005	00000000	013	00000000	021	00000000
006	00011111	014	00000000	022	00001000
007	00000000	015	00000000	023	00000000

ESP *** *** DEC5 DEC4 DECZ DECY DECX

Bit7:急停信号

序号 000

录入　　S0000 T0000

图 2—2—9　CNC 诊断界面

（2）PLC 状态界面

在 PLC 状态界面下，依次共显示 X0000 ~ X0029、Y0000 ~ Y0029、F0000 ~ F0255、G0000 ~ G0255、A0000 ~ A0024、K0000 ~ K0039、R0000 ~ R0999 等界面的地址状态。反复按诊断键进入 PLC 状态界面。按翻页键即可查看到 PLC 各地址的信号状态，如图 2—2—10 所示。在 PLC 状态界面，页面的下部有两个详细内容显示行：第一行显示当前光标所在地址号的某一位的中文含义，可以按 L。键或 W 键来改变显示的地址位；第二行显示当前光标所在地址号所有位的英文缩写。

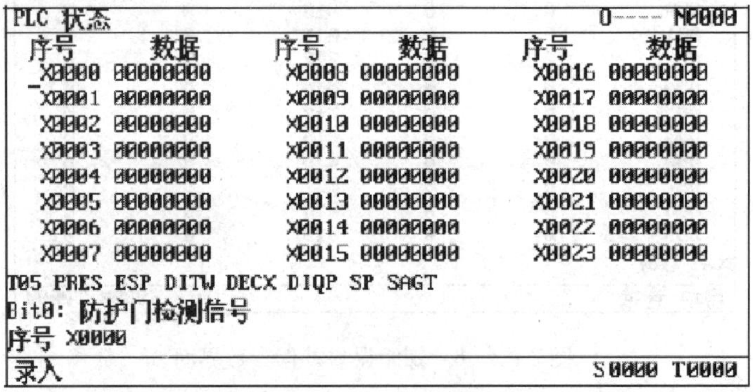

PLC 状态　　O---- N0000

序号	数据	序号	数据	序号	数据
X0000	00000000	X0008	00000000	X0016	00000000
X0001	00000000	X0009	00000000	X0017	00000000
X0002	00000000	X0010	00000000	X0018	00000000
X0003	00000000	X0011	00000000	X0019	00000000
X0004	00000000	X0012	00000000	X0020	00000000
X0005	00000000	X0013	00000000	X0021	00000000
X0006	00000000	X0014	00000000	X0022	00000000
X0007	00000000	X0015	00000000	X0023	00000000

T05 PRES ESP DITW DECX DIQP SP SAGT

Bit0: 防护门检测信号

序号 X0000

录入　　S0000 T0000

图 2—2—10　PLC 状态界面

（3）PLC 数据界面

在 PLC 数据界面下，依次显示 T0000 ~ T0099、D0000 ~ D0999、C0000 ~ C0099、DT000 ~ DT099、DC000 ~ DC099 等界面的寄存器的数值。反复按诊断键进入 PLC 数据界面，按翻页键即可查看到 PLC 各数据值，也可输入地址（如 T、DT、DC）、序号，查看各数据值，如图 2—2—11 所示。在 PLC 数据界面中，界面的下部有一行中文提示行，显示当前光标所指参数的含义。

PLC 数据　　　　　　　　　　　　　　　　　　　　　　　　　O----- N0000

序号	数据	序号	数据
DT000	1000	DT008	500
DT001	1000	DT009	1000
DT002	0	DT010	0
DT003	1000	DT011	50
DT004	15000	DT012	3000
DT005	500	DT013	0
DT006	500	DT014	0
DT007	0	DT015	0

由数据参数065修改(关闭原挡位时间的计时)

序号 DT000

录入　　　　　　　　　　　　　　　　　　　　　　　　　S0000 T0000

图 2—2—11　PLC 数据界面

（4）机床软面板

反复按诊断键进入机床软面板，在此界面中，可对机床进行软键盘的控制，机床软面板界面显示如图 2—2—12 所示。

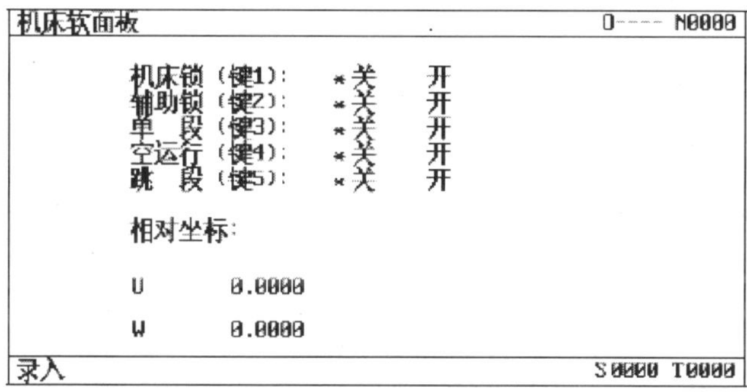

图 2—2—12　机床软面板界面

（5）版本信息界面

反复按诊断键进入版本信息界面。在版本信息界面显示 CNC 当前的软硬件、系统编号和 PLC 版本的信息等，版本信息界面如图 2—2—13 所示。

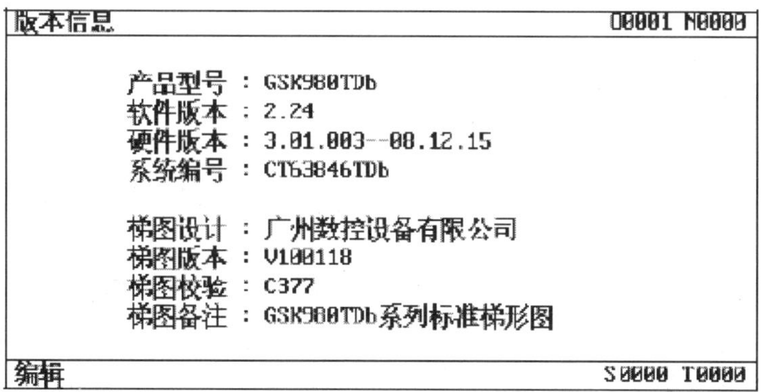

图 2—2—13　版本信息界面

4. 数控系统的参数设置

（1）打开参数开关

1）按操作面板上的设置键进入设置界面，按翻页键或进入开关设置界面。

2）按操作面板上的 ⇧ 或 ⇩ 键移动光标到要设置的项目上。

3）按 L。和 W 键切换开关状态，按 W 键，“*”左移，关闭开关；按 L。键，“*”右移，打开开关。

当参数开关由“关”切换为“开”时，CNC 会出现报警，先按住“取消”键再按住“复位”键可消除报警，如果再切换参数的开关状态，则不报警。为安全起见，参数修改结束后，务必设置参数开关为“关”。

（2）参数设定

1）按参数键 参数PAR 进入参数界面，按翻页键或切换各参数界面，如图 2—2—14 所示。

状态参数　　O0000 N0000

序号	数据	序号	数据	序号	数据
001	00010010	009	00000000	172	01101000
002	10000010	010	00011111	173	00000000
003	00010000	011	00000000	174	00001000
004	01000000	012	10101011	175	00000000
005	00010011	013	00000000	176	00000000
006	00000000	014	00000000	177	00000000
007	10000000	164	00000000	178	00000000
008	00011111	168	00000000	179	00000000

*** *** *** 模拟主轴 手轮 半径编程 ISC INI

BIT4:1/0:主轴转速模拟电压控制/开关量控制

序号 001 =

录入　　S0000 T0000

图 2—2—14　参数界面

2）按录入键进入录入操作方式。

3）把光标移动到需要设置的参数号上。

4）输入新的参数值。

5）按输入键 输入IN，参数值被输入并显示出来。

6）参数设定完毕后，关闭参数开关。

【例】将图 2—2—14 所示的状态参数№004 的 Bit5（DECI）设置为 1，其余各位保持不变。

按上述步骤将光标移至№004 上，在提示行中依次键入 01100000，如图 2—2—15 所示。再按输入键 输入IN，参数值输入完成并显示出来，如图 2—2—16 所示。

5. 数据备份与恢复

GSK980TDb 的用户数据（如状态参数、数据参数、螺补数据等）可进行备份（保存）及恢复（读取）。进行数据备份与恢复的同时，不影响存储在 CNC 中的零件程序。数据备份界面如图 2—2—17 所示。

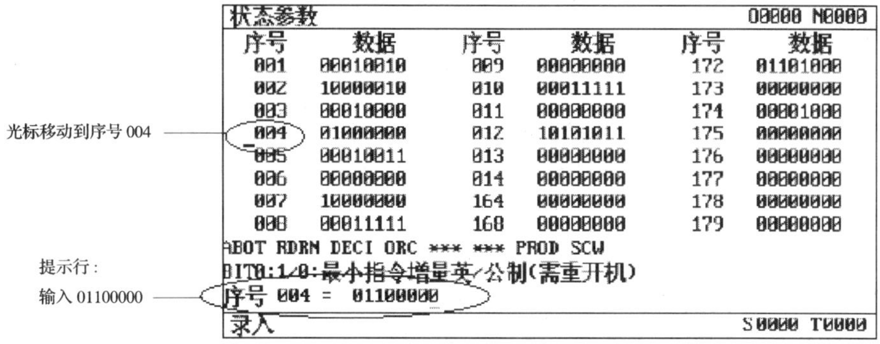

状态参数 O0000 N0000
序号 数据 序号 数据 序号 数据
001 00010010 009 00000000 172 01101000
002 10000010 010 00011111 173 00000000
003 00010000 011 00000000 174 00001000
004 01000000 012 10101011 175 00000000
005 00010011 013 00000000 176 00000000
006 00000000 014 00000000 177 00000000
007 10000000 164 00000000 178 00000000
008 00011111 168 00000000 179 00000000
ABOT RDRN DECI ORC *** *** PROD SCW
BIT0:1/0:最小指令增量英/公制(需重开机)
序号 004 = 01100000
录入 S0000 T0000
光标移动到序号 004
提示行：
输入 01100000

图 2—2—15 修改 004 号参数

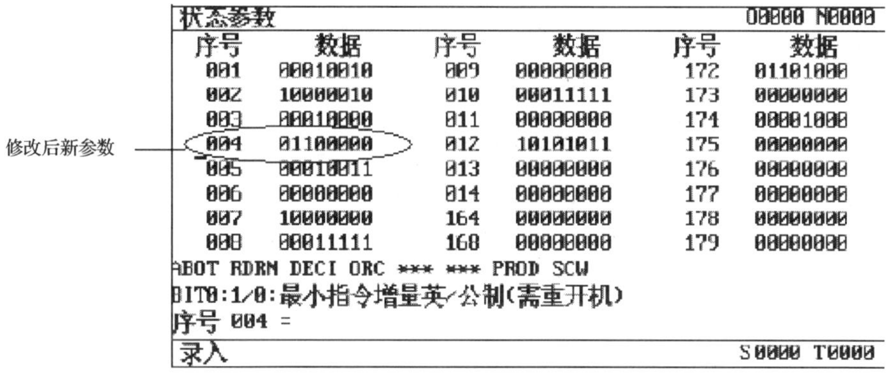

状态参数 O0000 N0000
序号 数据 序号 数据 序号 数据
001 00010010 009 00000000 172 01101000
002 10000010 010 00011111 173 00000000
003 00010000 011 00000000 174 00001000
004 01100000 012 10101011 175 00000000
005 00010011 013 00000000 176 00000000
006 00000000 014 00000000 177 00000000
007 10000000 164 00000000 178 00000000
008 00011111 168 00000000 179 00000000
ABOT RDRN DECI ORC *** *** PROD SCW
BIT0:1/0:最小指令增量英/公制(需重开机)
序号 004 =
录入 S0000 T0000
修改后新参数

图 2—2—16 修改参数后的界面

参数操作 O0000 N0000
参数备份(用户)
恢复备份(用户)
恢复标准参数1(伺服1u级)
恢复标准参数2(步进)
恢复标准参数3(伺服0.1u级)
按[IN]+[P]键 确认(恢复参数后请重新开机)
录入 S0000 T0000

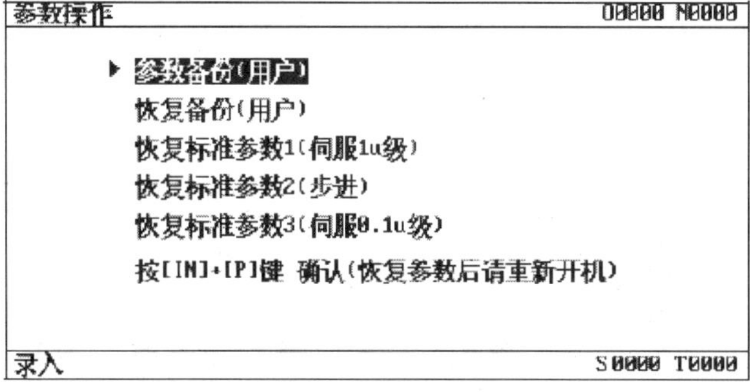

图 2—2—17 数据备份界面

（1）打开参数开关。

（2）按录入键 进入录入操作方式，按设置键 （必要时，按 或 键）进入数据备份界面，如图 2—2—17 所示。

（3）移动光标至需要操作的项目上。

（4）同时按 、 键，CNC 提示“数据备份至用户区已成功”，数据备份完成。

要点提示

①进行数据备份与恢复操作时，请勿断电，在提示操作完成之前不要进行其他操作。

②3 级及以上密码级别用户均可对状态参数、数据参数及螺距补偿参数进行备份及恢复。

【例】将 CNC 参数恢复成伺服 0.1u 级标准参数，操作步骤如下。

打开参数开关，并按上述操作步骤进入录入操作方式，进入数据备份界面，移动光标至“恢复标准参数 3（伺服 0.1u 级）”前，如图 2—2—18 所示。同时按 输入IN 、 PQ 键，CNC 提示“恢复伺服参数成功（请重新开机）”。

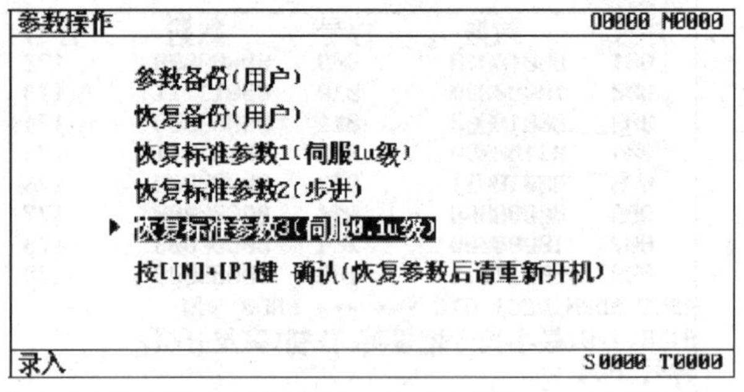

图 2—2—18　参数恢复界面

6. 利用 U 盘进行系统数据备份与恢复

(1) 进入高级操作界面

把 U 盘插入 GSK980TDb 系统的 USB 插口上，系统对 U 盘进行识别，识别成功后，系统右下角会出现 U 盘图标。然后，反复按参数键，即可进入 USB 高级操作界面，如图 2—2—19 所示。

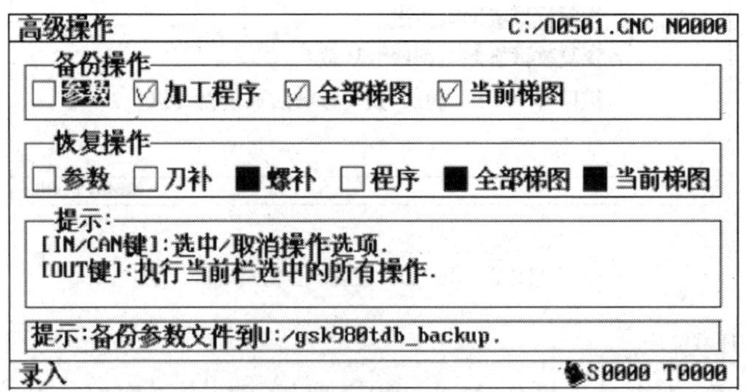

图 2—2—19　USB 高级操作界面

如图 2—2—19 所示，带“√”选项为可操作且已选择的选项，“□”选项为可操作但未选择的选项，“■”选项为不可操作的选项。

（2）参数的备份

参数的备份是指将当前系统的所有参数状态及数值（其中包括状态参数、数据参数、螺补参数）以文件 BitPara. txt、WordPara. txt、Tooler. txt、ToolWear. txt、Wormpara. txt、plcDC. txt、plcDT. txt、plcK. txt 的形式复制至 USB 设备存储器下的 U：\gsk980tdb_ backup\user\目录下。如无上述目录或文件，则自动创建；如已存在上述目录或文件，则覆盖已存在的目录和文件。

（3）参数的恢复

参数的恢复是指将备份在 USB 设备存储器 U：\gsk980tdb_ backup\user\目录下的参数文件复制回 CNC 系统，以完成系统参数的恢复。移动或修改了上述路径或重命名不符合格式的文件名，将不能完成恢复操作。

1）GSK980TDb 系统数据进行备份时，如果目标路径下已存在所要备份的同名文件及目录，系统将自动覆盖替换。如有文件或目录不想被覆盖替换时，请另行复制存放。

2）进行高级操作时，禁止任何其他操作；一旦执行操作，除完成外，不能停止。

3）如果备份或恢复的文件较大，可能进行的操作时间较长，这时，请耐心等待。

4）如果出现异常情况，请拔掉 USB 设备，尝试重新连接。

5）参数恢复成功后，CNC 系统需重新上电。

四、故障检修流程

1．检修基本流程

以 GSK980TDb 型数控车床电气故障为例，介绍故障检修基本流程。在实际维修中，当机床出现故障时，应先向操作者询问机床的故障情况。例如，询问故障发生在什么时候、发生了几次、因何种操作引起的、发生了什么现象等。待了解故障的基本现象后，再按照以下步骤进行检修。检修前，应悬挂“机床维修中，请勿靠近”等警示牌。

（1）机床通电前检查外部电气元器件

在给数控车床通电前，维修人员应先检查数控车床外部电气元器件，包括观察机床外部电气元器件是否有损坏、散热风扇转动是否灵活、接线是否有松动现象、周围环境温度是否太高等。

（2）通电试运行，进一步观察故障现象

根据数控车床操作说明书，通电试运行，结合相关信息仔细观察，并把故障现象详细记录在故障检修记录单中，见表 2—2—6。例如，数控系统接通电源，系统显示“急停报警”。

表 2—2—6　　　　数控机床故障检修记录单

维修时间		维修人员		
设备名称	数控车床	设备型号		
故障现象				
诊断与维修	可能故障部位	是否正常	排除方法	维修用零配件
维修小结				
修后试车确认 维修结果				

（3）分析原因，确定故障范围

查阅维修手册（或通过分析）可知，系统显示“急停报警”的原因可能是急停按钮按下、限位故障或线路断路故障等。详细分析故障原因，并把故障原因记录在故障检修记录单中。

（4）根据故障分析的范围，正确检修

根据分析的故障原因及范围，采取正确的检修方法进行检修。例如，先检查急停按钮是否按下未旋起；检查限位开关是否损坏或断路导致急停线路断路；检查线路是否存在短路或接触不良；检查直流 +24 V 信号输出是否正常等。在检修过程中，应把故障排除方法和故障点详细记录在故障检修记录单中。

（5）故障修复，并通电试运行，确定数控车床恢复正常运行状态。

（6）检修完毕，切断电源，清扫场地。

2. 典型故障的分析与诊断流程

（1）故障一：GSK980TDb 型数控车床通电后系统无任何显示（黑屏）

故障分析与诊断处理：当系统通电后，LCD 上没有任何显示。出现此故障时，可以通过查阅电气说明书来分析和确定故障。应重点检查如下内容：

1）检查输入电压 220 V 是否正常。若不正常，则检查电源供给回路各元器件是否损坏、各触点接触是否良好，检查外部电压是否稳定等方面。

2）检查电源盒输出电压 +5 V、+12 V、+24 V、-12 V 是否正常，若异常，则须维修电源盒。

3）是否由于系统内部元器件短路导致电压不正常，若是，则应送厂维修。

4）是否外接循环、暂停线路等短路。检查外部连线或螺纹编码器，是否把 +5 V 电压拉低，检查其线路对机床大地的绝缘度，检查编码器插头是否存在进水、进油短路等。

5）是否内部显示屏线路接触不良。打开系统盖，将接头重新连接插紧。

具体分析与诊断流程如图 2—2—20 所示。

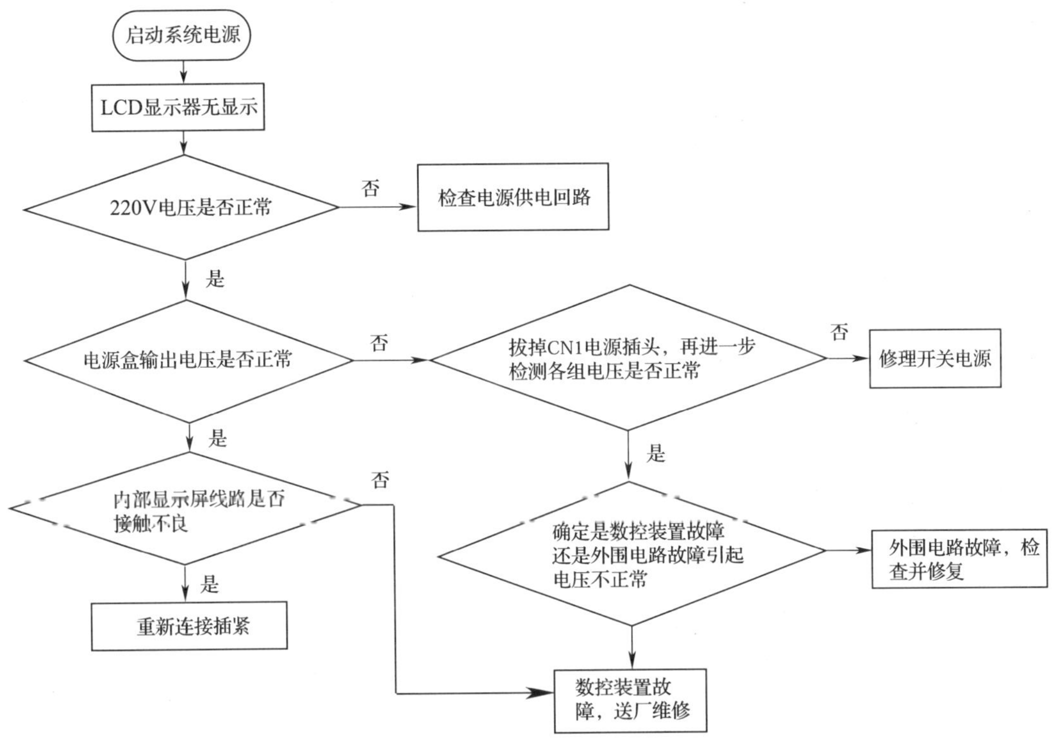

图 2—2—20 系统无显示的故障分析与诊断流程图

（2）故障二：接通电源，GSK980TDb 系统显示“急停报警”

故障分析与诊断处理：当机床通电后，系统出现“急停报警”，查阅维修手册和电气说明书，可知此故障多数是由急停按钮按下未旋起、限位问题及线路断路等原因造成的。具体分析与诊断流程如图 2—2—21 所示。

（3）故障三：显示屏蓝屏

故障分析与诊断处理：当系统通电后，LCD 显示屏蓝屏一片。具体分析与诊断流程如图 2—2—22 所示。

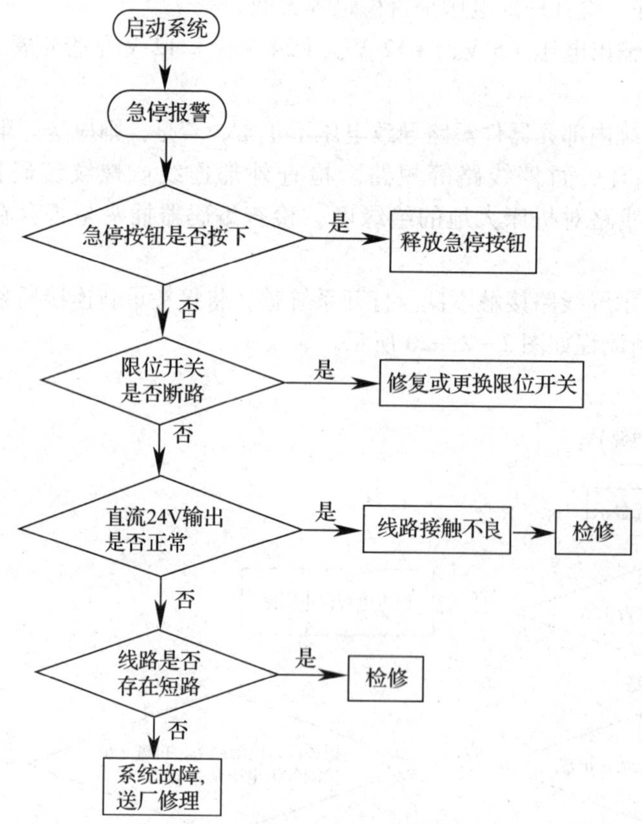

图 2—2—21　系统“急停报警”故障分析与诊断流程图

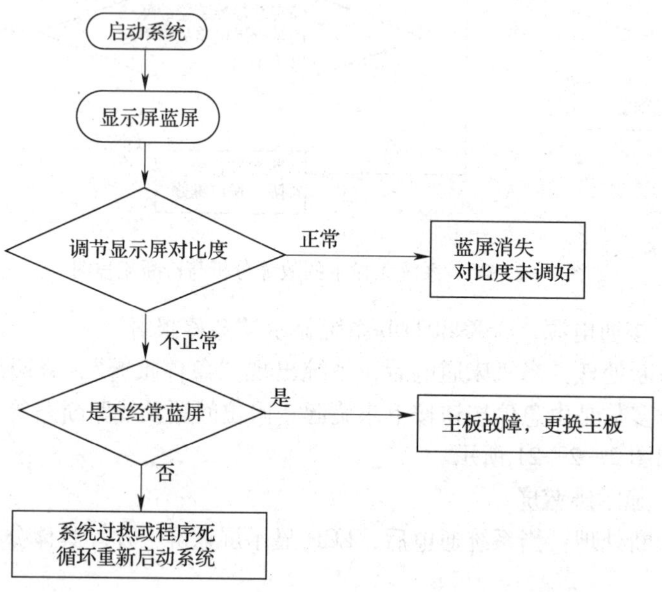

图 2—2—22　LCD 显示蓝屏故障分析与诊断流程图

任务实施

一、任务准备

实施本任务所需要的实训设备及工具材料表见表 2—2—7。

表 2—2—7　　实训设备及工具材料表

序号	设备与工具	序号与名称	数量
1	数控车床（GSK980TDb 系统）	CAK3665NJ	1 台
2	机床资料	数控车床电气说明书、数控系统操作说明书	1 套
3	常用电工工具	自定	1 套
4	仪器仪表	自定	1 套

二、GSK980TDb 型数控系统的电气故障检修

1. 设置故障

（1）设置数控系统 LCD 无显示故障。

（2）设置数控系统出现“急停报警”故障。

①由教师或同组学生参照课题二任务 2 的“四、故障检修流程”中故障诊断实例人为设置故障，以便于学生们按照书中提供的检修流程进行模拟训练。

②设置故障时，必须在停电情况下进行，切忌更改线路和损坏元件等，以确保人身和设备安全。

2. 检修步骤

（1）数控系统 LCD 无显示故障的检修步骤，可参考故障检修基本流程中的检修步骤，并结合图 2—2—20 所示系统无显示的故障分析与诊断流程图，进行逐一检查，直到找到故障点，并详细填写数控系统 LCD 无显示故障检修记录单（表 2—2—8）。

（2）数控系统出现“急停报警”故障的检修步骤，可参考故障检修实例中的检修步骤，并结合图 2—2—21 所示系统“急停报警”故障分析与诊断流程图，进行逐一的检查，直到找到故障点，并详细填写数控系统出现“急停报警”故障检修记录单（表 2—2—9）。

（3）故障修复，并通电试运行。

（4）检修完毕，切断电源，清扫场地。

三、填写故障检修记录单（表 2—2—8、表 2—2—9）

表 2—2—8　　数控系统 LCD 无显示故障检修记录单

维修时间		维修人员	
设备名称	数控车床	设备型号	
故障现象			

续表

	可能故障部位	是否正常	排除方法	维修用零配件
诊断与维修				
维修小结				
修后试运行确认 维修结果				

表 2—2—9　　数控系统出现“急停报警”故障检修记录单

维修时间			维修人员	
设备名称	数控车床		设备型号	
故障现象				
诊断与维修	可能故障部位	是否正常	排除方法	维修用零配件
维修小结				
修后试运行确认 维修结果				

任务测评

完成任务后，学生先按照表 2—2—10 进行自我测评，再由指导教师评价审核。

表 2—2—10　　测评表

序号	项目	考核内容及要求	配分	评分标准	扣分	得分
1	材料准备	检查工具（5 分）、资料（5 分）是否准备齐全	10	1. 工具不齐全，每少一件扣 1 分 2. 资料不齐全，扣 5 分		
2	故障现象勘察	1. 通电前，检查机床外观、电气元件（5 分） 2. 正确通电试运行（5 分） 3. 正确描述故障现象（5 分）	15	1. 不能全面检查机床外观、电气元件，每漏检一处扣 1 分 2. 不能正确通电试运行，扣 5 分 3. 不能描述故障现象，扣 5 分		

续表

序号	项目	考核内容及要求	配分	评分标准	扣分	得分
3	故障原因分析	1. 故障分析思路正确、清晰（5分） 2. 故障原因分析正确、完整（15分） 3. 正确查阅资料（5分）	25	1. 思路不清晰或不正确，扣5分 2. 不能正确分析故障原因或分析不完整，每错一处扣3分 3. 不能查阅资料，扣5分		
4	故障处理	1. 对故障部位进行维修（25分） 2. 试运行，对维修效果进行验证（5分）	30	1. 工具使用不正确，扣5分 2. 停电不验电，扣5分 3. 思路不清晰，扣10分 4. 工时控制不合理，扣5分		
				1. 不会试运行或维修试运行结果不正确，扣2分 2. 查出故障，而不能进行故障修复的，扣3分		
5	安全文明生产	应符合国家安全文明生产的有关规定	10	违反安全文明生产有关规定不得分		
6	实操过程记录	填写清晰、准确	10	填写不准确不得分		
指导教师评价					总得分	

知识拓展

数控系统故障维修实例

【故障实例1】

故障现象：配置FANUC－11MA系统的数控加工中心机床在运行时，CRT突然无显示，主控制板上产生“F”报警。

故障分析与诊断：先从系统的CRT无显示进行分析，检查CRT单元本身、与CRT单元有关的电缆连接、输入CRT单元的电源电压以及CRT控制板等均未发现问题。再按照主板上提示的“F”报警号来分析，其可能的原因有连接单元的连接有问题、连接单元故障、主控制板故障以及I/O板有故障。但经认真检查，上述原因都被排除。发现是由于外加电源＋5 V电压没有加上造成的。

【故障实例2】

故障现象：配置SIEMENS 802D系统的数控铣床，开机时出现报警：ALM380500、400015、40000、025201、026102、025202；驱动器显示报警号“AIM599”。

故障分析与诊断：查阅报警信息可知，ALM380500：PROFIBUS DP 驱动器连接出错；ALM400015：PROFIBUS DP I/O 连接出错；ALM40000：PLC 停止；ALM025201：驱动器 1 出错；ALM 026102：驱动器不能更新；ALM025202：驱动器 1 出错，无法正常通信。驱动器显示报警号“AIM599”：802D 与驱动器之间的循环数据转换中断。根据信息提示，进一步分析如下：

（1）开机时，伺服驱动器可以显示“RUN”，表明伺服驱动器系统可以通过自检，驱动器硬件无故障。

（2）系统初始化完成后，驱动器“使能”信号尚未输出，系统就出现报警；并且驱动器也随之报警。

根据以上两点分析，可以暂时排除伺服驱动器故障，由此，可以考虑故障应该是由系统引起的。

（3）系统报警 ALM400015（PROFIBUS DP I/O 连接出错）属于硬件报警，而 ALM40000（PLC 停止）报警一般不会引起硬件报警。通过分析，引起 ALM400015 报警可能出在 I/O 单元。

（4）重点检查 I/O 单元。经检查 I/O 单元指示灯“POWER”不亮，表明 I/O 单元无 DC24 V 电源。经检查 DC24 V 供电回路，发现接线端子接触不良，重新连接后指示灯亮，系统报警消失，机床恢复正常。

【故障实例 3】

故障现象：配置 FANUC 0i－Mate 系统的数控车床，无法输入对刀值等参数，不能编辑程序，并伴有报警。

故障分析与处理：根据故障现象来看，与系统锁住时现象一样。首先检查程序保护开关，通过测量发现程序保护开关正常。再进一步观察故障系统的梯形图，发现 X56 输入点无信号输入，说明这条输入线路断路。沿着这条线号利用万用表检查，发现在操作面板后面波段开关接头处线头脱落，导致线路无法输入信号，使 PLC 逻辑关系不正确，才出现上述故障。把脱落的线头重新焊接好，报警解除，参数输入正常，故障消失。

【故障实例 4】

故障现象：某配置 SIEMENS 810M 系统的龙门数控加工中心，在自动执行程序时，出现 ALM3003 报警。

故障分析与诊断：SIEMENS 810M 系统出现 ALM3003 报警的含义是“程序中的地址不正确，”或“NC－MD 5480/5500/5520/5540 设定的轴名称与 NC－MD 5680/5681/5682/5683 设定的轴名称不统一”。

检查加工程序正确，未发现编程错误。进一步检查系统参数，发现该机床的坐标轴名称设定存在矛盾，即参数 NC－MD 5480/5500/5520/5540 中定义的轴名称分别为 X、Y1、Z1，但是在参数 NC－MD 5680/5681/5682/5683 中定义的轴名称分别为 X、Y、Z、A，两者矛盾。修改参数，使其统一后，故障排除。

【故障实例 5】

故障现象：配置华中 HNC－21T 系统的数控机床，接通系统电源后，屏幕显示时有时无。

故障分析与诊断：根据故障现象分析，出现此故障现象多属于线路接触不良所致。首先检查系统电源 DC24 V 和 DC5 V 都正常；检查 CRT 背部亮度电位器也正常；进一步检查连接线也都接触良好。当拆动系统 CPU 电路板时，屏幕又出现亮度，怀疑主板上有接触不良的地方，拆下 CPU 主板检查，发现主板上的晶振有一管脚虚焊。用电烙铁重新对焊点进行补焊后，故障排除。

【故障实例 6】

故障现象：某数控系统，机床通电后 CRT 无显示。

故障分析与诊断：首先检查 NC 电源 +24 V、+15 V、-15 V、+5 V 均无输出，此现象可以确定是电源方面出了问题。根据电气原理图逐步从电源的输入端进行检查，当检查到熔断器后面的电源噪声滤波器时发现性能不良，后面的整流、振荡电路均正常，拆开噪声滤波器外壳发现里面烧焦，更换噪声滤波器后，系统故障排除。

【故障实例 7】

故障现象：CAK6180D 型数控车床，配置 FANUC 0i Mate - TC 系统。系统不能开机，屏幕不亮。

故障分析与诊断：按系统电源上电开关，屏幕不亮，打开电气柜发现稳压指示灯微亮，用万用表测量电压只有 4 V。取下 +24 V 导线，电压恢复正常，说明负载有轻微短路现象。通过原理分析可知，+24 V 电压分别供给几处用电，逐一取下排除，当取下放大器 CXA19 +24 V 插头时，电压恢复正常，能开机，屏幕也亮了，由此确定放大器损坏。更换放大器，故障排除，机床恢复正常。

思考与练习

一、填空题（将正确答案填在横线上）

1. 数控系统发生故障时，首先根据________来综合判断故障发生的部位，初步确定是________故障还是________故障，然后通过必要的检测与实验，达到确认和最终排除故障的目的。

2. 数控装置硬件故障发生时，常采用的检查方法是________、________、________、________等。

3. FANUC 0i Mate - TD 数控装置出现报警履历画面，其画面显示的主要信息有________、________、________、________。

4. 数控装置在进行熔丝的更换之前，先要排除熔丝烧断的________，然后再更换________的熔丝。

5. 当数控装置________时，LCD 画面上闪烁显示警告信息“BAT”，此时应尽快更换电池。

6. 数控装置中的存储器后备电池应________年定期更换一次，更换电池时，应在________状态下进行。

7. 数控系统有两种进行数据备份和恢复的方法：一是________，二是________。

8. 提高操作者的业务技术培训，严格按照操作规范执行，可避免________故障的发生。

9. GSK980TDb 数控系统出现“000”报警号，其报警含义是________________。

10. 数控机床的软件故障多数为________或________故障，一般采取________、________和________来完成相应的故障处理。

二、选择题（将正确答案序号填在括号里）

1. 数控单元是由双 8031（　　）组成的 MCS—51 系统。

A. PLC　　B. 单片机　　C. 微型机　　D. 单板机

2. 为了保护零件加工程序，数控系统有专用电池作为存储器（　　）芯片的备用电源。当电池电压小于 4.5 V 时，需要换电池，更换时，应按有关说明书的方法进行。

A. RAM　　B. ROM　　C. EPROM　　D. CPU

3. 数控系统对数据备份常用的存储卡是（　　）。

A. SRAM 存储卡　　B. 快闪存储卡、ATA 卡

C. CF 卡　　D. 以上都是

4. 造成数控系统后备电池电压不足的原因是（　　）。

A. 电池失效　　B. 电池电路断路　　C. 短路、接触不良　　D. 以上都是

5. 机床通电前，进行外部电器检查的主要内容是（　　）。

A. 电器外观检查　　B. 散热风扇、周围环境温度的检查

C. 接线情况检查　　D. 以上都是

三、判断题（将判断结果填入括号中，正确的填“√”，错误的填“×”）

1. 数据存储器一般用随机存储器 RAM。（　　）

2. 经济型数控系统常用的有后备电池法和采用非易失性存储器。（　　）

3. 当系统出现死循环而引起系统中断时，应采取优化程序或采取关闭电源，重新启动系统。（　　）

4. 当电池报警灯亮时，应及时更换电池，否则，机床参数可能丢失。（　　）

5. 应对长期闲置不用的数控机床经常定期开机，以防电池长期得不到充电，造成机床软件的丢失。（　　）

6. 在进行数据的备份与恢复操作时，请勿断电，并且在提示操作完成之前，建议不要进行其他操作。（　　）

7. 数控系统在参数恢复成功后，须重新上电参数才有效。（　　）

四、简答题

1. 数控装置故障的常规检查内容有哪些?

2. 简述 GSK980TDb 系统利用 U 盘进行数据备份与恢复的操作步骤。

3. 简述 GSK980TDb 系统出现“急停报警”的检修步骤。

课题三　主轴驱动系统的电气故障检修

任务 1　识读主轴驱动系统电气线路

学习目标

1. 了解主轴驱动系统的分类及特点。
2. 掌握主轴驱动装置的组成及工作原理。
3. 能够识读与绘制主轴驱动系统电气控制原理图。
4. 能够根据主轴驱动系统电气线路原理图正确接线。

任务引入

图 3—1—1 所示是 GSK980TDb 型数控车床的主轴驱动系统电气框图，它是数控机床完成主运动的动力装置部分，是数控机床的大功率执行机构，其工作运动通常是主轴的旋转运动，通过主轴的回转与进给轴的进给，实现刀具与工件快速的相对切削运动。它的性能直接决定了加工工件的表面质量。因此，在数控机床的维修和维护中，主轴驱动系统的维修维护显得尤为重要。而主轴进给驱动系统电气维修的基础就是掌握主轴驱动系统的电气组成与电气原理。因此，本任务是在理解电气基本知识的基础上，学会识读主轴驱动系统电气线路原理图，并正确绘制。

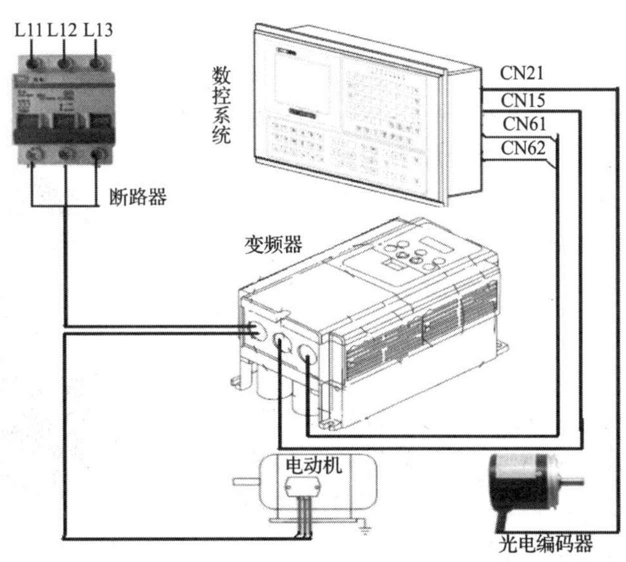

图 3—1—1　GSK980TDb 型数控车床的主轴驱动系统电气框图

相关知识

一、主轴驱动系统概述

1. 数控机床对主轴传动的要求

20 世纪六七十年代，数控机床的主轴一般采用三相感应电动机配上多级齿轮变速箱实现有级变速的驱动方式。随着刀具技术、生产技术、加工工艺以及生产效率的不断发展，上述传统的主轴驱动方式已不能满足生产的需要，因此现代数控机床对主轴传动提出了以下基本要求。

（1）调速范围要宽并能实现无级调速

为保证加工时选用合适的切削用量，以获得最佳的生产率、加工精度和表面质量，特别针对具有自动换刀功能的数控加工中心，对主轴的调速范围要求更高，要求主轴能在较宽的转速范围内，根据数控系统的指令自动实现无级调速，并减少中间传动环节，简化主轴结构。

目前，主轴变速主要分为有级变速、无级变速和分段无级变速三种形式。其中，有级变速仅用于经济型数控机床，大多数数控机床均采用无级变速或分段无级变速。在无级变速中，变频调速主轴一般用于普及型数控机床，交流伺服主轴则用于中、高档数控机床。现代主轴驱动装置的恒转矩调速范围已可达 1∶100，恒功率调速范围也可达 1∶30，一般过载 1.5 倍时可持续工作达到 30 min。

（2）恒功率范围要宽

为了满足生产率要求，数控机床要求主轴在整个速度范围内均能提供切削所需功率，并尽可能在全速范围内提供主轴电动机的最大功率。特别是为了满足数控机床低速、强力切削的需要，常采用分级无级变速的方法（即在低速段采用机械减速装置），以扩大输出转矩，满足最大功率输出。

（3）具有四象限驱动能力

要求主轴在正、反向转动时均可进行自动加、减速控制，并且加、减速时间要短，调速运行要平稳。目前，一般伺服主轴可以在 1 s 内从静止加速到 6 000 r/min。

（4）具有螺纹切削功能和定位准停功能

1）螺纹切削功能。为了使数控车床具有螺纹切削功能，要求主轴能与进给驱动实行同步控制。为了实现这种功能，数控车床加工螺纹时必须安装一个检测元件，常用的检测元件有光电编码器和磁栅编码器。图 3—1—2 所示是光电编码器在数控车床主轴上的应用。其工作轴安装在与数控车床的主轴同步转动的位置上，可准确测量出车床主轴的转数以及旋转零点的位置，并以脉冲的方式将这些信号送入数控装置中，以便进行螺纹插补运算及控制。

图 3—1—2　光电编码器在数控主轴上的应用

2）定位准停功能。在加工中心上，为了满足加工中心自动换刀，还要求主轴具有高精度的准停功能。主轴定向控制的实现方式有两种：一是机械准停；二是电气准停。例如，利用装在主轴上的磁性传感器或编码器作为检测元件，通过它们输出的反馈信号，使主轴准确地停在规定的位置上，如图 3—1—3 所示。

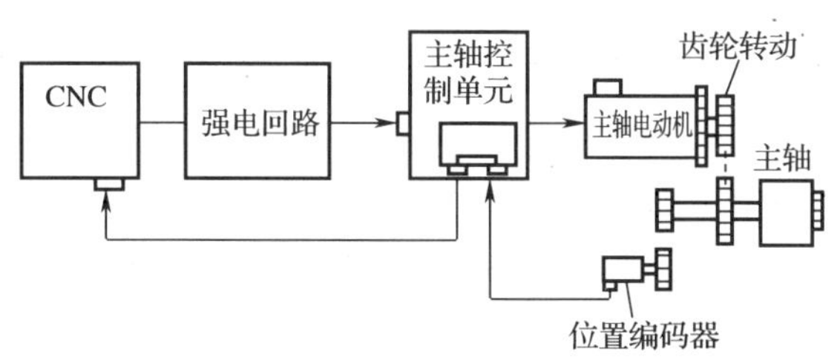

图 3—1—3 编码器主轴定向控制连接图

2. 主轴系统分类及特点

目前，全功能数控机床的主传动系统大多采用无级变速。无级变速系统根据控制方式的不同，可分为变频主轴系统和伺服主轴系统两种，通过直流或交流主轴电动机，经过带传动带动主轴旋转，或通过带传动和主轴箱内的减速齿轮（以获得更大的转矩）带动主轴旋转。另外，根据主轴速度控制信号的不同，可分为模拟量控制的主轴驱动装置和串行数字控制的主轴驱动装置两类。模拟量控制主轴电动机转速的方式通常有两种：一是采用通用变频器控制通用电动机；二是采用专用变频器控制专用电动机。目前，大部分的经济型机床均采用变频主轴，即数控系统模拟量输出 + 变频器 + 感应（异步）电动机的形式，性价比很高。伺服主轴驱动装置一般由各数控公司自行研制并生产，如日本发那科公司的 α 系列、西门子公司的 611 系列等。

（1）笼型异步电动机配齿轮变速箱

这种主轴配置方式最经济，但只能实现有级调速，由于电动机始终工作在额定转速下，经齿轮减速后，主轴在低速下输出力矩大，重切削能力强，非常适合粗加工和半精加工的要求。如果加工的产品对主轴转速没有太高的要求，此配置在数控机床上也能起到很好的效果；它的缺点是噪声比较大，由于电动机工作在工频下，主轴转速范围不大，不适合有色金属和需要频繁变换主轴速度的加工场合。

（2）通用笼型异步电动机配通用变频器

现在通用变频器，除了具有 U/f 曲线调节，一般还具有无反馈矢量控制功能，其会使电动机的低速特性有所改善，再配合两级齿轮变速，基本上可以满足车床低速（100 ~ 200 r/min）小加工余量的加工，但同样会受最高电动机速度的限制。这是目前经济型数控机床比较常用的一种主轴驱动系统。

（3）专用变频电动机配通用变频器

中档数控机床主要采用这种配置，主轴传动两挡变速甚至仅一挡即可实现转速在低速时的重力切削。此配置若应用在加工中心上不够理想，可采用其他辅助机构完成定向换刀的功能，但不能达到刚性攻螺纹的要求。

（4）伺服主轴驱动系统

伺服主轴驱动系统具有响应快、速度高、过载能力强的特点，还可以实现定向和进给功能，但其价格较高，通常是同功率变频器主轴驱动系统的 2～3 倍。伺服主轴驱动系统主要应用于全功能机床上，用以满足系统自动换刀、刚性攻螺纹、主轴 *C* 轴进给功能等对主轴位置控制性能要求很高的加工。

（5）电主轴

电主轴是主轴电动机的一种结构形式，驱动器可以是变频器或主轴伺服，也可以不要驱动器。电主轴由于电动机和主轴合二为一，没有传动机构，因此，大大简化了主轴的结构，提高了主轴的精度，并且向高速方向发展，如图 3—1—4 所示。目前，电主轴转速一般在 10 000 r/min 以上。但是电主轴抗冲击能力较弱，而且功率还不能做得太大，一般在 10 kW 以下。目前，安装电主轴的机床主要用于精加工和高速加工，如高速精密加工中心。

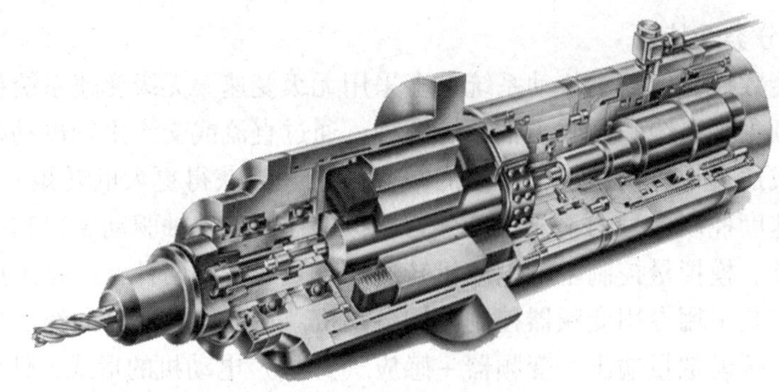

图 3—1—4　电主轴结构

二、数控系统与变频主轴的连接

随着交流调速技术的发展，目前数控机床（数控车、铣床）的主轴驱动多采用交流电动机配通用变频器控制的方式。通用变频器控制正弦波的产生是以恒电压频率比（*U/f*）保持磁通不变为基础，经过 SPWM 调制驱动主电路，产生 U、V、W 三相交流电驱动电动机，并通过调整频率达到改变电动机转速的目的。目前，主轴驱动装置市场上比较流行的变频器有德国西门子、日本三菱、安川、日立等品牌。

本节主要介绍 GSK980TDb 数控系统与日立变频器主轴驱动装置的连接。

1．GSK980TDb 数控系统的主轴接口（CN15）定义

GSK980TDb 数控系统的主轴接口（CN15）定义如图 3—1—5 所示。

2．GSK980TDb 数控系统与主轴相关的输出接口（CN62）定义

GSK980TDb 数控系统与主轴相关的输出接口（CN62）定义如图 3—1—6 所示。

3．GSK980TDb 数控系统与变频器的连接

数控系统中 CN15 接口的 13 管脚是模拟主轴输出（SVC）端，此管脚可输出 0～10 V 电压。该信号输入到变频器的模拟量电压输入端子，即可实现变频调速，如图 3—1—7 所示。

1: CP5+
2: DIR5+
3: GND
4: ALM5(X5.3)
5: X5.0
6: X5.1
7: RDY5
8: X5.2
9: GND
10: PC5
11: +24V
12: GND
13: SVC-OUT1
14: CP5-
15: DIR5-
16: GND
17: +24V
18: SET5
19: EN5
20: Y5.0
21: Y5.1
22: Y5.2
23: Y5.3
24: SVC-OUT2
25: GND

CP5+、CP5-	主轴脉冲信号
DIR5+、DIR5-	主轴方向信号
ALM5(X5.3)	第5轴/主轴异常报警信号
RDY5	主轴准备好信号
PC5	主轴零点信号
SVC-OUT1	模拟电压输出1
SVC-OUT2	模拟电压输出2
SET5	主轴设定信号
ET5	主轴使能信号
X5.0~X5.3	PLC地址，仅此低电平有效
Y5.0~Y5.3	PLC地址

图 3—1—5　主轴接口定义

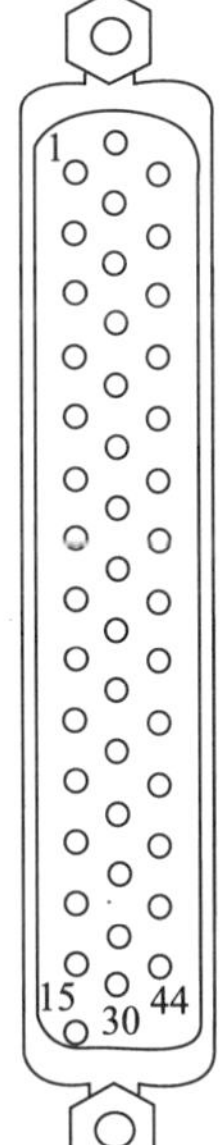

脚号	地址	功能	说明
17~19、26~28	0V	电源接口	电源0V端
20~25	+24V	电源接口	电源+24V端
4	Y0.3	M03	主轴逆时针转
5	Y0.4	M04	主轴顺时针转
6	Y0.5	M05	主轴停

图 3—1—6　与主轴相关的输出接口（CN62）定义

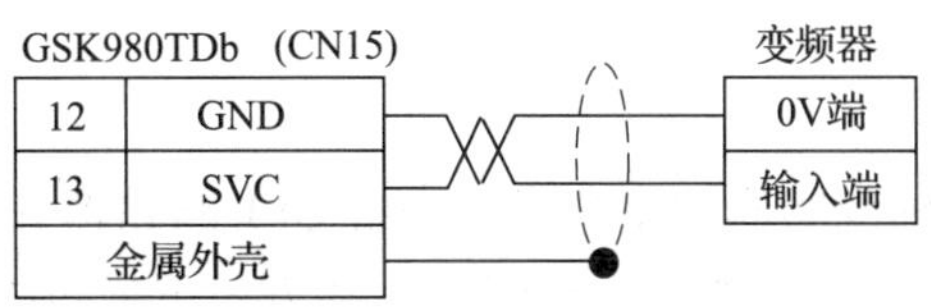

图 3—1—7　模拟主轴连接图

4. 主轴编码器接口（CN21）定义

主轴编码器接口（CN21）定义如图 3—1—8 所示。＊PCS/PCS、＊PBS/PBS、＊PAS/PAS 分别为编码器的 C 相、B 相、A 相的差分输入信号；＊PAS/PAS、＊PBS/PBS 为相差 90°的正交方波，最高信号频率小于 1 MHz；使用的编码器的线数由参数（范围 100 ~5 000）设置。

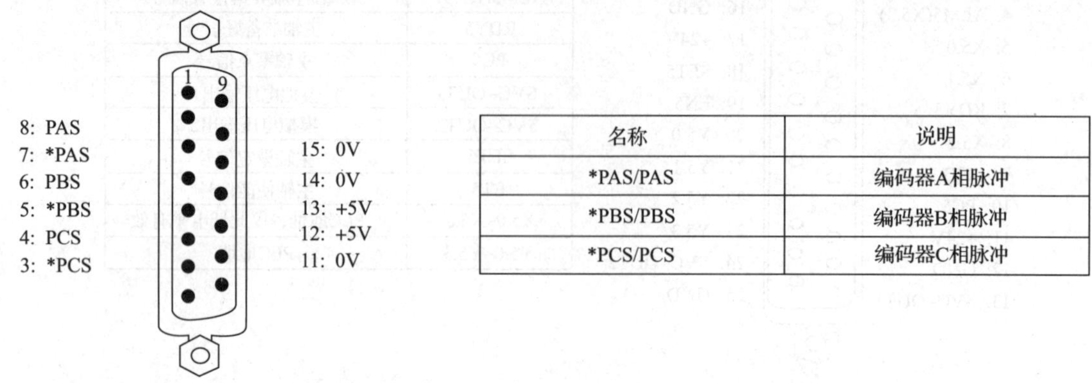

名称	说明
*PAS/PAS	编码器A相脉冲
*PBS/PBS	编码器B相脉冲
*PCS/PCS	编码器C相脉冲

图 3—1—8　主轴编码器接口及定义

5. 主轴编码器接口连接

GSK980TDb 与主轴编码器的连接如图 3—1—9 所示，连接时采用双绞线（以长春一光 ZLF－12－102.4BM－C05D 编码器为例）。

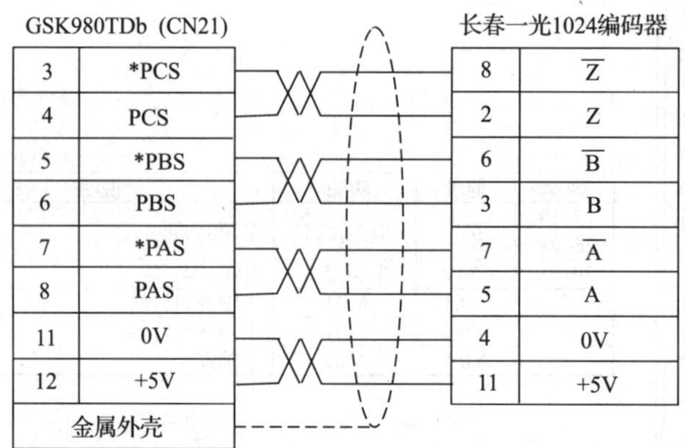

图 3—1—9　主轴编码器的连接图

三、主轴驱动系统控制线路原理分析

图 3—1—10 所示是 CAK3665NJ 数控车床主轴相关的电气原理图。主轴旋转运动采用日立 SJ300－055HF/7.5 kW 变频调速器控制 5.5 kW 主轴电动机，与机械变速相配合可实现三挡无级调速。

1. 主轴正、反转控制

图 3—1—10 所示是主轴变频器控制电路。先将 QF1 断路器开关合上，主轴变频器得电。系统启动后，通过程序 M03、M04 指令，或者在手动方式下通过按下机床面板上的正转和反转按钮发出主轴正转和反转信号时，数控系统通过 PMC 将正反转控制信号通过 CN62 接口的第 4 脚和 5 脚来控制 KA5（主轴正转继电器）、KA6（主轴反转继电器）的通断，并向变频

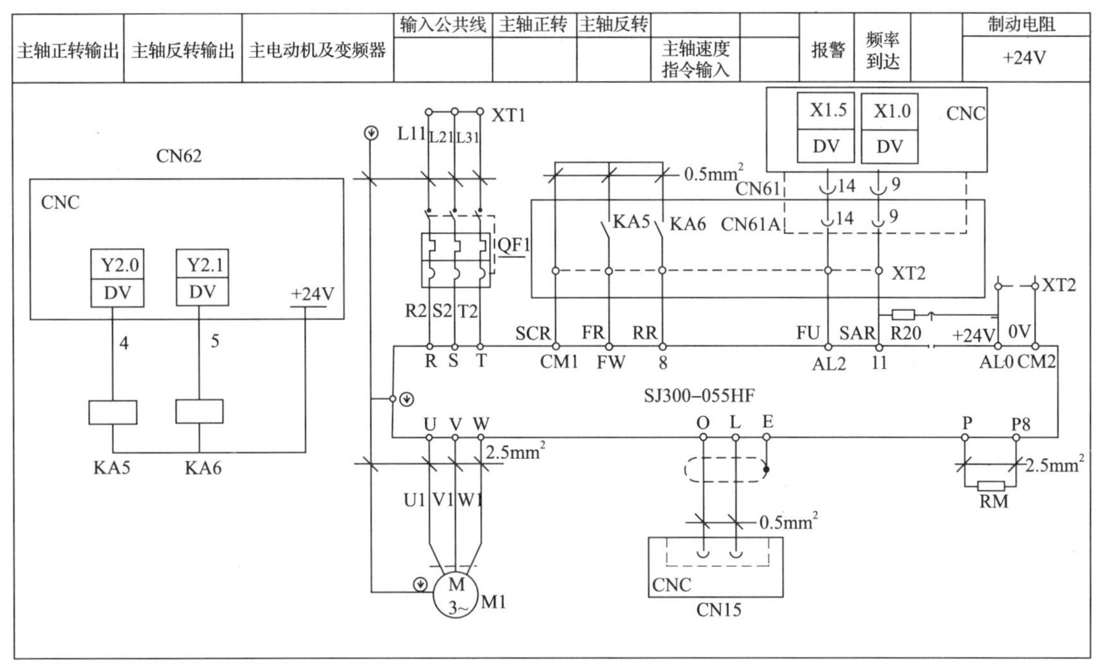

图 3—1—10　CAK3665NJ 数控车床主轴相关的电气原理图

器发出信号，实现主轴的正反转，此时的主轴速度是由系统存储的 *S* 值与机床主轴倍率开关决定的。

2. 主轴电动机速度控制信号

在 GSK980TDb 系统中，系统把程序中的 S 指令值与主轴倍率的乘积转换成相应的模拟量电压（0～10V），通过系统接口 CN15 的 12 脚和 13 脚，输送到变频器的模拟量电压频率给定端子 O 与 L 两端，从而实现主轴电动机的速度控制，如图 3—1—10 所示。

3. 变频器故障输出信号

当变频器出现任何故障时，变频器的故障输出端子 AL0 与 AL2 发出主轴故障信号，AL2 端子与输入接口 CN61 的 14 脚相连接，通过 PMC 向系统发出急停信号，使系统停止工作，并发出报警信息，如图 3—1—10 所示。

4. 主轴频率到达输出信号

数控机床自动加工时，若系统的主轴速度到达检测功能参数设定为有效，系统执行进给切削指令（如 G01、G02、G03 等）前，要进行主轴速度到达信号的检测，即通过变频器输出端 11 脚发出变频到达信号与输入接口的 9 脚相连接，PMC 检测到该信号后，切削才开始，否则，系统进给指令一直处于待机状态。

任务实施

一、任务准备

实施本任务所需要的实训设备及工具材料表见表 3—1—1。

表 3—1—1　　实训设备及工具材料表

序号	设备与工具	序号与名称	数量
1	数控车床（GSK980TDb 系统）	CAK3665NJ	1 台
2	机床资料	数控车床电气说明书、数控系统操作说明书、变频器使用手册	1 套
3	常用电工工具	自定	1 套
4	仪器仪表	自定	1 套

二、识读与绘制变频主轴驱动装置的电气线路图

1．识读电气线路图

在教师的指导下，按照下列流程识读变频主轴驱动装置的电气线路图。

（1）识读主轴变频器主电路图。

（2）识读数控系统相关主轴接口的管脚定义和控制信号流程。

（3）识读主轴的变频器报警控制和频率到达控制电路。

操作提示

在教师的指导下，重点查阅资料，理解各控制端子的含义和信号流程。

2．绘制电气线路图

在教师的指导下，完成下列电气线路图的绘制。

（1）绘制变频器主电路。

（2）绘制变频器正反转控制线路。

（3）绘制主轴的速度控制线路、报警控制和频率到达控制线路。

操作提示

①绘制电路图时，应保持图面整洁。

②绘制电气线路图时，元器件符号应正确规范，且线路应具有完善的保护功能。

③条件许可时，可参照实际数控机床来绘制机床的线路图。

三、变频主轴驱动装置的接线

1．变频主轴的连接

按照图 3—1—10 所示电气原理图完成数控系统变频主轴模拟电压调速控制电路的连接。

操作提示

（1）连接电缆应采用绞合屏蔽电缆或屏蔽电缆，电缆的屏蔽层在 CNC 侧采取单端接地，且信号线应尽可能短。

(2) 连接时，CN15 变频器模拟接口的 12 管脚接 GND，13 脚接 SVC，注意一定不要接反。

2. 数控系统与变频器的正反转连接

按照图 3—1—10 所示电气原理图，进行数控系统与变频器的正反转连接。

3. 变频器的报警控制和频率到达信号的连接

按照图 3—1—10 所示电气原理图，进行变频器的报警控制和频率到达信号的连接。

4. 变频器电源和电动机的连接

按照图 3—1—10 所示电气原理图，进行变频器电源和电动机的连接。

变频器的 R、S、T 端子接入三相交流电（380 V），U、V、W 端子接三相异步电动机。注意，不要把电源线与电动机线接反，否则变频器将被损坏。

5. 系统线路检查

(1) 通电前，按照信号控制顺序检查线路有无短路和接触不良等现象。

(2) 检查电源进线的接线。

(3) 检查电动机的接线。

(4) 检查地线的连接，并保证保护接地电阻值应小于 1Ω。

6. 系统通电

(1) 按照要求在指导教师监督下通电检查。

(2) 线路通电后，必须检查各电源的电压是否符合要求。

7. 实训完毕，切断电源，整理场地

任务测评

完成任务后，学生先按照表 3—1—2 进行自我测评，再由指导教师评价审核。

表 3—1—2　　测评表

序号	项目	考核内容及要求	配分	评分标准	扣分	得分
1	识读与绘制线路图	1. 识读与绘制变频器电源和电机线路（10 分） 2. 识读与绘制变频主轴控制线路（10 分） 3. 图面清洁（5 分）	25	1. 不能正确识读与绘制电源或电动机线路，每错一处扣 2 分 2. 不能正确识读与绘制变频主轴控制线路，每错一处扣 2 分 3. 图面不清洁，扣 5 分		
2	材料准备与装前检查	1. 检查工具（5 分）、资料（5 分）是否准备齐全 2. 认识与检查电气元件（10 分）	20	1. 工具不齐全，每少一件扣 1 分 2. 资料不齐全，扣 5 分 3. 不认识、不会检测或漏检元件，每处扣 1 分		

续表

序号	项目	考核内容及要求	配分	评分标准	扣分	得分
3	数控系统与主轴变频器的连接	1. 电源和电动机连接（10分） 2. 正确连接数控模拟主轴线路（15分） 3. 正确连接主轴正反转控制线路（15分） 4. 正确连接地线（5分）	45	1. 不能正确连接电源与电动机，每处扣1分 2. 损坏元器件，扣5分 3. 不会连接数控模拟主轴，扣10分 4. 不能连接主轴正反转，每处扣5分 5. 不能正确连接地线，扣5分		
4	安全文明生产	应符合国家安全文明生产的有关规定	10	违反安全文明生产有关规定，不得分		
指导教师评价					总得分	

思考与练习

一、填空题（将正确答案填在横线上）

1. 主轴变速分为________、________、________三种形式。

2. 无级变速系统根据控制方式的不同，可分为________系统和________系统两种。在无级变速中，________主轴一般用于普及型数控机床，________主轴用于中、高档数控机床。

3. 中、高档数控机床采用________主轴驱动。普及型数控机床采用________主轴驱动。

4. 数控车床具有螺纹切削功能，要求主轴能与进给驱动实行________控制。

5. 高速主轴的驱动多采用________主轴，这种主轴结构紧凑、重量轻、惯性小，有利于提高主轴的________。

6. 主轴定向控制的实现方式有________、________两种。

7. 根据主轴速度控制信号的不同，可分为________主轴驱动装置和________主轴驱动装置两类。

8. GSK980TDb 数控系统主轴控制接口 CN15 接口属于________；CN21 接口属于________。

9. 交流主轴驱动系统有________和________两种形式，其结构有________、________和________三部分组成。

二、选择题（将正确答案序号填在括号里）

1. 为了保证机床能满足不同的工艺要求，并能够获得足够的切削速度，对主传动系统的要求是（　　）。

A．无级变速　　B．变速范围宽

C．分段无级变速　　D．调速范围要宽并能实现无级调速

2．数控加工中心的主轴部件上设有准停装置，其作用是（　　）。

A．提高加工精度　　B．提高机床精度

C．保证自动换刀、提高刀具重复定位精度，满足一些特殊工艺要求

3．伺服主轴驱动系统具有（　　）的特点，还可以实现定向和进给功能。

A．响应快　　B．速度高　　C．过载能力强　　D．以上都是

4．GSK980TDb 系统主轴正反转输出控制接口的管脚是（　　）。

A．CN15 的 12 脚与 13 脚　　B．CN61 的 9 脚与 10 脚

C．CN62 的 4 脚与 5 脚　　D．以上都不是

5．GSK980TDb 数控系统模拟主轴电压是（　　）。

A．0～5 V　　B．0～10 V　　C．5～10 V　　D．－5～10 V

三、简答与作图

1．简述数控机床对主轴传动的要求。

2．绘制 GSK980TDb 数控系统模拟主轴与日立 SJ300 变频器的连接图。

任务 2　主轴通用变频器故障检修

学习目标

1．掌握主轴驱动系统的参数与设置方法。

2．能够根据变频器报警信息进行故障分析与检修。

3．能够根据电气控制线路进行故障分析与检修。

4．能正确对变频器进行维护与检查。

任务引入

主轴驱动系统的电气故障是数控机床出现故障率比较多的部位，是学习数控机床维修的重点。本任务是在任务 1 的基础上，更加深入地对主轴驱动系统的电气故障进行剖析，熟悉主轴驱动系统的相关参数和常见故障，从而进一步掌握主轴驱动系统的故障诊断思路和方法，最后排除故障。

相关知识

一、主轴驱动系统的参数与设置

1．与主轴编码器相关的参数

机床要进行螺纹加工，必须安装编码器，编码器的线数可为 100～5 000 线，可在数据参

数№.70 中进行设置。编码器与主轴的传动比（主轴齿数/编码器齿数）为1/255～255，主轴端齿数在 CNC 数据参数№.110 中设置，编码器端齿数在 CNC 数据参数№.111 中设置。必须采用同步带传动方式（无滑动传动）。

诊断信息 DGN.011 和 DGN.012 可以检查主轴编码器的反馈信号是否有效。

2．与主轴制动相关的参数

执行 M05 代码后，为使主轴快速停下来以提高加工效率，必须设置合适的主轴制动时间，当采用电动机能耗制动时，制动时间过长容易引起电动机烧坏。

数据参数№087：主轴停止（M05）到主轴制动输出的延迟时间。

数据参数№089：主轴制动时间。

3．与主轴转速开关量控制相关的参数

机床使用多速电动机控制时，控制电动机转速代码为 S01～S04，相关参数由状态参数№001 的 Bit4 =0 来选择主轴转速开关量控制。

4．与主轴转速模拟电压控制相关的参数

可通过 CNC 参数设置实现主轴转速模拟电压控制，接口输出 0～10 V 的模拟电压来控制变频器以实现无级变速；需调整的相关参数如下：

状态参数№001 的 Bit4 =1：选择主轴转速模拟电压控制。

数据参数№021：模拟电压输出 10V 时的电压补偿（mV）。

数据参数№036：模拟电压输出 0V 时的电压补偿（mV）。

数据参数№037～№040：各挡位的主轴最高转速。

5．日立 SJ300 变频器需要调整的基本参数

日立 SJ300 变频器需要调整的基本参数见表 3—2—1。

表 3—2—1　日立 SJ300 变频器需要调整的基本参数

参数	参数值	参数含义	备注
A001	01	频率指令选择	
A002	01	运行指令选择	
A004	152	最大频率	范围 90～197
A011	0	启动频率	
A012	152	终止频率	范围 90～197
A013	0	起始频率变化率	
A061	152	频率上限	范围 90～197
F002	1.5	加速时间	
F003	1.5	减速时间	
H005	10	响应速度	
B090	10%～15%	BRD 使用率	
B095	02	能耗制动	
C021	01	频率到达设定	
C011	01	智能输入端子选择	

当编程指定的转速与编码器检测的转速不一致时，可通过调整数据参数№037～№040，使指定转速与实际转速一致。

转速调整方法：首先将主轴换到相应的挡位，确定系统对应该挡位数据参数为9999，调整主轴倍率为100%，MDI界面中输入主轴运转指令并运行：M03/M04 S9999，观察屏幕右下角显示的主轴转速，把显示的转速值输入到相应挡位对应的系统数据参数中。

在输入S9999时电压值应为10 V，输入S0时电压值应为0 V，如果电压值有偏差，可调整状态参数№021和№036校正电压偏置补偿值（通常出厂前已正确调整，一般不需要调整）。

当前挡位的转速为最高转速，而CNC输出的模拟电压不为10 V时，应调整数据参数№021使CNC输出的模拟电压为10 V；当输入转速为0时，若主轴还是有缓慢旋转现象，此时表明CNC输出的模拟电压高于0 V，数据参数№036应设置小一些。

机床没有安装编码器时，可用转速感应仪检测主轴转速，MDI代码输入S9999，把转速感应仪显示的转速设定到相应挡位的数据参数№037～№040中。

二、变频器维护与常见故障诊断与处理

1. 变频器的维护与检查

变频器主要由半导体元件构成，如果使用不当，或者维护保养工作跟不上，就会出现故障，因而导致变频器不能正常工作。因此，必须进行日常检查，防止不利的工作环境，如温度、湿度、粉尘和振动的影响，并防止因部件使用寿命所引起的其他故障。变频器日常检查与定期检查内容见表3—2—2。

表3—2—2　变频器日常检查与定期检查内容

检查部分	检查项目	检查内容	日常检查	定期检查	检查形式	判别标准	仪器
全部	环境	环境温度、湿度、尘埃	○		参考变频器说明书	温度范围在－10～50℃，现场无漏水且湿度低于90%	温度计 湿度计 记录器
	全部设备	是否有不正常的震动和声音	○		观察、倾听	没有异常	
	电源电压	主电路电压	○		变频器端子R、S、T相电压的测量	在交流电压允许变化范围内	仪表 数字万用表
主电路	全部	（1）兆欧表检查在主电路端子和接地端之间的电阻 （2）是否所有螺钉都拧紧 （3）是否有过电压指示 （4）清洁		○ ○ ○	（1）将接头J61从变频器内部移走后，去掉变频器主电路端和控制端的输入输出线路，将端子R、S、T、U、V、W、P、PD、N、RB短接，用兆欧表测量它和地端间电阻 （2）重新夹紧 （3）观察	（1）超过5 MΩ （2）（3）无异常	DC500 V级兆欧表

续表

检查部分	检查项目	检查内容	日常检查	定期检查	检查形式	判别标准	仪器
主电路	连接导体电气线	（1）导体中是否有弯曲 （2）电线外皮是否被损坏		○ ○	（1）（2）通过观察	（1）（2）无异常	
	端子台	是否有损坏		○	通过观察	无异常	
	逆变部分器件	整流部分器件每个端子之间电阻检查		○	断开变频器连接，用R×1欧姆量程的万用表测量R、S、T和P、N之间，U、V、W和P、N之间的电阻	参考变频器说明书	模拟仪表
	滤波电容器	（1）是否有液体漏出 （2）安全阀是否出来，是否膨胀 （3）静电容量的测量	○ ○	○	（1）（2）通过观察 （3）电容测量	（1）（2）无异常 （3）超过80%额定容量为正常	电容表
	继电器	（1）操作中是否有异常声音 （2）接点是否有损坏		○ ○	（1）通过听 （2）通过观察	（1）无异常 （2）无异常	
	电阻器	（1）电阻绝缘器上是否有裂缝或污点 （2）是否存在线路破坏		○ ○	（1）通过观察。陶瓷电阻，绕线电阻类 （2）断开与另一边的连接、用检测器测量	（1）无异常 （2）电阻误差在±10%以内	万用表、数字万用表
控制电路保护电路	操作检查	（1）确认变频器单独运行时各相输出电压是否平衡 （2）进行回路保护动作测试、保护及显示电路没有异常	○ ○		（1）测量变频器输出端U、V、W的相电压 （2）模拟短接或打开变频器的输出保护电路	（1）相电压平衡200 V/400 V级在4 V/8 V之内 （2）按回路，运行无异常	数字万用表，整流型电压表
冷却系统	冷却风扇	（1）是否有异常振动或声音 （2）连接部件是否松动	○	○	（1）没电时用手转一下 （2）通过观察	（1）转动正常 （2）无异常 2～3年更换	
显示	显示	（1）灯是否亮 （2）清洁	○	○	（1）观察 （2）用布擦净	灯亮	
	仪表	直接读数是否正常	○		检查面板上仪表指示值	满足正常值、控制值	电压表 电流表

续表

检查部分	检查项目	检查内容	日常检查	定期检查	检查形式	判别标准	仪器
电动机	全部	（1）是否有异常信号、声音 （2）是否有异常气味	○ ○		（1）通过听、感觉、观察 （2）有异常气味，确认是否出现过热、烧焦等	（1）（2）无异常	
	绝缘电阻	兆欧表检查（所有端子与接地端）		○	断开与 U、V、W 和电动机的连线	超过 5 MΩ	DC500 V 兆欧表

注：电容器使用寿命依赖于外界温度。

变频器维护和检查时的注意事项。

（1）在关掉输入电源后，至少等 5 min 才可以开始检查（还要证实充电发光二极管已经熄灭）否则会引起触电。

（2）维修、检查和部件更换必须由专业人员进行。（开始工作前，取下所戴金属物品，如手表、手镯等使用带绝缘保护的工具）

（3）不要擅自改装变频器，否则易引起触电或损坏产品。

（4）变频器维修之前，须确认输入电压是否有误，将 380 V 电源接入 220 V 级变频器之中会出现炸机（炸电容、压敏电阻、模块等）现象。

2. SJ300 变频器故障代码诊断与处理

主轴变频器一旦发生故障，变频器保护功能便立即动作，变频器停止输出，并在变频器显示面板上显示相应的故障代码，SJ300 变频器的故障代码及处理方法见表 3—2—3。

表 3—2—3　　SJ300 变频器的故障代码及处理方法

名称	情况		数字操作器显示	远程操作器/复制单元显示
过电流保护	电动机轴堵转或快速减速，变频器过流，则有可能导致故障。此时，电流保护电路动作，变频器封锁输出	恒速时	E01	OC. Drive
		减速时	E02	OC. Decel
		加速时	E03	OC. Accel
		其他	E04	Over. C
过载保护	当变频器检测到电动机过载时，内部电子热过载保护工作且变频器停止输出		E05	Over. L
制动电阻过载保护	当 BRD 超出再生制动电阻的使用比率时，过电压电路工作且变频器停止输出		E06	OL. BRD
过电压保护	当电动机的再生能量超过最大限度时，过电压电路工作且变频器停止输出		E07	Over. V

续表

名称	情　况	数字操作器显示	远程操作器/复制单元显示
E^2PROM 错误	当由于干扰或持续高温造成内部 E^2PROM 寄存器出现问题时，变频器停止输出	E08	EEPROM
低电压	当变频器输入电压降低，控制电路将不能正常工作时，低电压电路工作且变频器停止输出	E09	Under. V
CT 错误	当变频器内的电流传感器发生异常情况时，变频器停止输出	E 10	CT
CPU 错误	如果 CPU 错误动作导致故障，则变频器将停止输出	E 11	CPU1
外部跳闸	如果智能输入端子出现 EXT 信号，则变频器将封锁输出（在外部跳闸功能选择时）	E 12	EXTERNAL
USP 错误	当变频器仍为 RUN 模式时，若电源恢复，将显示错误（当选定 USP 功能时有效）	E 13	USP
对地短路保护	上电时检测变频器输出和电动机之间的接地故障	E 14	GND. Flt
输入过电压保护	输入电压高于规定值时，上电后检测 60 s 之后，过电压电路工作且变频器停止输出	E 15	OV. SRC
瞬时电源故障保护	瞬时停电超过 15 ms，变频器停止输出。如停电时间过长，则认为是正常电源故障。但是，如果变频器启动或运行指令还保留着时，则将重启	E 16	Inst. P. F.
温度异常	当主电路由于冷却风扇停转而温度升高时，变频器停止输出	E21	OH. FIN
门阵列错误	CPU 和门阵列之间的通信错误	E23	GA
缺相保护	当电源缺相时，变频器将停止输出	E24	PH. Fail
IGBT 错误	当检测到输出瞬时过电流时，变频器将封锁输出，以保护逆变模块	E30	IGBT
电子热保护错误	检测电动机热保护电阻值。出现过热时，变频器切断输出	E35	TH
制动异常	等待时间（b124）内，变频器释放制动后检测不到制动开/关信号（ON/OFF）［在制动控制选择（b120）使能时］	E36	BRAKE

三、变频主轴驱动系统常见电气故障的诊断与处理

1. 常见电气故障的诊断与处理

数控机床的主轴驱动系统在实际应用中，出现故障概率比较高。当主轴驱动系统发生故障时，通常有三种表现形式：一是在 LCD 或操作面板上显示报警内容或报警信息；二是在主轴驱动装置上用报警灯或数码管显示主轴驱动装置的故障；三是主轴工作不正常，但无任何报警信息。常见的故障有主轴电动机不转、主轴电动机振动或噪声太大、主轴转速不稳定或异常、主轴发生过流报警、主轴定位抖动等。要想快速准确地排除故障，必须要对故障现象产生的原因进行全面的分析，明确分析故障的思路与方法，并能正确诊断与处理故障。常见的故障诊断与处理见表 3—2—4。

表 3—2—4　　常见的故障诊断与处理

故障现象	诊断与处理方法
主轴电动机不转	1. CNC 系统至主轴驱动装置的控制信号未满足主轴旋转的条件。如转向信号、速度给定电压信号等。重点检查 CNC 系统是否有速度控制信号输出；检查转向信号是否接通 2. 主轴启动条件是否满足。通过 I/O 状态，确定主轴启动条件如润滑、冷却等条件是否满足 3. 主轴驱动装置故障。更换或返回厂家维修 4. 主轴电动机动力线断线或电动机与主轴驱动器连接不良 5. 机械连接脱落。如高/低档齿轮切换用的离合器啮合不良 6. 机床负载太大。调整负载
主轴电动机振动或噪声太大	1. 电气方面的故障主要有如下几种。 （1）电源缺相或电源电压不正常。检查电源正常，驱动器异常，应根据参数说明书，设置好相关参数 （2）电动机异常。应检查电动机，重点检查轴承 （3）反馈不正确。确保接线正确，且反馈装置正常 2. 机械方面的故障主要有主轴齿轮啮合不良或主轴负载太大。重新调整或减轻负载
主轴转速不稳定或异常	1. 速度指令不正常。检查指令发送接口（D/A 模块）或更换数控装置 2. 测速装置或速度反馈信号不正常。检查与更换测速装置 3. 反馈信号受外界干扰。重点处理好接地，做好屏蔽处理 4. 电动机不正常。检查电动机 5. CNC 参数设置不当。参考手册重新设定
主轴发生过流报警	1. 电动机有故障。检查电动机 2. 动力连接线接触不良。检查并处理 3. 机床切削用量过大。调整切削用量 4. 主轴频繁正、反转等。减少频繁操作 5. 驱动装置有故障。设定相关参数或更换驱动装置
主轴定位抖动	1. 准停时设置参数不当。重新设置参数 2. 机械准停时，限位开关失灵。检查更换限位开关 3. 采用磁性传感器准停时，磁性体间隙不正常或传感器失灵。调整间隙或更换传感器 4. 主轴编码器有故障。更换编码器 5. 反馈连接线不良。检修连接线 6. 编码器受到干扰。排除干扰或更换变频器

2．典型故障的分析

故障一：主轴电动机不运转

故障分析与处理：机床通电后，在手动方式下，按下主轴启动按钮，主轴电动机不运转。出现此故障时，可以参考表3—2—4所示的相关内容或通过查阅机床使用说明书，并参考电路原理图来进一步分析和确定故障，具体故障分析步骤如图3—2—1所示。

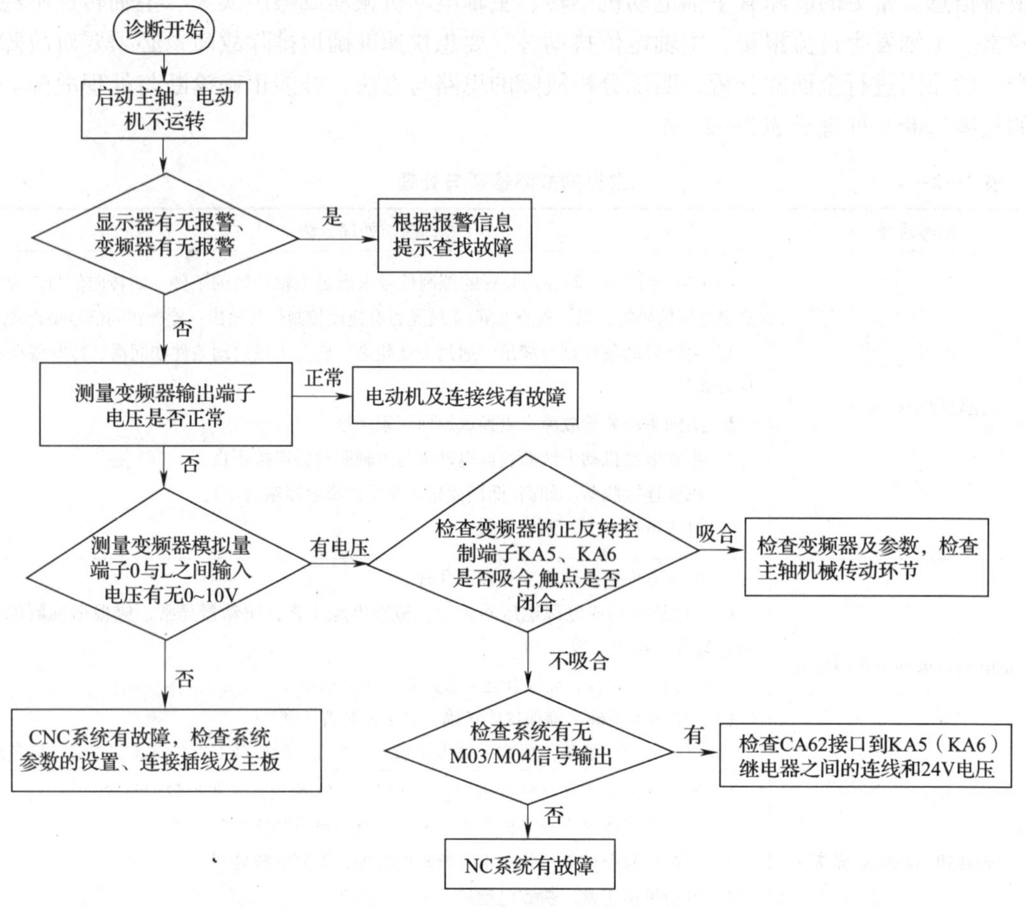

图3—2—1　主轴电动机不能启动运行的故障检修流程

故障二：由于变频器出现报警而引起系统急停报警

故障分析与处理：机床通电后，在手动方式下，按下主轴启动按钮，CNC系统出现急停报警，通过查看是由于变频器出现报警而引起系统急停报警。当变频器系统出现故障时，首先要观察变频器指示屏中出现的故障代码，根据故障代码的含义对变频器本身的硬件故障及参数设置进行检查、维修。如果变频器主轴驱动系统出现故障时，变频器无故障代码显示，此时，重点检查参数的设置或变频器外围控制信号，具体故障分析步骤如图3—2—2所示。

故障三：主轴速度不能调整

故障分析与处理：机床通电后，在手动方式下，按下主轴启动按钮，当系统主轴速度指令改变时，变频器主轴出现速度不能调整或转速差较大故障。当出现此故障时，可以参考表 3—2—4 所列内容，并结合相关资料分析，确定出故障检修流程，如图 3—2—3 所示。

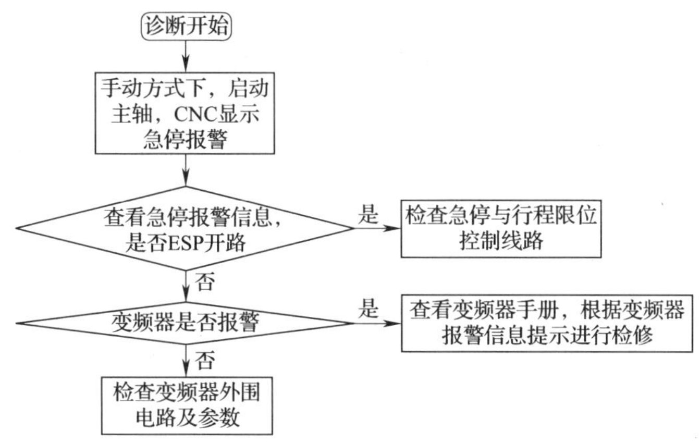

图 3—2—2　系统急停报警的故障检修流程

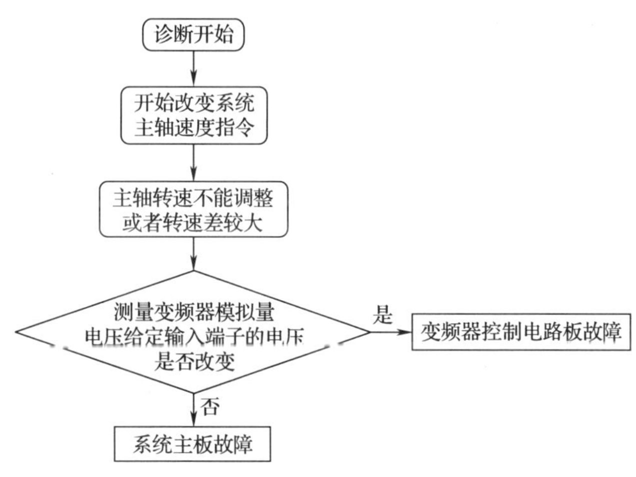

图 3—2—3　主轴速度不能调整故障检修流程

四、故障检修实例

【故障实例】CAK3665NJ 数控机床通电后（系统采用 GSK980TDb），在手动方式下，按下主轴启动按钮，变频器发生 E03 报警，从而引起系统出现急停报警。

【检修过程】

在实际维修中，当机床出现故障时，应先向操作者询问机床的故障情况。例如，询问故障发生在什么时候、发生了几次，因何种操作引起的，发生了什么现象等。待了解故障的基本现象后，再按照以下步骤进行检修。检修前，应悬挂“机床维修中，请勿靠近”等警示牌。

（1）机床通电前对外部电器进行检查

在实际维修工作中，机床通电前，应先进行外部电器检查，观察机床外部电器是否有损坏或自动断路器、是否跳闸断开；电气线路是否有松动或短路现象。

（2）通电试车，进一步观察故障现象

根据操作说明书进行通电试车，结合相关信息深入仔细地观察故障现象，并详细地把故障现象记录在故障检修记录单中。

（3）根据故障现象，进行原因分析，确定故障范围

接通 CAK3665NJ 数控机床电源后，在手动方式下，按下主轴启动按钮，主轴启动时，CNC 系统出现急停报警。通过进一步分析和检查，发现机床启动时变频器也发生 E03 报警，从而确定故障是由变频器发生报警而引起系统报警的。根据所学知识和查阅变频器手册可知，变频器 E03 报警属于加速过流。引起 E03 报警的原因通常是电网电压异常、变频器加速时间太短、负载过重、变频器本身有故障等。通过上述原因分析，确定故障范围，并把故障原因详细记录在故障检修记录单中。

（4）根据故障分析，正确进行检修

根据分析的故障原因，参考变频器说明书中的故障对策处理及图 3—2—2 所示检修流程图，分别对输入电源、变频器参数、负载情况和变频器本身等进行逐一检查与排除。并把故障排除方法和故障点，记录在故障检修记录单中。

（5）故障修复，通电试车

（6）检修完毕，切断电源，清扫场地

任务实施

一、任务准备

实施本任务所需要的实训设备及工具材料表见表 3—2—5。

表 3—2—5　　实训设备及工具材料表

序号	设备与工具	序号与名称	数量
1	数控车床（GSK980TDb 系统）	CAK3665NJ	1 台
2	机床资料	数控车床电气说明书、数控系统操作说明书	1 套
3	常用电工工具	自定	1 套
4	仪器仪表	自定	1 套

二、数控机床主轴线路故障检修

1. 设置故障

（1）设置数控机床主轴电动机不运转的故障。

（2）设置数控机床变频器报警故障。

①由教师或同组学生根据表 3—2—4 所示常见故障的原因人为设置故障，且必须是机床在使用中的常见故障。

②设置故障时必须在停电情况下进行，切忌更改线路和损坏元件等，以确保人身和设备安全。

2. 检修步骤

(1) 数控机床主轴电动机不运转的故障检修，可参考故障检修实例中的检修步骤，并结合图3—2—1的检修流程图，进行逐一的检查，直到找到故障点，并详细填写表3—2—6。

(2) 数控机床变频器报警的故障检修，可参考故障检修实例中的检修步骤，并结合图3—2—2所示的检修流程图，进行逐一的检查，直到找到故障点，并详细填写表3—2—7。

(3) 故障修复，并通电试车。

(4) 检修完毕，切断电源，清扫场地。

三、填写故障检修记录单

表3—2—6　　数控机床主轴电动机不运转故障检修记录单

<table>
<tr><td>维修时间</td><td colspan="2"></td><td>维修人员</td><td></td></tr>
<tr><td>设备名称</td><td colspan="2">数控车床</td><td>设备型号</td><td></td></tr>
<tr><td>故障现象</td><td colspan="4"></td></tr>
<tr><td rowspan="5">诊断与维修</td><td>可能故障部位</td><td>是否正常</td><td>排除方法</td><td>维修用零配件</td></tr>
<tr><td></td><td></td><td></td><td></td></tr>
<tr><td></td><td></td><td></td><td></td></tr>
<tr><td></td><td></td><td></td><td></td></tr>
<tr><td></td><td></td><td></td><td></td></tr>
<tr><td>维修小结</td><td colspan="4"></td></tr>
<tr><td>修后试车确认
维修结果</td><td colspan="4"></td></tr>
</table>

表3—2—7　　数控机床变频器报警故障检修记录单

<table>
<tr><td>维修时间</td><td colspan="2"></td><td>维修人员</td><td></td></tr>
<tr><td>设备名称</td><td colspan="2">数控车床</td><td>设备型号</td><td></td></tr>
<tr><td>故障现象</td><td colspan="4"></td></tr>
<tr><td rowspan="5">诊断与维修</td><td>可能故障部位</td><td>是否正常</td><td>排除方法</td><td>维修用零配件</td></tr>
<tr><td></td><td></td><td></td><td></td></tr>
<tr><td></td><td></td><td></td><td></td></tr>
<tr><td></td><td></td><td></td><td></td></tr>
<tr><td></td><td></td><td></td><td></td></tr>
<tr><td>维修小结</td><td colspan="4"></td></tr>
<tr><td>修后试车确认
维修结果</td><td colspan="4"></td></tr>
</table>

任务测评

完成任务后先按照表3—2—8进行自我测评，再由指导教师评价审核。

表3—2—8 测评表

序号	项目	考核内容及要求	配分	评分标准	扣分	得分
1	材料准备	检查工具（5分）、资料（5分）是否准备齐全	10	1. 工具不齐全，每少一件扣1分 2. 资料不齐全，扣5分		
2	故障现象勘察	1. 通电前，检查机床外观、电气元件（5分） 2. 正确通电试运行（5分） 3. 正确描述故障现象（5分）	15	1. 不能全面检查机床外观、电气元件，每漏检一处扣1分 2. 不能正确通电试运行，扣5分 3. 不能正确描述故障现象，扣5分		
3	故障原因分析	1. 故障分析思路正确、清晰（5分） 2. 故障原因分析正确、完整（15分） 3. 正确查阅资料（5分）	25	1. 思路不清晰或不正确，扣5分 2. 不能正确分析故障原因或分析不完整，每错一处扣3分 3. 不能正确查阅资料，扣5分		
4	故障处理	1. 对故障部位进行维修（25分） 2. 试运行，对维修效果进行验证（5分）	30	1. 工具使用不正确，扣5分 2. 停电不验电，扣5分 3. 思路不清晰，扣10分 4. 工时控制不合理，扣5分		
				1. 不会试运行或维修试运行结果不正确，扣2分 2. 查出故障，而不能进行故障修复的，扣3分		
5	安全文明生产	应符合国家安全文明生产的有关规定	10	违反安全文明生产有关规定，不得分		
6	实操过程记录	填写清晰、准确	10	填写不准确，不得分		
指导教师评价					总得分	

知识拓展

数控机床主轴驱动系统故障维修实例

【故障实例1】

故障现象：一台配套FANUC11M系统的卧式加工中心，在加工时主轴突然停止运行，驱动器显示过电流报警。

故障分析与诊断：检查交流主轴驱动器主回路，发现再生制动回路、主回路的熔断器均熔断，经更换后机床恢复正常。但机床正常运行数天后，再次出现同样故障。

由于故障重复出现，证明该机床主轴系统存在问题，根据报警现象，分析可能存在的主要原因如下：

（1）主轴驱动器控制板不良。

（2）电动机连续过载。

（3）电动机绕组存在局部短路。

在以上几个原因中，根据现场实际加工情况，电动机过载的原因可以排除。考虑到换上元器件后，驱动器可以正常工作数天，故主轴驱动器控制板不良的可能性也较小。因此，故障原因可能性最大的是电动机绕组存在局部短路。维修时，仔细测量电动机绕组的各相电阻，发现 U 相对地绝缘电阻较小，证明该相存在局部对地短路。拆开电动机检查发现，电动机内部绕组与引出线的连接处绝缘套已经老化。经重新连接后，对地电阻恢复正常。再次更换元器件后，机床恢复正常，故障不再出现。

【故障实例 2】

故障现象：一台配套 OKUMA OSP700 系统，型号为 XHAD765 的数控机床，出现“主轴刀具检测异常”报警，系统处于急停状态。

故障分析及处理：该故障多是由于系统认为主轴无刀时，人为在主轴中插入了刀具；或在系统认为主轴有刀的状态下，人为取下了主轴刀具，再换操作方式后发生。而主轴传感器 SQ10、SQ11、SQ12 出现故障的可能性较小。只要将方式切换至回零方式，复位启动后，将主轴中刀具取下或插上，保持实际状态与系统内主轴刀具状态一致即可。如果不是由于上述人为原因发生的故障，则要打开 PLC 数据或梯形图，检查上述三个开关信号 ISPTC1、ISPTL1、ISPTU1 是否能正常接收，再依此检查开关有无故障。按上述方法检查发现 SQ11 开关插头进油造成接触不良，经处理后恢复正常。

【故障实例 3】

故障现象：一台配套 FANUC 6M 系统的卧式加工中心，手动、自动方式下主轴均不旋转，驱动器、CNC 无报警显示。

故障分析与诊断：用 MDI 方式，执行“S100 M03”指令，系统“循环启动”指示灯亮，检查 NC 诊断参数，发现系统已经正常输出 S 代码与 SF 信号，说明 NC 工作正常。

检查 PLC 程序，对照主轴启动条件以及内部信号的状态，主轴启动的条件已满足。进一步检查主轴驱动器的信号输入，也已经满足正常工作的条件。因此，可以确认故障在主轴驱动器本身。

根据主轴驱动器的测量、检测端的信号状态，逐一对照检查信号的电压与波形，最后发现驱动器 D/A 转换器有数字信号输入，但其输出电压为“0”。将 D/A 转换器集成电路芯片（芯片型号：DAC80－0B1）拔下后检查，发现有一插脚已经断裂。修复后，机床恢复正常。

【故障实例 4】

故障现象：配套某系统的数控车床，主轴电动机驱动采用三菱公司的 E540 变频器，在使用加工过程中，变频器出现过压报警。

故障分析与诊断：仔细观察机床故障发生的过程，发现故障总是在主轴启动、制动时发生，因此，可以初步确定故障与变频器的加/减速时间设定有关。当加/减速时间设定不当时，如主电动机启/制动频繁或时间设定太短，变频器的加/减速无法在规定的时间内完成，则通常容易产生过电压报警。修改变频器参数，适当增加加/减速时间后，故障消除。

【故障实例5】

故障现象：某加工中心，配套611 A主轴驱动器，在执行主轴定位指令时，发现主轴存在明显的位置超调，系统无故障报警，定位位置也正确。

故障分析与诊断：由于系统无报警，主轴定位动作正确，可以确认故障是由于主轴驱动器或系统调整不良引起的。逐一检查、调整加/减速时间、提高速度环比例增益、降低速度环积分时间等，发现本机床主轴驱动器参数中，驱动器的加/减速时间设定为2 s，此值明显过大。更改参数，设定加/减速时间为0.5 s后，位置超调消除，机床恢复正常。

【故障实例6】

故障现象：一台配套某系统的立式加工中心，主轴在低速时（低于120 r/min）时，S指令无效，主轴以120 r/min固定转速运转。

故障分析与诊断：由于主轴在低速时以120 r/min固定转速运转，可能的原因是主轴驱动器有120 r/min的转速模拟量输入，或是主轴驱动器控制电路存在不良。

为了判定故障原因，检查CNC内部S代码信号状态，发现它与S指令值一一对应；但测量主轴驱动器的数模转换输出（测两端CH2），发现即使是在S为0时，D/A转换器虽然无数字输入信号，但其输出仍然为0.5 V左右的电压。由于本机床的最高转速为2 250 r/min，当D/A转换器输出0.5 V左右时，电动机转速应为120 r/min左右，因此可以判定故障原因是D/A转换器（型号：DAC80）损坏引起的。更换同型号的集成电路后，机床恢复正常。

【故障实例7】

故障现象：大连机床厂CKA6136车床，配置FANUC 0i TC系统，在机床启动过程中，主轴稍微转动一下，系统出现急停报警，变频器出现过流报警。

故障分析与诊断：根据故障现象分析，造成系统急停主要是变频器过电流而引起的。变频器出现过电流的原因可能是参数设置不当，如变频器加速时间设置过短，则变频器输出频率的变化远远超过电动机频率的变化，变频器启动时因过流而跳闸。依据不同的负载情况相应地调整加速时间，故障依旧。进一步分析检测输出负载无短路发生，主轴负载也正常（主轴负载过大，如机械卡死也会引起过电流），怀疑是变频器检测电路有问题，拆下变频器检测发现霍尔传感器不良。更换同型号的霍尔传感器，故障排除，机床恢复正常。

【故障实例8】

故障现象：大连机床厂CKA6136车床，配置FANUC 0i Mate - TC系统，机床主轴正转不运转，系统无报警。

故障分析与诊断：图3—2—4所示为车床变频主轴电气控制原理图。在MDI方式下运行主轴正转指令，观察电气柜中继电器KA1动作，说明PLC输出信号Y0.0为高电平（正常）；进一步检查发现KA1常开触点接触不良。更换KA1继电器，故障排除，机床恢复正常。

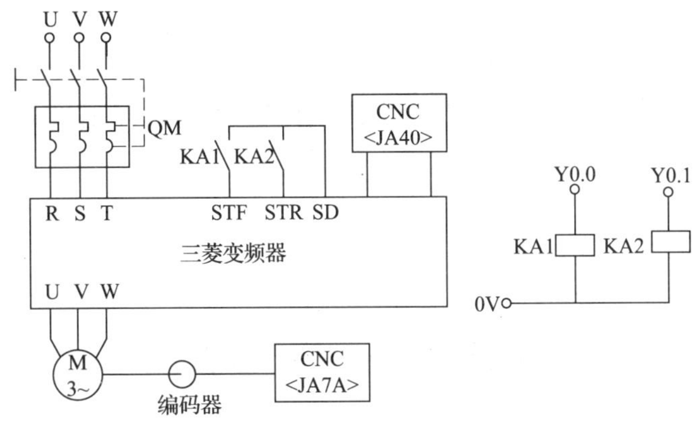

图 3—2—4　CKA6136 车床变频主轴电气控制原理图

思考与练习

一、填空题（将正确答案填在横线上）

1. 在 GSK980TDb 系统中，选择主轴模拟电压的参数号是______且参数设置为______。

2. 当主轴驱动系统发生故障时，通常有____________、____________、____________三种表现形式。

3. 日立 SJ300 变频器的故障代码 E05 的含义是____________、故障代码 E01 的含义是____________。

4. 主轴发生过流报警的主要原因有________、________、________、________、____________。

5. 日立 SJ300 变频器 E03 故障代码的含义是________，引起 E03 报警的原因有________、________、________、________等。

二、选择题（将正确答案序号填在括号里）

1. CAK3665NJ 数控车床的主轴变速采用（　　）。

A. 无级变速　　B. 变频器调速与机械三挡调速

C. 机械调速

2. CAK3665NJ 数控车床的主轴正转由（　　）继电器控制。

A. KA5　　B. KA6　　C. KA7　　D. KA8

3. 日立 SJ300 变频器在快速减速时可能发生故障是（　　）。

A. E01 过流　　B. E02 过流　　C. E15 过压　　D. 以上都是

4. 变频器输出端子 U、V、W 三相电压一般采用（　　）测量。

A. 模拟式万用表　　B. 数字式万用表　　C. 两者都可

三、简答题

1. 简述主轴电动机振动或噪声太大的原因与处理。

2. 简述数控机床主轴定位抖动的原因与处理。

3. 分析 CAK3665NJ 数控车床主轴正转不运转，KA5 不吸合的故障原因及检修步骤。

课题四　进给伺服驱动系统的电气故障检修

任务 1　识读进给伺服驱动系统电气线路

学习目标

1. 了解数控装置对进给伺服驱动系统的基本要求。
2. 理解数控机床进给驱动的基本控制方式。
3. 了解数控机床常用的伺服驱动器。
4. 掌握交流伺服进给驱动装置的组成及工作原理。
5. 能够识读与绘制进给伺服驱动系统电气控制原理图。
6. 能够根据进给伺服驱动系统电气线路原理图进行正确接线。

任务引入

图 4—1—1 所示是 GSK980TDb 型数控车床的进给伺服驱动系统电气框图，它是数控装置与机床本体间的电传动联系环节，也是数控系统的执行部件。它根据数控装置输出的指令电脉冲信号（位移、速度指令），经过控制单元、功率驱动单元后，由伺服电动机和机械传动机构驱动机床坐标轴，带动工作台及刀架，通过轴的联动使刀具等移动部件相对工件产生各种复杂的机械运动，从而加工出用户所要求的复杂形状的工件。由此可知，进给伺服驱动系统的维修维护同样很重要。而伺服进给驱动系统电气维修的基础，就是掌握伺服驱动系统的电气组成与电气原理。因此，本任务是在理解电气基本知识的基础上，学会识读伺服驱动系统电气线路原理图，并正确绘制。

相关知识

一、进给伺服驱动系统概述

1. 进给伺服驱动系统的组成

进给伺服驱动系统是数控机床的重要组成部分，它是以移动部件（如工作台）的位置和速度作为控制量的自动控制系统。其功能是接收数控装置发来的指令信号，经变换和放大由执行元件（伺服电动机）将其变换为具有一定方向、大小和速度的机械角位移，通过齿轮和丝杠螺母副带动工作台移动，从而实现驱动数控机床各运动部件的进给运动。进给伺服驱动

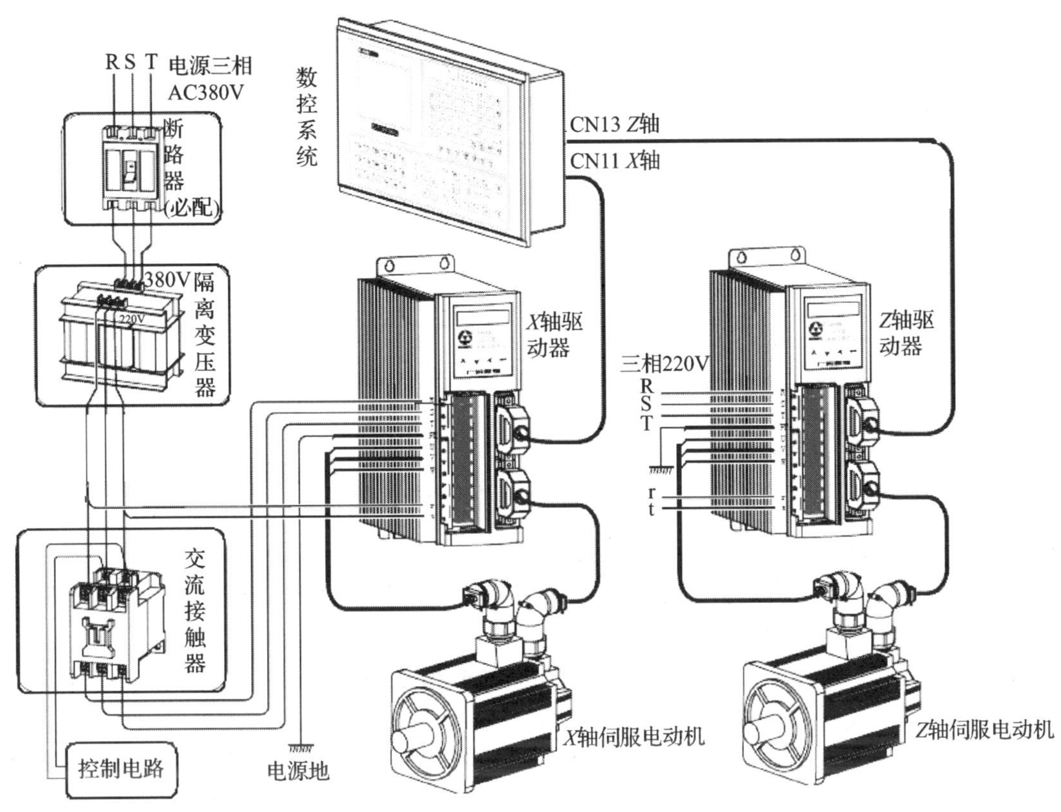

图 4—1—1　GSK980TDb 型数控车床进给伺服驱动系统电气框图

系统的组成一般由控制调节器、功率驱动装置、检测反馈装置和伺服电动机 4 部分组成，如图 4—1—2 所示。

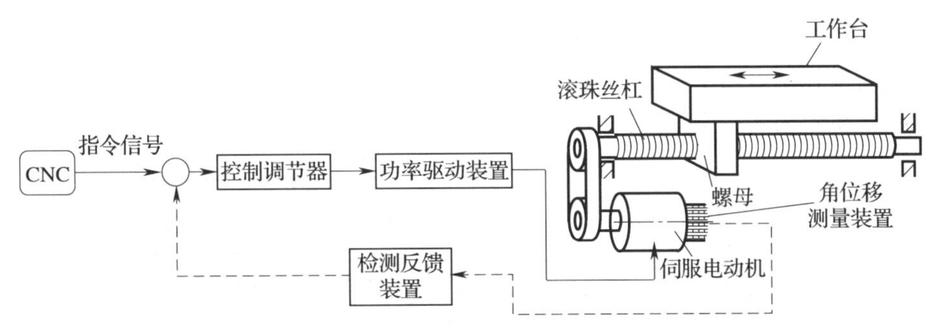

图 4—1—2　进给伺服驱动系统组成框图

2. 进给伺服驱动系统的基本控制方式

数控机床进给伺服驱动系统按照对被控量有无检测装置，可分为开环控制和闭环控制两种。在闭环系统中，根据检测装置安放的部位，又分为全闭环控制和半闭环控制两种。

（1）开环控制系统

图 4—1—3 所示为典型的开环控制系统框图，控制系统中没有检测反馈装置。数控装置将工件加工程序处理后，发出指令脉冲（又称进给脉冲），经驱动电路功率放大后，驱动步进电动机转动，再经传动机构带动工作台移动。由图 4—1—3 可见，指令信息单方向传送，并且指令发出后，不再反馈回来，故称开环控制系统。开环控制系统广泛应用于经济型数控机床中。

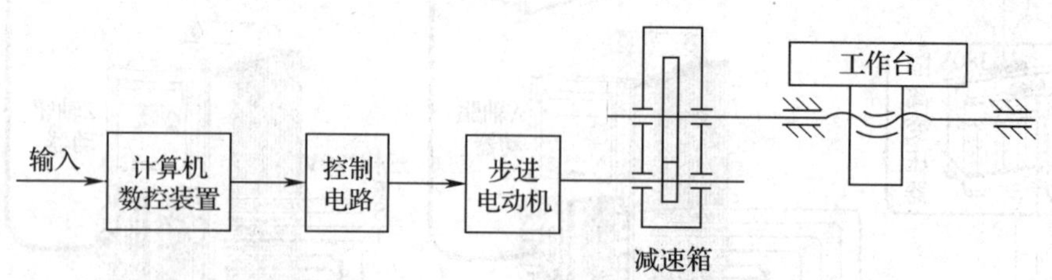

图 4—1—3　典型的开环控制系统框图

开环控制系统的主要特点如下：

1）由于数控机床的开环控制系统不带位置检测反馈装置，不检测运动的实际位置，因此系统的精度比较低。其精度主要取决于步进电动机和传动机构的精度。

2）驱动元件一般采用步进电动机，改变进给脉冲的数目和频率，可改变步进电动机的转数和转速，从而改变工作台的位移量和速度。

3）开环控制系统结构简单、调试方便、容易维修、成本较低，但因其加工精度较低，目前应用已不多。

（2）全闭环控制系统

图 4—1—4 所示为全闭环控制系统框图，通过安装在工作台上的位置检测元件将工作台实际位移量反馈到计算机中，与所给定的位置指令进行比较，用比较的差值进行控制，直到差值消除为止。闭环控制系统可以消除机械传动部件的各种误差和工件加工过程中产生的干扰影响，从而使加工精度大大提高。速度检测元件的作用是将伺服电动机的实际转速变换成电信号送到速度控制电路中，进行反馈校正，使电动机转速保持稳定。全闭环控制系统广泛应用于加工精度较高的精密型数控机床中。

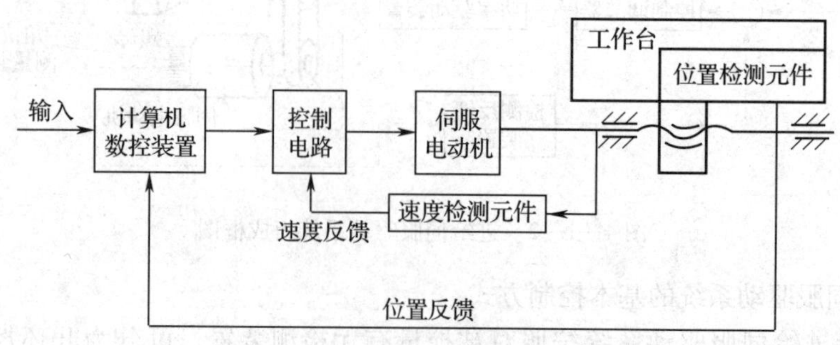

图 4—1—4　全闭环控制系统框图

全闭环控制系统的主要特点如下：

1）数控机床的闭环控制系统，一般在工作台上安装位置检测反馈装置（目前，一般采用光栅尺），其控制精度很高。

2）驱动元件一般采用直流伺服电动机或交流伺服电动机；速度检测元件一般采用测速发电机。

3）闭环控制系统调试和维修比较复杂，成本也高。如果不是精度要求很高的数控机床，一般不采用这种控制方式。

（3）半闭环控制系统

图4—1—5所示为半闭环控制系统框图，位置检测元件不是直接检测工作台的位移量，而是采用转角位移检测元件，测出伺服电动机或丝杠的转角，推算出工作台的实际位移量，反馈到计算机中进行位置比较，用比较的差值进行控制。由于此反馈环内不包括丝杠、螺母副及工作台，故称半闭环控制系统。半闭环控制系统应用比较普遍。

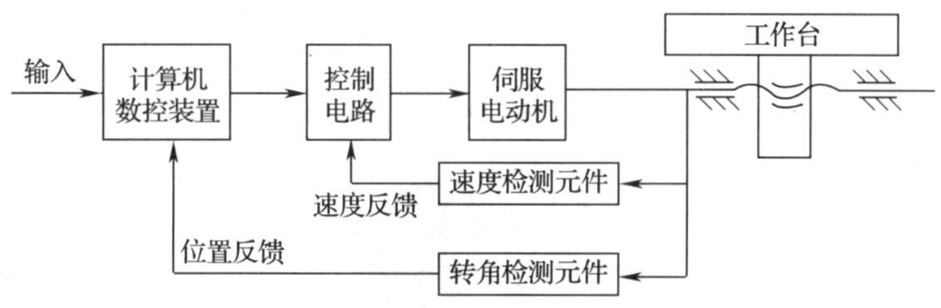

图4—1—5　半闭环控制系统框图

半闭环控制系统的主要特点如下：

1）数控机床的半闭环控制系统是在电动机的端头或丝杠的端头安装位置检测元件（目前，一般采用光电编码器）。

2）驱动元件一般采用直流伺服电动机或交流伺服电动机。

3）控制精度较全闭环控制系统差，但稳定性好，成本也较低，调试维修也比较容易，并兼顾了开环控制和闭环控制两者的特点，因此应用比较普遍。

3. 数控机床对进给伺服驱动系统的要求

（1）位置精度要高

位置精度主要包括静态、动态和灵敏度。静态（尺寸精度）：定位精度和重复定位精度要高，即定位误差和重复定位误差要小；动态（轮廓精度）：跟随精度，这是动态性能指标，用跟随误差表示；灵敏度要高，有足够高的分辨率。

（2）响应要快

在加工过程中，进给伺服驱动系统跟踪指令信号的速度要快，过渡时间要短，一般应在几十毫秒以内，且无超调，这样跟随误差才小。否则，对机械部件不利，且有害于加工质量。

（3）调速范围要宽

为保证在任何切削条件下都能获得最佳的切削速度，要求进给伺服驱动系统必须提供较大的调速范围，一般调速范围应达到1∶2 000。现有的高性能进给伺服驱动系统已具备无级调速，且调速范围在1:10 000以上。

（4）工作稳定性要好

工作稳定性是指伺服系统在突变指令信号或外界干扰的作用下，能够快速地达到新平衡状态或恢复原有平衡状态的能力。工作稳定性越好，机床运动平稳性越高，工件的加工质量就越好。

（5）低速转矩要大

在切削加工中，粗加工一般要求低进给速度、大切削量，为此，要求进给伺服驱动系统在低速进给时输出足够大的转矩，提供良好的切削能力。

二、交流进给伺服驱动系统

数控机床按照驱动电动机的类型分为步进伺服驱动系统、直流伺服驱动系统和交流伺服驱动系统三大类。目前，由于直流伺服电动机具有电刷和机械换向器，使结构与体积受限制，现已被交流伺服电动机取代。本节只学习交流进给伺服驱动系统。

1．交流进给伺服电机及工作原理

（1）交流伺服电动机

图4—1—6所示是GSK交流伺服电动机及其铭牌含义。

a)

额定转速
额定电压与额定电流
伺服电动机型号
额定扭矩
GSK 交流伺服电动机
TYPE：130SJT-M100D（A）
UN：220V | IN：10A TS/TN：10/ 10 N·m
nN： 2500r/min nmax： 3000 r/min
INS. CLASS： B IP65 | M： 2500 P/r
S/N： 081016100D0002707T
广州数控设备有限公司
GSK CNC EQUIPMENT CO.,LTD.
产品编号
防护等级与编码器线数
绝缘等级
最高转速

b)

图4—1—6 GSK交流伺服电动机及其铭牌含义

a）伺服电动机实物图 b）伺服电动机铭牌含义

(2) 交流伺服电动机基本结构与工作原理

按种类分，数控机床中常用的交流伺服电动机可分为同步型和异步型（感应电动机）两种。交流伺服同步电动机有永磁式、磁阻式（反应式）、磁滞式、绕组磁极式等。目前，在控制领域中所采用的交流伺服电动机一般为同步电动机（无刷直流电动机）。电动机主要由定子、转子和检测元件三部分组成，其中定子与普通的交流感应电动机基本相同，主要由定子冲片、三相绕组线圈，另外还有支撑转子的前后端盖和轴承等组成。伺服电动机的转子主要由多对极的磁钢和电动机轴构成，检测元件由安装在电动机尾端的位置编码器构成。图4—1—7 所示为 SJT 伺服电动机的外形与结构。

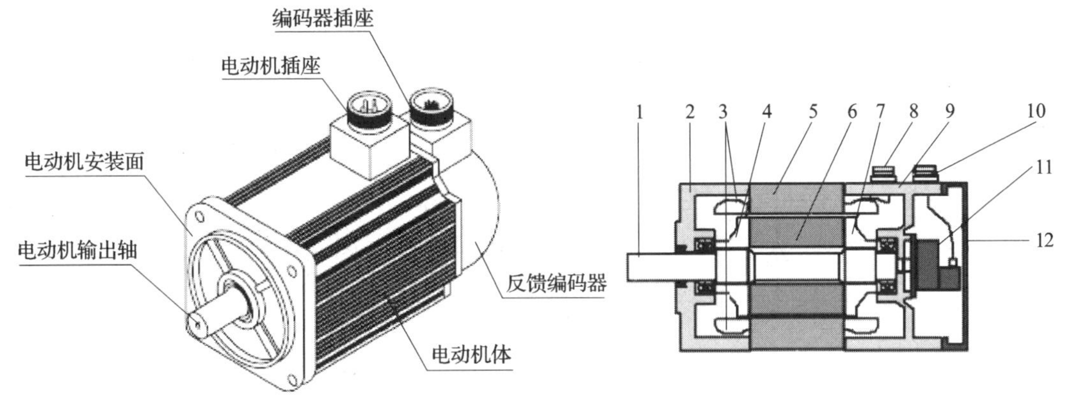

图 4—1—7　SJT 伺服电动机的外形与结构

1—电动机轴　2—前端盖　3—三相绕组线圈　4—压板　5—定子　6—磁钢　7—后压板　8—动力线插头　9—后端盖　10—反馈插头　11—脉冲编码器　12—电动机后盖

交流伺服电动机的工作原理实际上与电磁式的同步电动机类似，差异在于：磁场是由作为转子的永久磁铁产生的，而非转子中的激磁绕组产生。当定子三相绕组通上交流电源后，电动机中就会产生一个旋转的磁场，该磁场将以同步转速 n_s旋转。根据磁场的特性，定子的旋转磁极总是要和转子的旋转磁极相互吸引，并带着转子一起转动，使定子磁场的轴心线与转子磁场的轴心线保持一致，形成电动机的旋转扭矩。由于电动机的转子惯量、定子和转子之间的转速差等因素的影响，经常会造成电动机启动时的失步。为了保证定子和转子之间总是处于一定的同步状态，在电动机的后面的编码器都增加了确定转子位置的绝对位置编码器。

2. 交流伺服驱动装置

(1) 交流伺服驱动装置工作原理

交流伺服驱动装置（简称伺服装置）由交流伺服驱动单元和交流伺服电动机（三相永磁同步伺服电动机，以下简称伺服电动机）组成。驱动单元把三相交流电整流为直流电，再通过控制功率开关管的开通和关断，在伺服电动机的三相定子绕组中产生相位差 120°的近似正弦波电流，该电流在伺服电动机里形成旋转磁场，由于伺服电动机的转子是采用强抗退磁的稀土永磁材料制成的，因此伺服电动机转子的磁场与旋转磁场相互作用产生电磁转矩驱动伺服电动机转子旋转。流过伺服电机绕组的电流频率越高，伺服电动机的转速就越快；流过伺服电机绕组的电流幅值越大，伺服电机输出的转矩就越大。伺服装置的基本电路框图如图4—1—8 所示，其中 PG 为编码器。

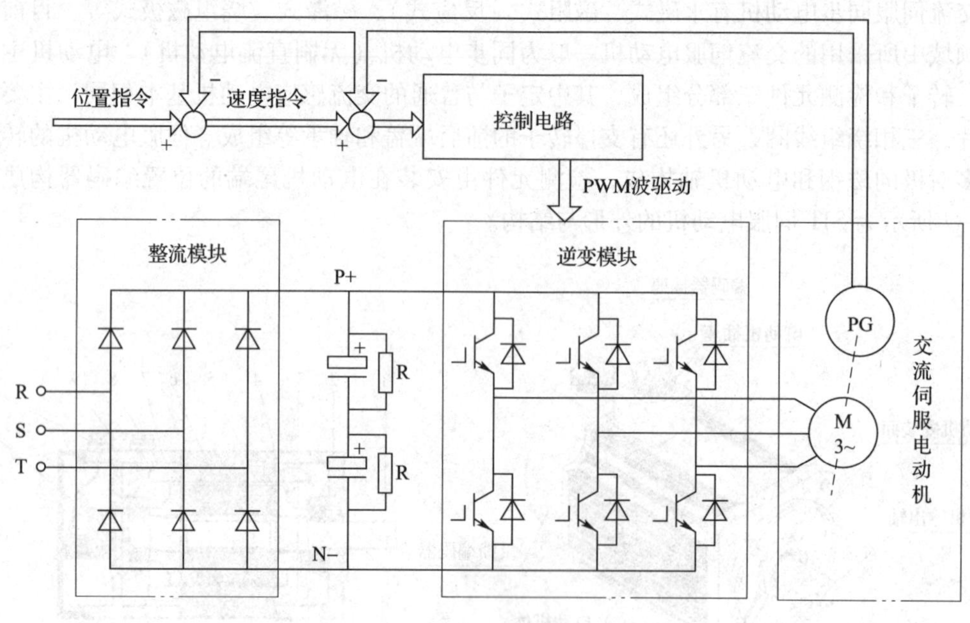

图 4—1—8　伺服装置的基本电路框图

（2）交流伺服驱动器

以 GSKDA98B 交流伺服驱动器为例，来认识伺服驱动器。

图 4—1—9 所示是广州数控设备有限公司生产的 DA98B 交流伺服驱动器外形及其接口端子配置图。其中，TB 为主回路端子排；CN1 为 DB44 接插件，插座为针式，插头为孔式；CN2 为 DB25 接插件，插座为孔式，插头为针式。

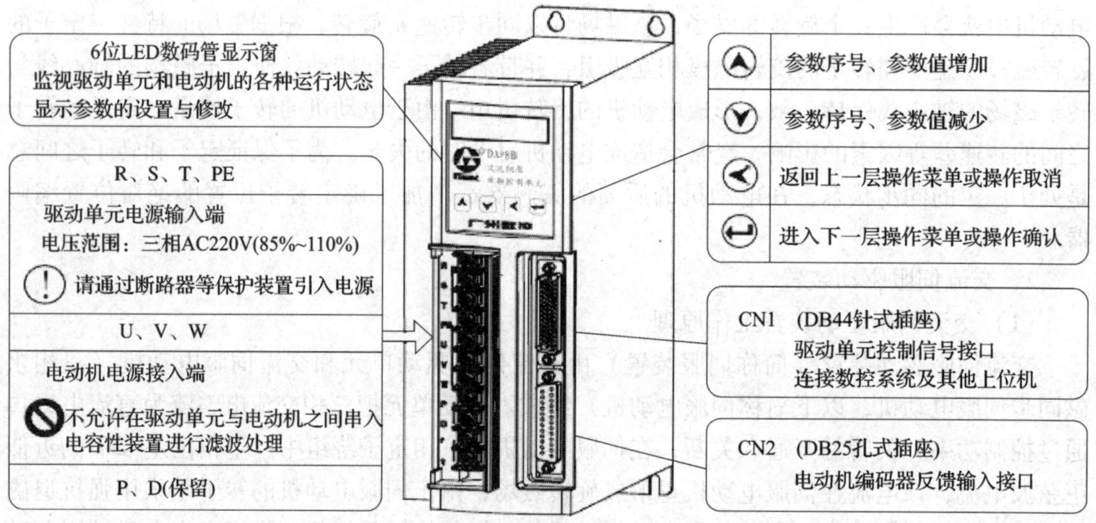

图 4—1—9　DA98B 交流伺服驱动器外形及其接口端子配置图

1）主回路端子定义见表 4—1—1。

表 4—1—1　　　　主回路端子定义

端子标号	端子名称	备　注
R、S、T	交流电源输入端子	三相 AC200 V（85% ~110%）50 Hz/60 Hz ±1 Hz 当电动机功率小于 0.8 kW 时，可以使用单相 AC220 V 电源
U、V、W	电动机连接端子	驱动单元的电动机连接端子顺序和电动机相序必须一一对应
r、t	控制电源输入端	r、t 可从三相交流电源输入 R、S、T 中接入任意两相，或者接入单相 AC220 V 电源
P、D	保留	
PE ⏚	保护接地端子	与电源接地端子和电动机接地端子相连，保护接地电阻应小于 1 Ω

2）控制端子 CN1 引脚定义

驱动单元的控制信号接口 CN1 是 44 针式插座，制作控制线用的连接器是 44 孔式插座（型号为 G3150 -44FBNS1X1），其引脚定义如图 4—1—10 所示。

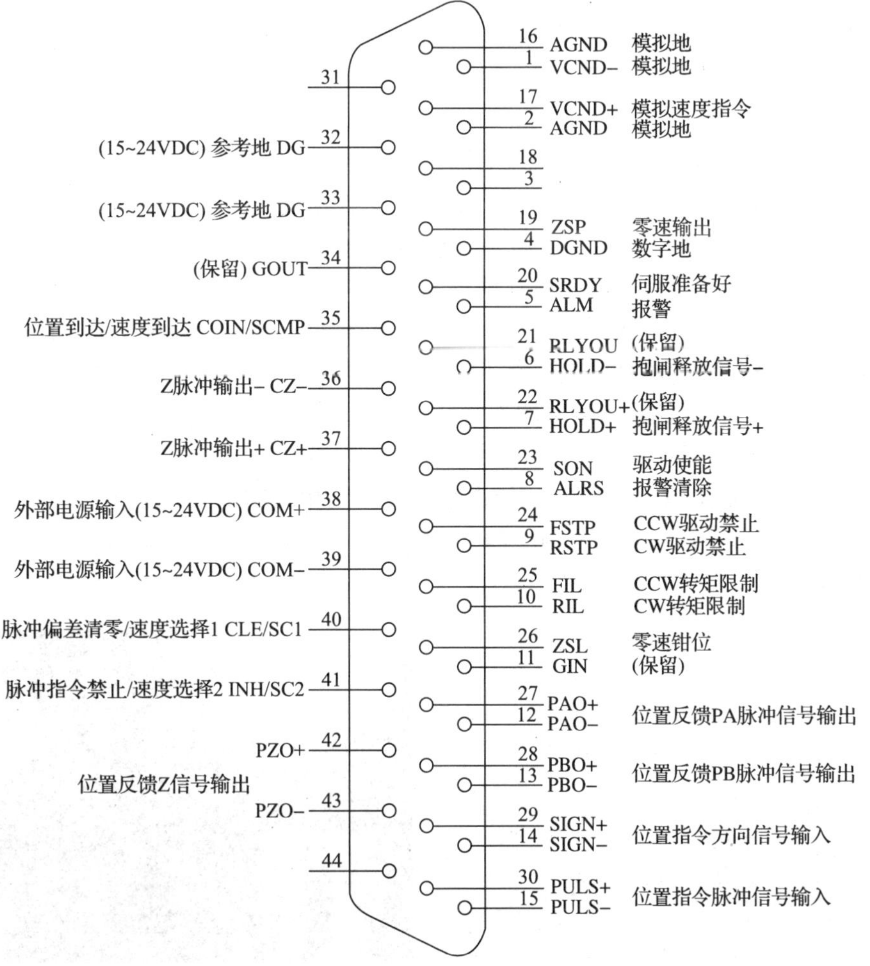

图 4—1—10　CN1 引脚定义

3）反馈信号端子 CN2 引脚定义

驱动单元的电动机编码器接口 CN2 是 25 孔式插座，制作连接线用的连接器应该是 25 针式插头（型号为 G3150－44FBNS1X），其引脚定义如图 4—1—11 所示。

13 0H1
25
12 A−
24 A+
11 B−
23 B+
10 Z−
22 Z+
9 U−
21 U+
8 V−
20 V+
7 W−
19 W+
6 5V
18 5V
5 5V
17 5V
4 0V
16 0H2
3 0V
15 FG
2 0V
14 FG
1 0V

图 4—1—11　CN2 引脚定义

三、数控系统与进给伺服驱动系统的连接

以 GSK980TDb 系统为例，介绍电气线路的连接。

1. 数控系统电源的连接

GSK980TDb 采用 GSK－PB2 电源盒，输入 220 V 交流电源，输出共有 4 组电压：＋5 V（3 A）、＋12 V（1 A）、－12 V（0.5 A）与＋24 V（0.5 A），且共用一个 GND，如图 4—1—12 所示。

2. 数控系统与进给伺服放大器的连接

（1）GSK980TDb 系统中 *X* 轴 CN11（或 *Z* 轴 CN13）驱动接口的定义，如图 4—1—13 所示。

（2）GSK980TDb 与驱动器 DA98B 驱动单元的连接

图 4—1—14 所示是 GSK980TDb 与 DA98B 驱动单元的连接示意图。

（3）驱动器与伺服电动机、编码器的连接

图 4—1—15 所示是广州数控装置 SJT 系列电动机标准接线，出厂时电动机线和编码器线都已做好，用户可直接安装就可以，如图 4—1—16 所示。若使用其他厂家电动机或自制编码器线，则参考图 4—1—15 进行接线。（有温控器的电动机，将温控器的引线接到 OH1、OH2 端口）。

（4）数控系统与机床侧输入信号的连接

输入信号是指从机床侧到 CNC 的信号，该机床侧的输入信号通过 CNC 系统的输入接口 CN61（与进给伺服控制相关的 CN61 接口部分引脚定义如图 4—1—17 所示）引入，该输入信号与＋24 V 接通时，输入有效；该输入信号与＋24 V 断开时，输入无效。

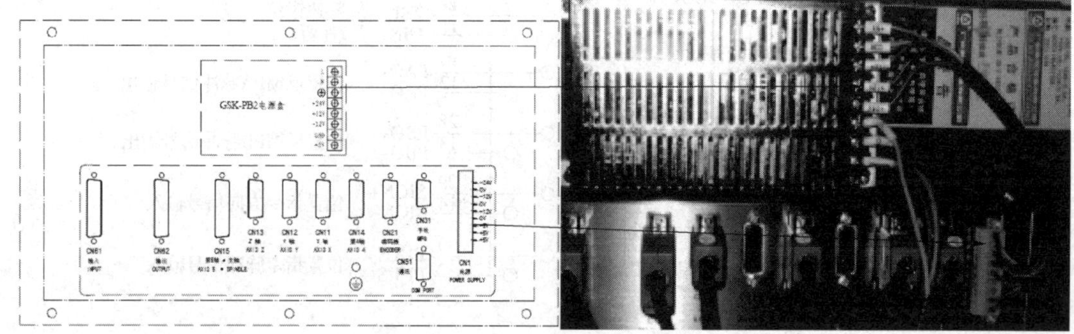

图 4—1—12　电源连接示意图

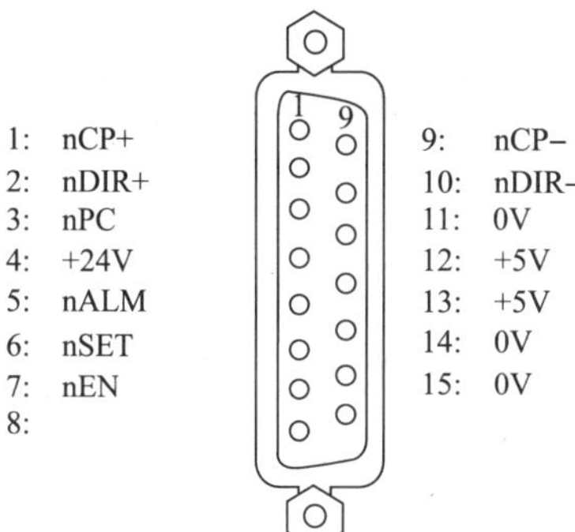

信号	说明
nCP+、nCP−	指令脉冲信号
nDIP+、nDIP−	指令方向信号
nPC	零点信号
nALM	驱动单元报警信号
nEN	轴使能信号
nSET	脉冲禁止信号

图 4—1—13　*X* 轴 CN11（或 *Z* 轴 CN13）驱动接口的定义

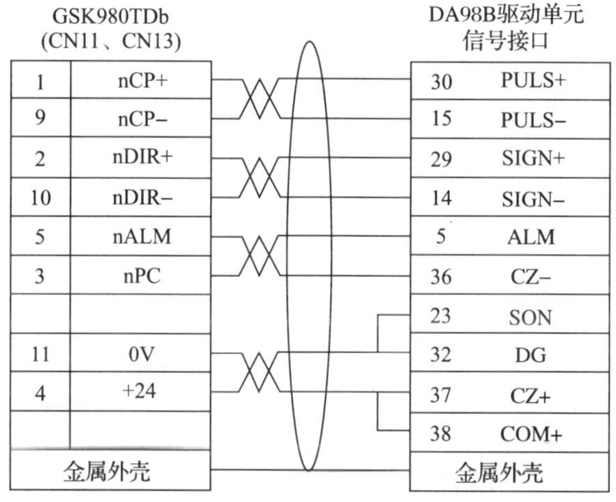

图 4—1—14　GSK980TDb 与 DA98B 驱动单元的连接示意图

1）行程限位与急停按钮连接，有以下两种连接方式。

①行程限位与急停按钮串联连接，如图 4—1—18a 所示。当出现超程或按下急停按钮时，CNC 会出现“急停”报警，如为超程，则按下超程解除按钮不松开，按复位键取消报警后向反方向移动可解除超程。当出现急停报警时，CNC 停止脉冲输出，关闭 M03 或 M04、M08 信号输出，同时输出 M05 信号。

②行程限位开关与急停按钮独立连接，如图 4—1—18b 所示。每个轴只有一个超程触点，通过轴的移动方向来判断正负超程报警。当出现超程报警时，可往反方向移动，移出限位位置后可按复位清除报警。

2）进给轴减速回零的连接

数控机床在接通电源后通常都要做进给轴回零的操作，图 4—1—19 所示是 GSK980TDb 系统机床减速回零的连接图。机床回零点动作原理如下：

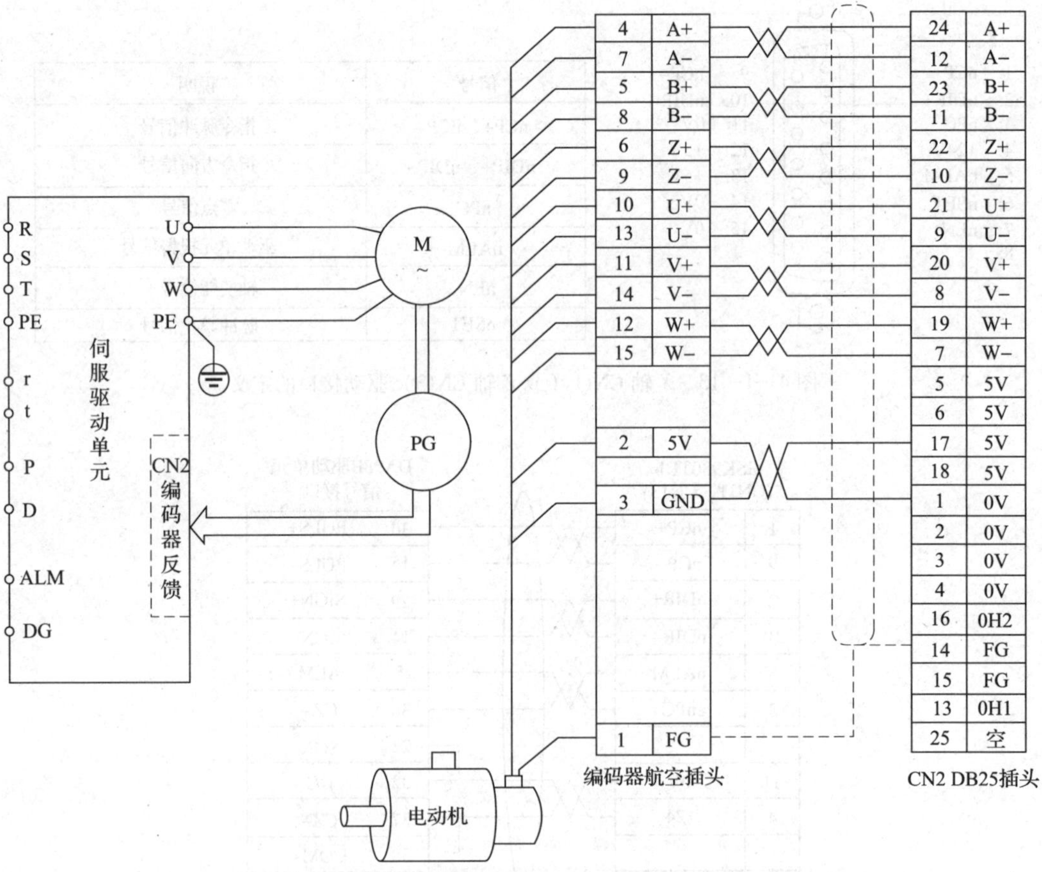

R
S
T
PE
r
t
P
D
ALM
DG

U
V
W
PE

伺服驱动单元

CN2 编码器反馈

M ~

PG

电动机

编码器航空插头	
4	A+
7	A−
5	B+
8	B−
6	Z+
9	Z−
10	U+
13	U−
11	V+
14	V−
12	W+
15	W−
2	5V
3	GND
1	FG

CN2 DB25插头	
24	A+
12	A−
23	B+
11	B−
22	Z+
10	Z−
21	U+
9	U−
20	V+
8	V−
19	W+
7	W−
5	5V
6	5V
17	5V
18	5V
1	0V
2	0V
3	0V
4	0V
16	0H2
14	FG
15	FG
13	0H1
25	空

图 4—1—15　广州数控装置 SJT 系列电动机标准接线

图 4—1—16　电动机标准接线电缆

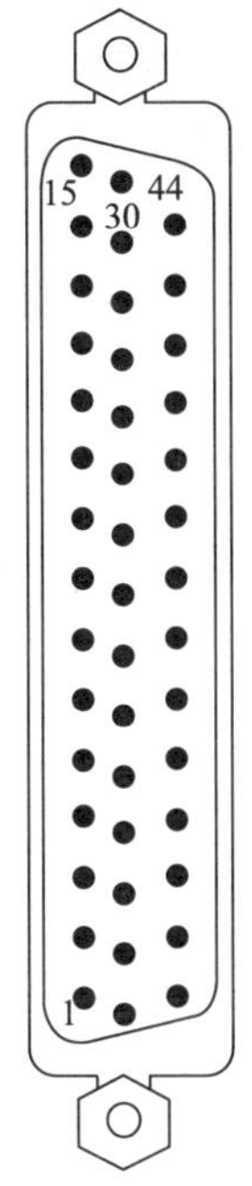

脚号	地址	功能	说明
21~24	0V	电源接口	电源0V端
2	X0.1	SP	外接进给保持信号
4	X0.3	DECX(DEC1)	X轴减速信号
6	X0.5	ESP	外接急停信号
12	X1.3	DECX(DEC3)	Z轴减速信号
13	X1.4	ST	外接循环启动信号
37	X3.0	LMLX	X轴超程
39	X3.2	LMLZ	Z轴超程

图 4—1—17 CN61 接口部分引脚定义

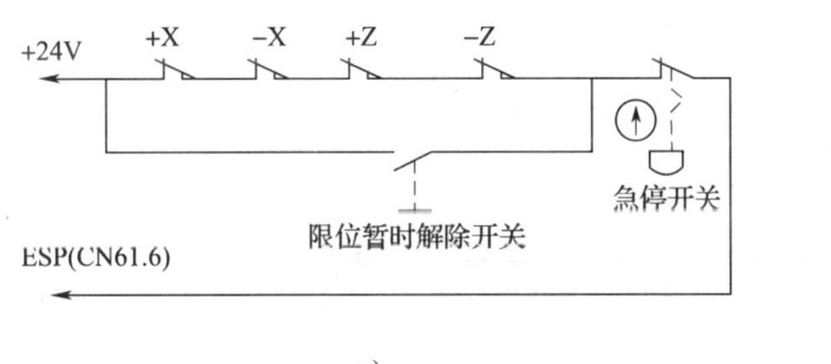

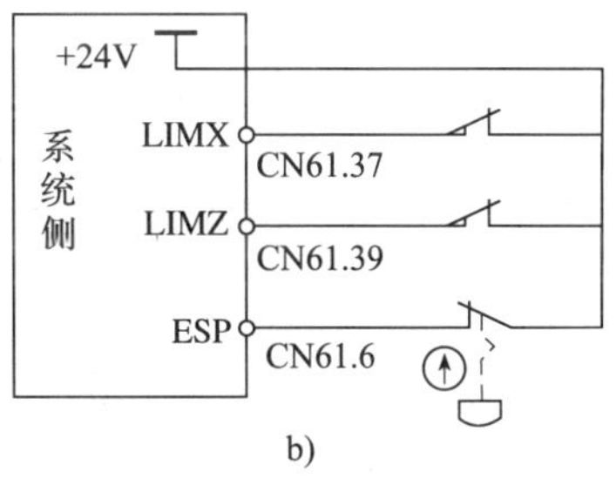

图 4—1—18 行程限位与急停按钮的连接方式

a）行程限位与急停按钮串联连接 b）行程限位与急停按钮独立连接

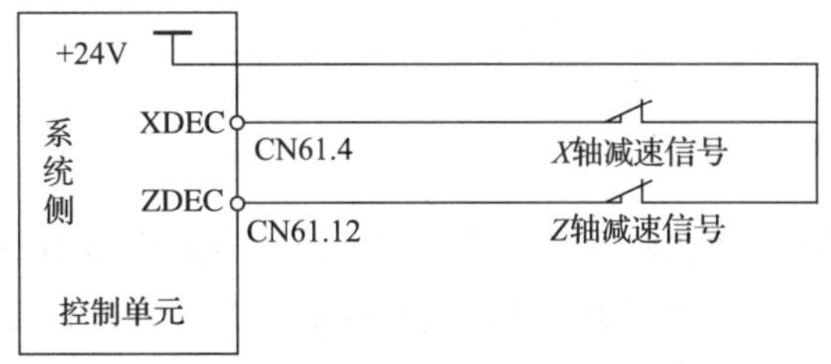

图 4—1—19 GSK980TDb 系统机床减速回零的连接图

当状态参数№006 的 Bit0（ZMX）设为 0，状态参数№004 的 Bit5（DECI）=0 时，选择返回机床零点方式 B，减速信号低电平有效。选择机床回零操作方式，按手动正向或负向（回机床零点方向由状态参数№183 设定）进给键，则相应轴以回参考点的高速速度（参数№113）向机床零点方向运动。运行至压上减速开关，减速信号触点断开时，机床减速运行，且以固定的低速（参数№33）继续运行。当减速开关释放后，减速信号触点重新闭合时，CNC 开始检测编码器的一转信号（PC），如该信号电平跳变，则运动停止，同时操作面板上相应轴的回零结束指示灯亮，机床回零操作结束。机床回零过程的示意图与动作时序图如图 4—1—20 所示。

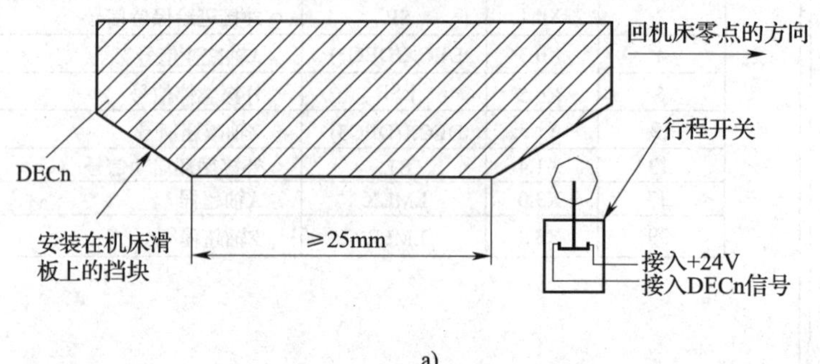

a)

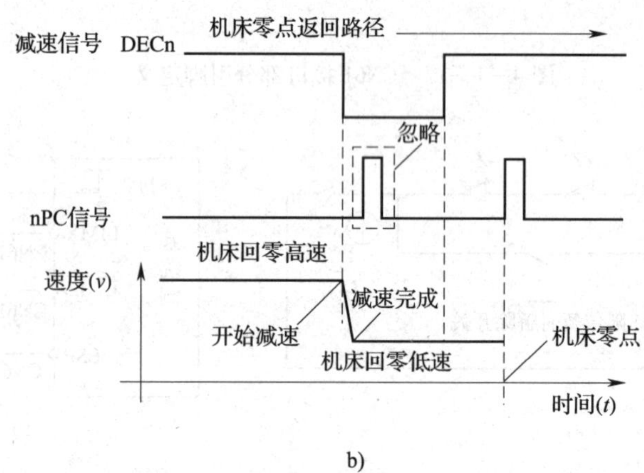

b)

图 4—1—20　机床回零过程的示意图与动作时序图

a）示意图　b）时序图

要点提示

机床回零时，只有确认超程限位开关有效后，才可执行机床回零操作。通常把机床零点安装在最大行程处，回零撞块有效行程在 25 mm 以上，要保证足够的减速距离，只有确保速度能降下来，才能保证准确回零。执行机床回零的速度越快，回零撞块要越长，否则会因 CNC 加减速、机床惯性等使拖板冲过回零撞块后速度没能降下来，导致没有足够的减速距离，影响回零的精度。

3）外接循环启动和进给保持接线图如图 4—1—21 所示。

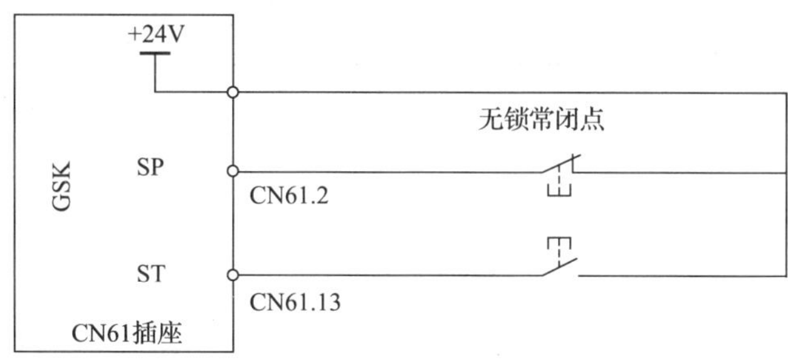

图 4—1—21　外接循环启动和进给保持接线图

ST：外接自动循环启动信号，与机床面板中的自动循环启动键功能相同。

SP：外接进给保持信号，与机床面板中的进给保持键功能相同。

四、进给伺服驱动系统电气线路原理分析

以 GSK980TDb 型数控车床为例，介绍进给伺服驱动系统电气线路原理分析。

1. 机床电气主要技术要求

机床供电电源要求采用三相四线制，380 V、50 Hz 交流电。三根相线（L1、L2、L3）和一根中性线（N）均从电柜底部引入电气柜内电盘上的主接线板 L1、L2、L3 和 N 端子上，供电电源的电缆或电线的截面积应采用不小于 6 mm^2 的导电率高的铜线。保护地线还必须与机床所设置的专业接地螺钉牢固、可靠接地，接地电阻 $R < 1\ \Omega$。如有三相五线制的用户，应把供电电源引线接在端子上，并将接线板上的 PE 和 N 的连线分开，分别接在五线制中的 PE 和 N 端子上。

2. 电气线路原理分析

图 4—1—22 所示为 CAK3665NJ 数控车床的进给伺服驱动系统相关的电气原理图。由图 4—1—22a 可知，*X*、*Z* 两轴驱动器的输入电源，由变压器 TC2 二次侧 R、S、T 提供三相交流 220V 电压通过断路器 QF30 引入到驱动器电源输入端，由它提供各驱动器所需的电能。*X*、*Z* 轴驱动器的控制信号接口 CN1 与数控系统 CN11 和 CN13 接口连接。伺服电动机分别接在驱动器的 U、V、W 端子上；编码器的反馈信号与驱动器 CN2 接口相连接。

（1）*X*、*Z* 轴伺服电动机运转准备控制

接通机床电源 QF0 后，再接通控制变压器 TC1 的 QF6、QF7 断路器和伺服变压器 TC2 的 QF10、QF30 断路器，数控系统伺服驱动器得电。CNC 系统通过 CN11 和 CN13 接口与驱动器 CN1 接口正常连接后，CNC 系统先检测驱动器且驱动器没有报警信号触发后，使能信号有效，伺服电动机处于零励磁状态，如图 4—1—22a、图 4—1—22b 所示。

（2）手动方式下控制 *X*、*Z* 轴伺服电动机运转

在手动操作方式下，选择合适的进给倍率。按下各轴运行按键，伺服驱动放大器接收到 CNC 轴控制指令后，驱动伺服电动机按照指令运转，同时伺服驱动器 CN2 接口接收伺服电动机编码器的反馈信号，组成了半闭环控制系统，如图 4—1—22a、图 4—1—22b 所示。

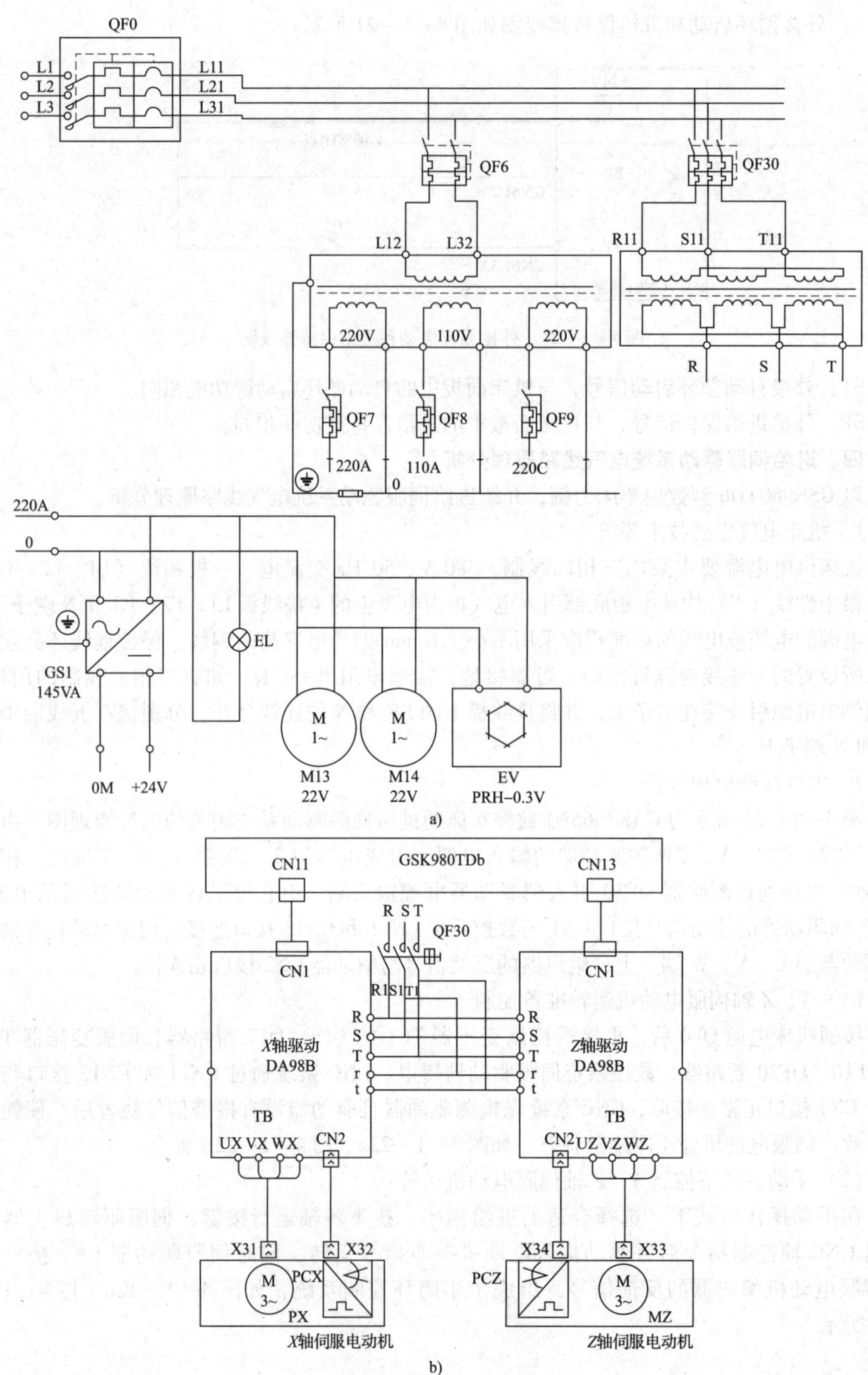
QF0
L1
L2
L3
L11
L21
L31
QF6
QF30
L12
L32
R11
S11
T11
220V
110V
220V
R
S
T
QF7
QF8
QF9
220A
110A
220C
0
220A
0
GS1
145VA
EL
0M
+24V
M
1~
M13
22V
M14
22V
EV
PRH−0.3V
a)
GSK980TDb
CN11
CN13
R S T
QF30
CN1
CN1
R1S1T1
X轴驱动
DA98B
Z轴驱动
DA98B
TB
TB
UX VX WX
CN2
CN2
UZ VZ WZ
X31
X32
X34
X33
PCX
PX
PCZ
MZ
M
3~
X轴伺服电动机
Z轴伺服电动机
b)

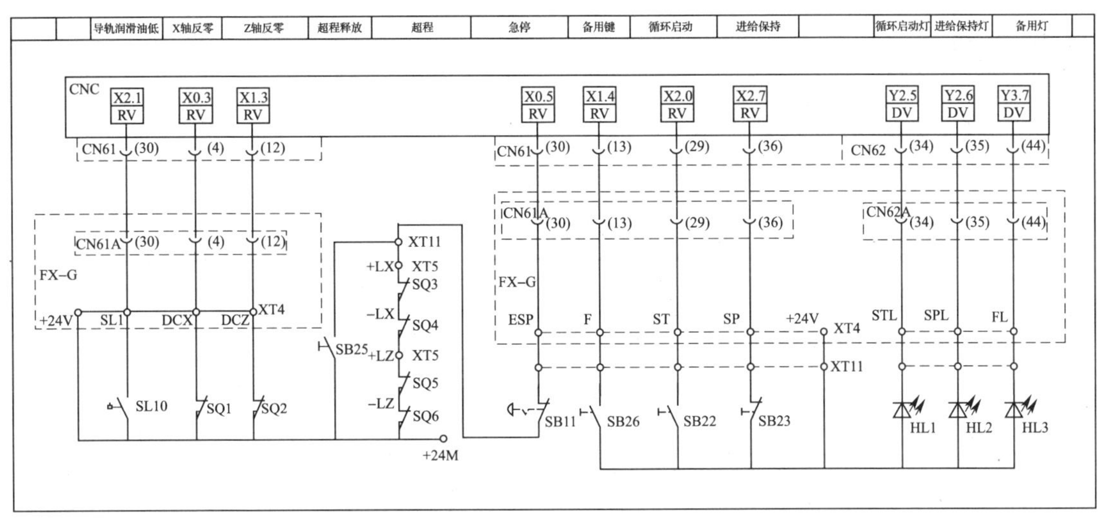

c)

图 4—1—22 CAK3665NJ 数控车床的进给伺服驱动系统相关的电气原理图

（3）进给运动的限位保护控制

由图 4—1—22c 可知，在机床的 *X* 轴和 *Z* 轴正负方向上都安装了相应的超程限位开关。*X* 轴正向超程开关 SQ3 与负向超程开关 SQ4 以及 *Z* 轴正向超程开关 SQ6 与负向超程开关 SQ7 相互串联后再与急停按钮 SB11 串接在 CNC 系统中 CN61A 接口第 6 脚。在操作过程中，由于某种原因（操作失误、编程数据错误、伺服故障等）使机床的某行程开关被压动，数控系统立即进入急停状态，CNC 会出现急停报警信号并停止刀架的移动。此时，按下超程解除按钮 SB25 沿着超程轴反方向移动，进入安全区，急停状态便能解除。

要点提示

1）数控系统都存在软限位功能（存储行程限位），GSK980TDb 数控伺服轴的 *X* 轴行程软限位由数据参数 №.045 和 №.047 设定安全区域；*Z* 轴行程软限位由数据参数 №.046 和 №.048 设定安全区域。

2）只有当机床上电后执行手动返回参考点，建立起机床坐标系，软限位功能才有效。

3）限位开关挡块的位置可以由操作者调节，硬限位开关应定期检查其有效性，以防止出现意外。

（4）系统急停控制

在机床运行过程中，如果发生意外需要紧急停止，可按下图 4—1—22c 中的急停按钮 SB11，切断系统中 CN61A 接口第 6 脚的急停输入信号，系统显示为急停报警，从而使整个系统启动失效，伺服电动机停止运转，故障排除后，可重新启动。

任务实施

一、任务准备

实施本任务所需要的实训设备及工具材料表见表4—1—2。

表4—1—2　实训设备及工具材料表

序号	设备与工具	序号与名称	数量
1	数控车床（GSK980TDb系统）	CAK3665NJ	1台
2	机床资料	数控车床电气说明书、数控系统操作说明书	1套
3	常用电工工具	自定	1套
4	仪器仪表	自定	1套
5	绘图工具	自定	1套

二、识读与绘制进给伺服驱动系统的电气线路图

1. 识读电气线路图

在教师的指导下，按照下列流程识读进给伺服驱动系统电气线路图。

（1）识读进给伺服系统电源连接线路。

（2）识读进给伺服系统控制信号流程。

（3）识读进给轴的超程限位控制、超程释放和急停控制电气原理图。

在教师的指导下，重点查阅资料理解各控制端子的含义和信号流程。

2. 绘制电气线路图

在教师的指导下，完成下列电气线路图的绘制。

（1）绘制进给伺服系统电源连接线路图。

（2）绘制 *X* 轴和 *Z* 轴进给伺服驱动系统线路图。

（3）绘制进给轴的超程限位控制线路图、超程释放和急停控制线路图。

①绘制电路图时，应保持图面整洁。

②绘制电气线路图时，元器件符号应正确规范，且线路应具有完善的保护功能。

③条件许可时，可参照实际数控机床来绘制机床的线路图。

三、交流进给伺服驱动装置的接线

1. 数控系统电源的连接

按照图 4—1—22a 所示电气原理图，完成数控系统电源单元的连接。

(1) 先连接 GSK－PB2 电源盒中的输出直流电，注意区分正负极，不要把极性接反。

(2) 再连接输入 220 V 交流电，220 V 交流电应有隔离变压器供电。

2. 数控系统与进给伺服放大器及伺服电机的连接

按照图 4—1—22b 所示电气原理图，进行数控系统与进给伺服放大器的连接。

(1) CNC 的引出的控制信号线应采用绞合屏蔽电缆或屏蔽电缆，电缆的屏蔽层在 CNC 侧采取单端接地，信号线应尽可能短。

(2) CNC 和强电柜之间电缆及 CNC 和机床之间电缆应分开绑扎或离得越远越好。

(3) 位置反馈电缆线与强电缆应分开绑扎，与直流线路信号电缆应尽量远离，保持至少 10 cm 距离。

3. 数控系统与机床侧输入信号的连接

按照图 4—1—22c 所示电气原理图，完成下列输入信号的连接。

(1) 行程限位开关与急停按钮的连接。

(2) 机床进给轴减速回零的线路连接。

4. 系统线路检查

(1) 通电前，按照信号从强到弱的顺序检查线路有无短路和接触不良等现象。

(2) 检查变压器进出线的方向和顺序。

(3) 检查伺服电动机强电电缆的相序。

(4) 检查直流电源的极性。

(5) 检查地线的连接，并保证保护接地电阻值应小于 1 Ω。

5. 系统通电

(1) 按照要求在指导教师监督下通电检查。

(2) 线路通电后，必须检查各单元模块的电源的极性和电压是否符合要求。

6. 实训完毕，切断电源，整理场地

任务测评

完成任务后，学生先按照表 4—1—3 进行自我测评，再由指导教师评价审核。

表 4—1—3　　　　　　　　　　　　测评表

序号	项目	考核内容及要求	配分	评分标准	扣分	得分
1	识读与绘制线路图	1. 识读与绘制电源线路（10分） 2. 识读与绘制伺服控制线路（10分） 3. 识读与绘制进给轴的限位控制线路（10分） 4. 图面清洁（5分）	35	1. 不能正确识读与绘制电源线路，每错一处扣2分 2. 不能正确识读与绘制伺服控制线路，每错一处扣2分 3. 不能正确识读与绘制进给轴的限位控制线路，每错一处扣2分 4. 图面不清洁，扣5分		
2	材料准备与装前检查	1. 检查工具（5分）、资料（5分）是否准备齐全 2. 认识与检查电气元件（5分）	15	1. 工具不齐全，每少一件，扣1分 2. 资料不齐全，扣5分 3. 不认识、不会检测或漏检元件，每处扣1分		
3	数控系统与伺服驱动器的连接	1. 电源连接（10分） 2. 正确连接数控系统（15分） 3. 正确连接伺服驱动器（15分）	40	1. 不能正确使用工具　，每处扣1分 2. 损坏元器件，扣5分 3. 不能正确连接数控系统，每处扣2分 4. 不能正确连接伺服驱动器，每处扣2分		
4	安全文明生产	应符合国家安全文明生产的有关规定	10	违反安全文明生产有关规定，不得分		
指导教师评价					总得分	

知识拓展

常见的 FANUC 系统伺服驱动器

常见的 FANUC 系统伺服驱动器见表 4—1—4。

表 4—1—4　　常见的 FANUC 系统伺服驱动器

分类	外形	结构	型号及组成、特点	配套系统与电动机
α 系列数字式交流伺服驱动器	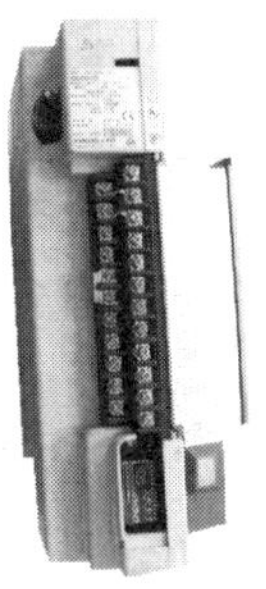	单轴 双轴 三轴	SVU：A06B－6089－HXXX SVUC：A06B－6090－HXXX 电路板有接口板和主控制板，电源、驱动和报警检测电路都集成在主控制板上，无 100 V 交流输入 驱动器带有 IPM 智能电源模块，采用全数字正弦波 PWM 控制，IGBT 驱动	与 FANUC 0C、0D、15A/B、16A/B、18A、20、21 系统配套 与 FANUC α/αC/αM/αL 系列伺服电动机配套
		单轴 双轴 三轴	SVMi：A06B－6079－HXXX 伺服系统分成三个模块：PSMi（电源模块）、SPMi（主轴模块）和 SVMi（伺服模块）。电源模块将 200 V 交流电整流为 300 V 直流和 24 V 直流给后面的 SPMi 和 SVMi 使用，以及完成回馈制动任务 SVMi 不能单独工作，必须与 PSMi 一起使用	
αi 系列数字式交流伺服驱动器		单轴 双轴 三轴	SVM：A06B－6114－HXXX 伺服系统分成三个模块：PSM（电源模块）、SPM（主轴模块）和 SVM（伺服模块） αi 系列是一种高速、高精度、高效率的智能化伺服系统	与 FANUC 0i、FANUC 15i/150i/16i/18i/160i/180i/20i/21i 等系统配套 与 FANUC αi 和 αiS 系列伺服电动机配套
β 系列数字式交流伺服驱动器		SVU 型（电源与驱动器一体化）的结构	驱动器带有 IPM 智能电源模块，采用全数字正弦波 PWM 控制，IGBT 驱动具有 PWM 接口、I/OLink 接口和光缆	与 FANUC 0TD、PM01 等经济型数控系统配套 与 FANUC β 系列伺服电动机配套

续表

分类	外形	结构	型号及组成、特点	配套系统与电动机
βi 系列数字式交流伺服驱动器		单轴 双轴 三轴	SVPM：A06B－6134－H30X（三轴），－H20X（两轴） SVU：A06B－6130－H00X（只有单轴） βi 系列是一种可靠性强、性价比卓越的经济型伺服系统。该系列用于机床的进给轴和主轴，通过最新的伺服 HRV 控制和主轴 HRV 控制，实现高速、高精度和高效率控制	主要与数控系统 FANUC Mate 系列配套 与 FANUC βiS 系列伺服电动机配套

思考与练习

一、填空题（将正确答案填在横线上）

1．数控机床进给伺服驱动系统的组成一般由________、________、________和________4 部分组成。

2．数控机床进给伺服驱动系统按照对被控量有无检测装置可分为________和________两种。

3．数控机床的开环控制系统无________，不检测运动的实际位置，因此系统的精度______，其精度主要取决于________和________精度。

4．开环控制系统结构________、________、________、成本较低，但因其加工精度较低，目前应用已不多。

5．闭环控制系统中的驱动元件一般采用________。

6．数控机床的半闭环控制系统的位置检测元件一般采用________，其安装位置是在________。

7．进给伺服驱动系统在低速进给切削时，要求输出足够大的________，保证良好的切削能力。

8．数控机床按照驱动电动机的类型分为________、________和________三大类。

9．交流伺服电动机一般为________电动机，主要由________、________和________三部分组成。

10. 典型的伺服控制系统，一般具有________、________和________三环控制。

11. 驱动器端子接口定义中 CP + 的含义是________，DIR + 的含义是________。

二、选择题（将正确答案序号填在括号里）

1. 数控机床的脉冲当量是指（　　）。

A. 数控机床移动部件每分钟位移量

B. 数控机床移动部件每分钟进给量

C. 数控机床移动部件每秒钟位移量

D. 每个脉冲信号使数控机床移动部件产生的位移量

2. 在开环控制进给系统中常采用（　　）。

A. 步进电动机　　B. 直流电动机　　C. 交流伺服电动机　　D. 交流异步电动机

3. 在下列分类中，不属于交流伺服驱动系统驱动的电动机是（　　）。

A. 无刷电动机　　B. 交流永磁同步电动机

C. 步进电动机　　D. 笼型异步电动机

4. 数控机床闭环伺服系统的反馈装置装在（　　）。

A. 伺服电机轴上　B. 工作台上　　C. 进给丝杠上

5. 直流伺服电动机主要采用（　　）换向，以获得优良的调速性能。

A. 电子式　　B. 数字式　　C. 机械式

6. 步进电机的转速是通过改变电机的（　　）而实现。

A. 脉冲频率　　B. 脉冲速度　　C. 通电顺序　　D. 脉冲个数

7. 全闭环伺服系统与半闭环伺服系统的区别取决于运动部件上的（　　）。

A. 执行机构　　B. 反馈信号　　C. 检测元件

8. 交流伺服电动机与电磁式的同步电动机（　　）。

A. 工作原理及结构完全相同　　B. 工作原理相同，但结构不同

C. 工作原理不同，但结构相同　　D. 工作原理及结构完全不同

三、判断题（将判断结果填入括号中，正确的填"√"，错误的填"×"）

1. 数控机床的伺服系统由伺服驱动和伺服执行两部分组成。（　　）

2. 当伺服电动机驱动的使能信号无效时，电机不工作。（　　）

3. 数控机床的保护地线必须接地牢固、可靠接地、接地电阻 $R < 10\ \Omega$。（　　）

4. 只有机床上电后执行手动返回参考点，建立起机床坐标系，软限位功能才有效。（　　）

5. CNC 和强电柜之间电缆可以同在一个线槽内布线。（　　）

四、简答题

1. 进给伺服驱动系统由哪几部分组成？各部分功能是什么？

2. 简述数控机床对进给伺服驱动系统的要求。

3. 简述 GSK980TDb 系统的 CN11 和 CN13 接口管脚的定义。

任务2　交流进给伺服驱动系统电气故障检修

学习目标

1. 掌握进给伺服驱动系统的参数与设置方法。
2. 掌握伺服驱动器报警信息及处理方法。
3. 能够根据线路进行简单故障分析与检修。

任务引入

进给伺服驱动系统的电气故障是数控机床出现故障率比较多的部位，是学习数控机床维修的重点。本任务是在任务1的基础上，更加深入地对进给伺服驱动系统的电气故障进行剖析，熟悉进给伺服驱动系统的相关参数和常见故障。从而进一步掌握进给伺服驱动系统故障的诊断思路和排除方法，最后排除故障。

相关知识

一、进给伺服驱动系统的相关参数与设置

1. 机床安全保护的状态参数与设置

数控机床为安全考虑，应采取软件和硬件保护措施，在任务1中，图4—1—22c所示的是GSK980TDb型数控系统的机床进给伺服驱动系统硬件接线图，若要使图中的硬件安全保护起作用，还需要设置相应的状态参数。此相关状态参数由№172设置，参数位Bit6、Bit5、Bit4、Bit3（MST、MSP、MOT、ESP）均设置为“0”，参数的设置含义如下。

1	7	2		* * *	MST	MSP	MOT	ESP	* * *	* * *	* * *

Bit6　1：外接循环启动（ST）信号无效；
　　　0：外接循环启动（ST）信号有效。
Bit5　1：外接暂停（SP）信号无效；
　　　0：外接暂停（SP）信号有效。此时，必须外接暂停开关，否则CNC显示“暂停”。
Bit4　1：不检查软件行程限位；
　　　0：检查软件行程限位。
Bit3　1：急停功能无效；
　　　0：急停功能有效。

2. 驱动单元状态参数与设置

（1）GSK980TDb数控系统与DA98B驱动单元相配套时（以两轴为例），其报警逻辑电平设置状态参数№009的Bit1、Bit0位均设置为“1”，此状态参数的具体含义如下。

0	0	9

* * *	* * *	* * *	5ALM	4ALM	YALM	ZALM	XALM

Bit4　1：第 5 轴报警信号（5ALM）为低电平报警；
　　　0：第 5 轴报警信号（5ALM）为高电平报警。
Bit3　1：第 4 轴报警信号（4ALM）为低电平报警；
　　　0：第 4 轴报警信号（4ALM）为高电平报警。
Bit2　1：*Y* 轴报警信号（YALM）为低电平报警；
　　　0：*Y* 轴报警信号（YALM）为高电平报警。
Bit1　1：*Z* 轴报警信号（ZALM）为低电平报警；
　　　0：*Z* 轴报警信号（ZALM）为高电平报警。
Bit0　1：*X* 轴报警信号（XALM）为低电平报警；
　　　0：*X* 轴报警信号（XALM）为高电平报警。

（2）数控机床进给移动方向与指令要求方向不一致时，可通过状态参数№008 的 Bit1、Bit0 位来修改（以两轴为例）。此状态参数的具体含义如下。

0	0	8

* * *	* * *	* * *	DIR5	DIR4	DIRY	DIRZ	DIRX

Bit4　1：第 5 轴正向移动时方向信号（DIR）为高电平；
　　　0：第 5 轴负向移动时方向信号（DIR）为高电平。
Bit3　1：第 4 轴正向移动时方向信号（DIR）为高电平；
　　　0：第 4 轴负向移动时方向信号（DIR）为高电平。
Bit2　1：*Y* 轴正向移动时方向信号（DIR）为高电平；
　　　0：*Y* 轴负向移动时方向信号（DIR）为高电平。
Bit1　1：*Z* 轴正向移动时方向信号（DIR）为高电平；
　　　0：*Z* 轴负向移动时方向信号（DIR）为高电平。
Bit0　1：*X* 轴正向移动时方向信号（DIR）为高电平；
　　　0：*X* 轴负向移动时方向信号（DIR）为高电平。

3. 机床回零的相关参数与设置

根据任务 1 电气线路图所连接信号的有效电平、采用的回零方式、回零的方向调整相关的参数介绍如下。

（1）状态参数№004 的 Bit5（DECI）在选择返回机床零点时的减速信号的有效电平为“0”，状态参数的具体含义如下。

0	0	4

* * *		DECI		* * *			

Bit5　1：在回机床零点时，减速信号为高电平；
　　　0：在回机床零点时，减速信号为低电平。

（2）状态参数№006 的 Bit0、Bit1（ZMX、ZMZ）位在选择 *X* 轴与 *Z* 轴回零方式 B 时，参数位均设置为“0”，状态参数的具体含义如下。

0	0	6					ZM5	ZM4	ZMY	ZMZ	ZMX

ZMX =1：X 轴回机床零方式 C；
=0：X 轴回机床零方式 B。
ZMZ =1：Z 轴回机床零方式 C；
=0：Z 轴回机床零方式 B。
ZMY =1：Y 轴回机床零方式 C；
=0：Y 轴回机床零方式 B。
ZM4 =1：第 4 轴回机床零方式 C；
=0：第 4 轴回机床零方式 B。
ZM5 =1：第 5 轴回机床零方式 C；
=0：第 5 轴回机床零方式 B。

（3）状态参数№007 的 Bit0、Bit1（ZCX、ZCZ）位在选择返回机床零点时，用于设置是否用同一个接近开关同时作减速信号和零位信号。此参数位均设置为“0”，状态参数的具体含义如下。

0	0	7					ZC5	ZC4	ZCY	ZCZ	ZCX

ZCX =1：回机床零点时，X 轴的减速信号（DECX）和一转信号（PCX）信号并联（用同一个接近开关同时作减速信号和零位信号）；
=0：回机床零点时，X 轴的减速信号（DECX）和一转信号（PCX）信号独立连接（需要独立的减速信号和零位信号）。
ZCZ =1：回机床零点时，Z 轴的减速信号（DECZ）和一转信号（PCZ）信号并联（用同一个接近开关同时作减速信号和零位信号）；
=0：回机床零点时，Z 轴的减速信号（DECX）和一转信号（PCZ）信号独立连接（需要独立的减速信号和零位信号）。

（4）状态参数№011 的 Bit2（ZNLK）位用于在选择执行回零操作时设置方向键是否自锁。此参数位设置为“1”，状态参数的具体含义如下。

0	1	1					NORF	ZNLK		

NORF =1：手动回机床零点无效；
=0：手动回机床零点有效。
ZNLK =1：执行回机床零点操作时方向键自锁，按一次方向键自动运行到机床零点后停止。在返回机床零点过程中按 RESET 键，运动立即停止；
=0：执行回机床零点操作时方向键不自锁，且必须一直按住方向键。

（5）状态参数№014 的 Bit0、Bit1（ZRSCX、ZRSCZ）位用于选择有/无（1/0）机床零点（回零方式 BC/A）。此状态参数位设置为“1”，状态参数的具体含义如下。

0	1	4					ZRS5	ZRS4	ZRSY	ZRSZ	ZRSX

ZRSx　=1：该轴有机床零点，执行回机床零点时，需要检测减速信号和零点信号；

=0：该轴无机床零点，执行回机床零点时，不检测减速信号和零点信号，直接回到机床坐标系的零点。

（6）数据参数№033 用于设置各轴返回机床零点减速过程的低速速度，一般将其设置为 200。数据参数的具体含义如下。

0	3	3		ZRNFL

［数据意义］　　X、Z 轴返回机床零点的低速速率。

［数据单位］

设定单位	数据单位
公制机床	mm/min
英制机床	0. 1 inch/min

［数据单位］　　6 ~4 000

（7）数据参数№113 用于设置各轴返回机床零点的高速速度，一般将其设置为 11 200。数据参数的具体含义如下。

1	1	3		REF_SPD

［数据意义］　　X、Z 轴回机床零点的高速速度。

［数据单位］

设定单位	数据单位
公制机床	mm/min
英制机床	0. 1 inch/min

［数据单位］　　10 ~921 571 875

（8）状态参数№183 的 Bit0、Bit1（MZRX、MZRZ）位用于设置各轴的回零方向，往正方向回零，还是往负方向回零，一般将此参数位均设置为“1”。状态参数的具体含义如下。

1	8	3		* * *	* * *	* * *	MZR5	MZR4	MZRY	MZRZ	MARX

Bit1　1：Z 轴按  键执行回机床零点；

0：Z 轴按  键执行回机床零点。

Bit0　1：X 轴按  键执行回机床零点；

0：X轴按 [X回零键] 键执行回机床零点。

本任务仅介绍机床简单调试所需的部分参数，对于其他参数的设置可参考数控系统手册。参数位的设置均为参考值，具体设置应根据实际情况来选择。

二、进给伺服驱动系统常见故障诊断与处理

进给伺服驱动系统故障报警通常有三种方式：一是利用软件诊断程序在液晶显示器上显示报警信息；二是在进给伺服驱动单元上用硬件（如发光二极管、数码管等）显示报警；三是没有任何报警指示。

1．软件报警模式

在液晶显示器中显示进给驱动的报警信号大致可分为以下三类。

（1）伺服进给系统出错报警。这类报警的起因大多是由速度控制单元方面的故障或是主控制印制线路板内与位置控制或伺服信号有关部分的故障引起的。

（2）检测出错报警。它是指由检测元件（脉冲编码器）或检测信号方面引起的故障。

（3）过热报警。这里指的过热是指伺服单元、变压器及伺服电动机过热。

液晶显示器上显示的报警可参阅机床维修说明书中“各种报警信息产生的原因”的提示分析判断，找出故障，最后将其排除。

2．硬件报警形式

（1）大电流报警。此故障多是因为速度伺服单元的功率驱动元件（晶闸管模块或晶体管模块）损坏；速度控制单元的印制线路板发生故障或电动机内部短路也可引起这种报警。

（2）高电压报警。产生此类报警的原因主要有以下几点：①输入的交流电源超过允许的电压范围；②伺服电动机的电枢绕组和机壳间的绝缘电阻下降；③伺服单元速度控制印制线路板故障或接触不良。

（3）低压报警。电压过低报警可能原因有以下几点：①输入的交流电源低于允许的电压范围；②伺服变压器的二次侧与伺服单元之间连接不良；③伺服单元印制线路板接触故障。

（4）速度反馈断线报警。主要的原因有以下几个方面：①伺服单元与电动机之间的动力电源连接不良；②伺服单元有关检测元件的参数或型号设定错误；③无加速度反馈电压或反馈信号电缆与连接器接触不良。

（5）保护开关动作。产生此类故障应先区分是何种保护开关动作，然后再采取相应的措施。如：①伺服单元上热继电器动作，应先检查热继电器的设定是否有误，再检查机床工作时的切削条件是否太苛刻或机床的摩擦力矩是否太大；②变压器热动开关动作，而此时变压器并不过热，则是热动开关失灵；如变压器很热，用手只能接触几秒钟，则要检查电动机负载是否过大。可在减轻切削负载的条件下，再检查热动开关是否动作。如仍发生动作，则应在空载低速进给的条件下测量电动机电流，如已经接近额定值，则需要重新调整机床。产生上述故障的另一原因是变压器内部短路；③伺服电动机内装的热保护开关动作，有些伺服电动机内部带有制动器，当制动器工作失灵时，也可能引起伺服电动机的过热报警。

（6）速度控制单元上的熔丝烧断或断路器跳闸。产生这类故障的主要原因有以下几个方面：①机械负载过大；②切削条件恶劣、切削深度过深或连续进行超过电动机额定值的重切削；③位置控制环节的故障，如偏移的调整量过大等；④接线错误，如将负反馈信号接为正反馈而产生振荡；⑤伺服单元参数设定不当，如速度控制单元的环路增益设定过高等；⑥位置控制部分和速度控制部分的电压过低或过高而引发振荡；⑦电动机故障，如因速度和位置检测元件而引起的振荡以及电动机去磁而引起过大的励磁电流等；⑧由于外部噪声导致的振荡，可用示波器测量测速发电机输入端，电流检测输入端以及晶闸管伺服单元的同步输入端波形是否异常；⑨流经扼流圈的电流延迟时间过长。如若伺服系统速度控制单元加、减速频率太快，由于扼流圈的电流延迟就可能造成电动机绕组相间短路，从而烧断熔体，此时，应适当降低工作频率。

3. 无报警显示的故障

这类故障出现时没有任何报警提示，所以较难排除。常见的故障有以下几种。

（1）机床失控。造成机床失控的主要原因有以下几个方面：①位置检测元件或速度检测元件的信号异常，如反馈信号线断线或接反；②电动机和检测器之间连接故障，如两者间的机械连接松动等；③速度控制单元接触不良。

（2）机床振动。此时，应首先确认周期是否与进给速度有关：①如与进给速度有关，振动一般与该轴的速度环增益太高或速度反馈故障有关；②若与进给速度无关，振动一般与位置环增益太高或位置反馈故障有关；③如振动在加减速过程中生产，则往往是由于系统加减速时间设定过小造成的。

（3）机床过冲。此类故障主要原因有以下几个方面：①数控系统的参数（快速移动时间常数）设定的太小或速度控制单元上的速度环增益设定太低；②电动机和进给丝杠间的刚性太差，如间隙太大或传动带的张力调整不好等。

（4）机床移动时噪声过大。可能的原因有以下几个方面：①换向器圆周接触面的粗糙度不好或已损坏；②电动机轴向间隙过大或有轴向窜动；③切削液等进入电刷槽中。

（5）圆柱速度超差。两轴联动加工外圆时圆柱度超差，如果是在坐标轴的45°方向上超差，出现椭圆，则是由于各轴的位置偏差两相差太大或位置环增益与速度环增益不当造成的，可通过调整伺服单元的位置增益电位器来改善。如果加工时相限稍一变化精度就不一样，则是因为进给轴的定位精度太差，此时，需要调整机床精度差的轴。

（6）伺服电动机不转。引起伺服电动机不转的原因有以下几个方面：①数控系统没有控制信号输出；②使能信号没有接通，可通过 CRT 观察 I/O 状态，分析机床 PLC 梯形图，确定进给轴的启动条件，如润滑、冷却等是否满足；③带电磁制动的伺服电动机电磁制动没有释放；④速度控制单元有故障；⑤伺服电动机有故障。

三、DA98B 伺服驱动器故障诊断与处理

1. DA98B 伺服驱动器显示报警代码的异常处理

驱动单元具有多种保护功能，上电后检测到故障时，驱动单元会停止电动机运行，操作面板上显示报警代码 Err-□□ 。也可以进入 dP-Err 菜单，查看当前报警代码。DA98B 驱动器报警代码故障信息与处理方法表见表 4—2—1。

表 4—2—1　　DA98B 驱动器报警代码故障信息与处理方法表

报警号	意义	主要原因	处理办法
Eπ－1	电动机速度超过 PA23 设定值（参考 PA23 参数最高速度限制）	1. 编码器反馈信号异常	检查电动机编码器及其信号线连接情况
		2. 驱动单元故障	更换驱动单元
Eπ－2	主回路直流母线电压过高	1. 制动电阻未连接或损坏	检查制动电阻及其连接
		2. 制动电阻不匹配（阻值太大） 注意：由于制动电阻阻值越小，流过制动电路的电流越大，因此容易损坏制动电路中的制动管	1. 更换阻值和功率匹配的制动电阻 2. 根据使用情况降低启停频率
		3. 供电电源电压不稳定	检查供电电源
		4. 内部制动电路损坏	更换驱动单元
Eπ－3	主回路直流母线电压过低	1. 输入电源线断线或接触不良	检查输入电源接线
		2. 输入电源电压低于 AC130 V	检查电源电压
		3. 接通电源时，驱动单元制动晶体管损坏	更换驱动单元
Eπ－4	位置偏差计数器的数值超过设定值（参考 PA17 设定的位置超差检测范围） （PA10 = 0：检测位置超差报警； PA10 = 1：不检测位置超差报警。）	1. 脉冲指令频率过高或电子齿轮比设置过大	检查上位机指令频率，检查电子齿轮比 PA12/PA13 的设置
		2. 负载惯量较小或驱动单元转矩不足	1. 检查电动机转矩限制设置 2. 增大驱动单元和电动机功率 3. 减轻负载
		3. 电动机编码器故障或编码器调零错误	1. 检查电动机编码器及其连接情况 2. 重新进行编码器调零
		4. 电动机 U、V、W 相序有误	正确接线
		5. 位置环或速度环增益设置太小（参阅 PA5、PA6、PA9）	调整速度环或位置环增益
		6. 位置超差有效范围设置太小	正确设置 PA17

续表

报警号	意义	主要原因	处理办法
Eп－5	电动机温度过高报警，驱动单元检测到电动机输出的过热报警信号（PA57＝0：不检测电动机温度过高报警。）	1．电动机内部无温度检测装置	设置PA57＝0屏蔽电动机过热报警
		2．PA57参数的设定与电动机内部的温度检测器件类型不一致	正确设置PA57温度检测器件类型
		3．负载过重导致电动机发热严重	增大驱动单元和电动机功率或减轻负载
		4．重载情况下，启动/停止频率过高	降低启动/停止频率，改善电动机散热条件
		5．电动机的温度检测装置损坏或电动机内部故障	更换交流伺服电动机
		6．电动机温度检测信号正常，驱动单元故障	更换驱动单元
Eп－7	驱动禁止异常	FSTP、RSTP驱动禁止输入端子都断开	1．检查接线及输入点的247电源 2．不用驱动禁止功能时，设置PA20＝1，屏蔽此报警
Eп－9	电动机编码信号反馈异常	1．电动机编码器信号接线不良或接线错误	检查连接器和信号线焊接情况
		2．电动机编码器信号反馈电缆过长，造成信号电压偏低	缩短电缆长度（30 m以内）
		3．电动机编码器损坏	更换电动机或其编码器
		4．驱动单元故障	更换驱动单元
Eп－11	驱动单元内部IPM模块故障	1．接通电源，驱动单元尚未使能时出现故障，且无法消除。 （1）驱动单元故障 （2）制动电阻接线端与地短路	若为（1）原因，则更换驱动单元； 若为（2）原因，则检查并正确连接制动电阻
		2．接通电源，驱动单元尚未使能时出现故障，且重新上电后可以消除	接地不良或外部干扰导致。检查接地，查找干扰源，并远离干扰源或做屏蔽处理
		3．接通电源，驱动单元使能时出现故障，且无法消除。 （1）电动机电源线U、V、W间短路，或U、V、W与PE之间短路 （2）驱动单元IPM模块损坏 （3）驱动单位电流采样回路断开	若为（1）原因则更换电动机线或更换电机；若为（2）、（3）原因则更换驱动单元
		4．电机启动或停止时出现故障，且重新上电后可以消除 （1）驱动单元设置的电动机默认参数错误 （2）负载惯量较大，启动、停止时的指令加速速率过大	若为（1）原因，则重新进行恢复电机默认参数操作；若为（2）原因则加大指令的加、减速度时间，降低指令加速速率，或者减小负载惯量

续表

报警号	意义	主要原因	处理办法
Eπ－12	过电流报警	1. 电动机负载过大或负载有异常导致电动机电流瞬时过大	减小负载或更换大功率电动机
		2. 接地不良	确保接地电阻小于 10 Ω
		3. 电动机绝缘损坏	更换电动机
Eπ－14	制动电路故障	1. 制动回路容量不够	1. 减轻负载 2. 更换更大功率的驱动装置 3. 降低起制动频率
		2. 驱动内部制动回路损坏	更换驱动单元
		3. 制动电阻断开	重新连接制动电阻的接线
Eπ－16	电动机热过载	1. 电动机额定电流参数设置错误	按照电动机铭牌正确设置驱动参数
		2. 电动机长时间超过额定电流运行	1. 减轻负载 2. 更换更大功率的驱动装置和电动机 3. 检查机械部分是否有异常
Eπ－20	接能电源时，驱动单元内部 E^2PROM 故障报警	1. 上电时，驱动单元读取 E^2PROM 中的数据失败	重新恢复电动机默认参数
		2. E^2PROM 芯片或电路板故障	更换伺服驱动单元
Eπ－23	电流采样错误	1. 电流传感器工作电压不正常或者器件损坏	更换驱动单元
		2. 电流采样回路采样电阻损坏	
Eπ－25	掉电报警	1. 主电源接通后突然断电	检查电源接线
		2. 驱动单元整流部分损坏	更换驱动单元
Eπ－32	编码器 UVW 信号非法编码	1. 电缆不良 2. 电缆屏蔽不良 3. 屏蔽地线未连好	检查编码器接线
		4. 编码器 UVW 信号损坏	更换编码器
		5. 编码器接口电路故障	更换驱动单元

2. DA98B 伺服驱动器无报警显示的故障原因与处理

DA98B 伺服驱动器无报警显示的故障原因与处理见表 4—2—2。

表 4—2—2　　DA98B 伺服驱动器无报警显示的故障原因与处理

异常现象	可能原因	检查与处理方法
1. 机械轴运行时振动或运行时电动机产生啸叫	负载惯量较大，导致伺服单元默认的速度环参数偏硬。（相关参数 PA5、PA6、PA7、PA8）	一般情况下，在默认值的基础上减小 PA5、PA6、PA7、PA8，参数调试规律参阅使用手册 6.1 节。不同功率的电动机参数值范围不同，如：1 kW 以下的电动机对应的参数大约为 PA5 = 150；PA6 = 6；PA7 = 400；PA8 = 800。 1 ~ 2.3 kW 的电动机对应的参数大约为 PA5 = 400；PA6 = 6；PA7 = 1 000；PA8 = 200。 2.3 ~ 6 kW 的电动机对应的参数大约为 PA5 = 450；PA6 = 10；PA7 = 500；PA8 = 100
2. 机械轴有明显爬行现象	电动机轴一步一步地转动的现象叫作爬行运行。这种现象是因为电动机刚性太软造成的	只需加大 PA5 速度增益及 PA6 积分时间系数。在电动机不振不叫的情况尽量设定的大一些。电动机爬行会使加工效果变差，工件表面有明显的条纹或斑点，严重的会出现撞刀
3. 电动机启动、停止时有明显的过冲现象	负载惯量过大	在默认值的基础上减小速度环积分时间系数，使系统的响应慢一点。同时也适当减小 PAS，使速度反馈的响应也慢一点
4. 电动机无力	1. 速度环或位置环比例增益偏小，电动机特性偏软	调出电动机对应的默认参数，或在原参数基础上适当加大 PA5、PA6 或 PA9
	2. 电动机默认参数不对	核对电动机铭牌，重新调出电动机对应的默认参数
5. 电动机和驱动单元温度过高	1. 电动机默认参数不对	核对电动机铭牌，重新调出电动机对应的默认参数
	2. 负载异常或电动机零速时一直受到较大轴向力	仔细检查负载，排除负载的异常
	3. 电动机内部故障	更换电动机
	4. 如果只是驱动单元温度高，可能是附近有强干扰源，导致驱动单元频繁制动	远离干扰源（如大功率开关电源），规范接地措施
6. 抱闸电动机运行时温度过高。空载时，驱动单元电流显示大于 5 A	抱闸电动机的制动器没有释放，抱闸电路故障	1. 外围抱闸线路故障 2. HOLD 信号输出光耦损坏，更换驱动单元
7. 驱动单元无报警，上位机却显示伺服故障	1. PA47 设置错误，使得上位机接收报警信号的逻辑相反	修改 PA47 的值
	2. 输出报警的光耦损坏	更换驱动单元

四、伺服单元与伺服电动机的检查与维护方法

伺服单元与伺服电动机的检查与维护方法见表4—2—3。

表4—2—3　　伺服单元与伺服电动机的检查与维护方法

检查类别	检查项目	检查时间	日常维护
电气柜环境	异常气味	每天一次	如果有异常气味及时处理，如果因为设备老化即将损坏，必须及时更换
	尘埃、水汽及油污	至少每月一次	用干布擦拭或用过滤后的高压气枪清除
	电力电缆、连接端子	至少半年一次	外部绝缘层及连接绝缘包扎处有破损或老化的，应及时更换或做绝缘处理；并用螺钉旋具紧固松动的连接端子
驱动单元	散热风扇	至少每星期一次	观察散热风扇的风速风量是否正常，有无异常发热，出现异常必须更换风扇
	散热片内积尘	至少每月一次	用干布擦拭或用过滤后的高压气枪清除
	螺丝的松动	至少每半年一次	用螺钉旋具紧固端子排、连接器、安装螺钉等
伺服电动机	噪声、振动	每天一次	与平时相比，噪声及振动有明显增大，及时检查机械设备的连接，并修复故障
	尘埃、水滴、油污	至少每月一次	用干布擦拭或用过滤后的高压气枪清除
	绝缘电阻的测量	至少每半年一次	请用500 V兆欧表测量，电阻值应该超过10 MΩ。如果在10 MΩ以下，应有专业技术人员检修
	电动机的安装连接及负载的连接	至少每半年一次	用专业机械工具检查机械设备有无磨损，连接有无松动，有无杂物卡入

五、故障检修流程

1. 检修基本方法

对于进给伺服驱动系统的故障诊断，由于伺服驱动系统生产厂家不同，在具体做法上可能有所区别，但其基本检查方法与诊断原理却是一致的，一般可采用状态指示灯诊断法、数控系统报警显示诊断法、系统诊断信号检查法、原理分析法、位置环诊断法、速度环诊断法、模块交换法等。

2. 典型故障的分析与诊断流程

故障一：系统出现000号报警

故障分析与诊断处理：当系统通电后LCD上电显示000号报警。当出现此故障时，查看报警画面信息，此报警属于ESP（急停）输入开路。可根据相关维修资料和原理图分析，应重点检查如下内容：

（1）检查急停按钮是否被按下。

（2）检查直流 24 V 电源是否正常。

（3）检查进给轴的限位开关是否动作。

（4）检查整个相关线路。

其故障分析与诊断流程图如图 4—2—1 所示。

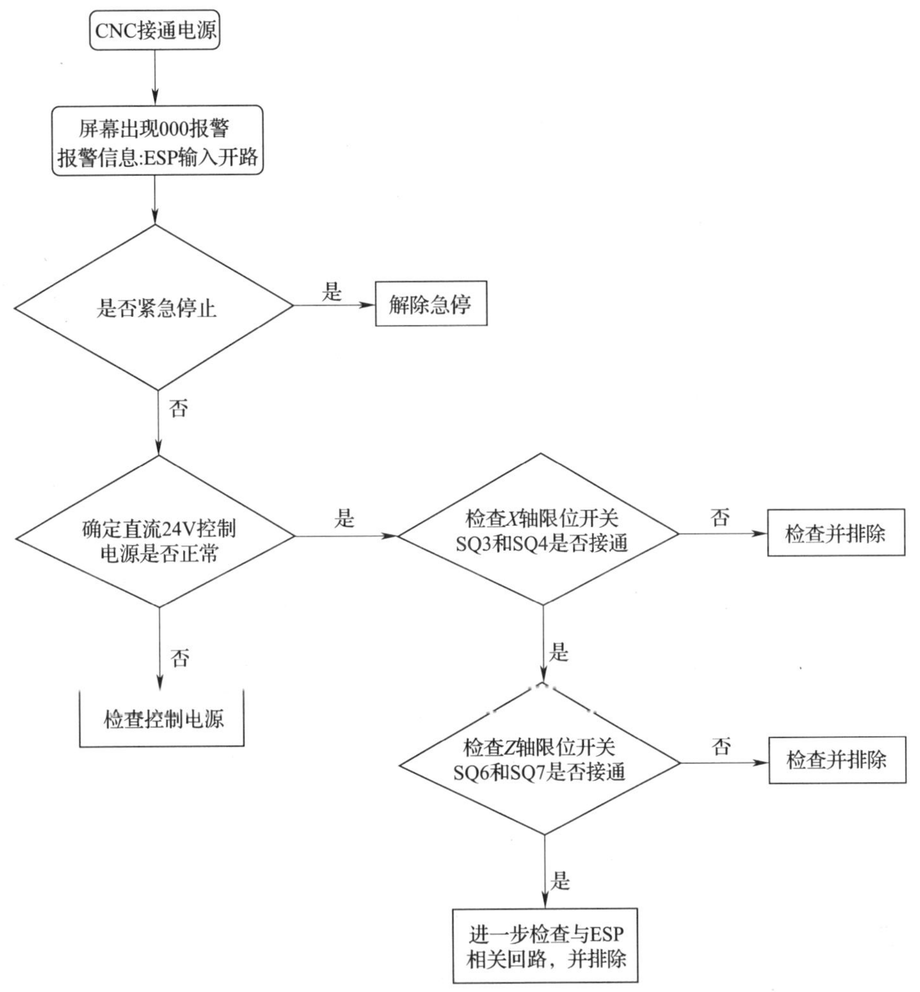

图 4—2—1　000 号报警故障分析与诊断流程图

故障二：系统出现 426 报警，驱动器显示 13 号报警

故障分析与诊断处理：当系统运行一段时间后，出现 426 号报警时，查看报警画面信息，此报警属于 *X* 轴驱动器报警，进一步查看 *X* 轴驱动器，发现驱动器 13 号报警，查阅相关报警信息和原理分析，按照图 4—2—2 所示流程图进行检查 。

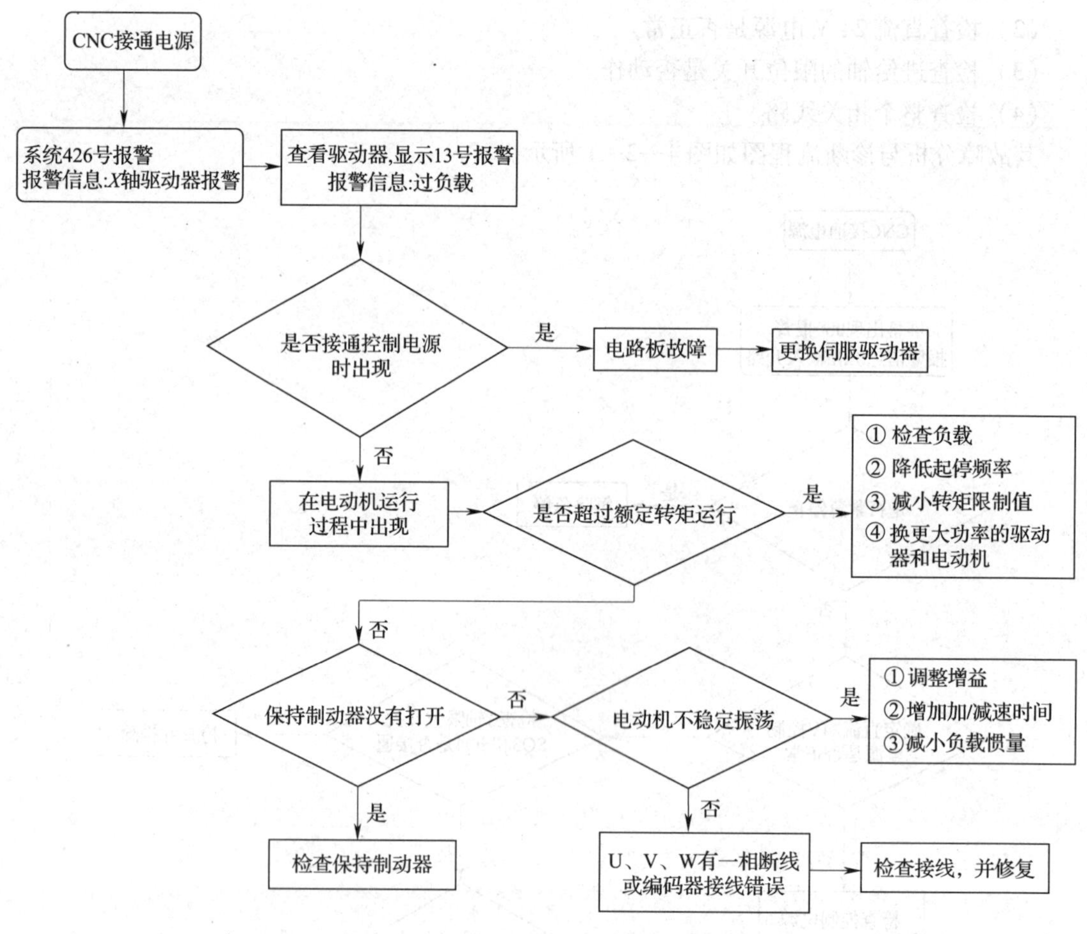

图 4—2—2　驱动器 13 号报警故障分析与诊断流程图

任务实施

一、任务准备

实施本任务所需要的实训设备及工具材料表见表 4—2—4。

表 4—2—4　实训设备及工具材料表

序号	设备与工具	序号与名称	数量
1	数控车床（GSK980TDb 系统）	CAK3665NJ	1 台
2	机床资料	数控车床电气说明书 、数控系统操作说明书	1 套
3	常用电工工具	自定	1 套
4	仪器仪表	自定	1 套

二、GSK980TDb 型数控系统的电气故障检修

1. 设置故障

（1）设置数控系统出现“急停报警”故障。

（2）设置进给伺服驱动系统“13 号报警”故障。

①由教师或同组学生参照故障诊断实例人为设置故障，以便于学生按照教材中提供的检修流程进行模拟训练。

②设置故障时，必须在停电情况下进行，切忌更改线路和损坏元件等，以确保人身和设备安全。

2. 检修步骤

（1）数控系统出现“急停报警”故障的检修步骤，可参考图 4—2—1 所示的流程图进行逐一的检查，直到找到故障点，并详细填写故障检修记录单（表 4—2—5）。

（2）数控进给伺服驱动系统出现“13 号报警”故障的检修步骤，可参考图 4—2—2 所示的流程图进行逐一的检查，直到找到故障点，并详细填写故障检修记录单（表 4—2—6）。

（3）修复故障，并通电试运行。

（4）检修完毕，切断电源，清扫场地。

三、故障检修记录填写

在表 4—2—5 和表 4—2—6 中填写数控系统故障检修记录。

表 4—2—5　　数控系统出现“急停报警”故障检修记录单

<table>
<tr><td>维修时间</td><td colspan="2"></td><td>维修人员</td><td></td></tr>
<tr><td>设备名称</td><td colspan="2">数控车床</td><td>设备型号</td><td></td></tr>
<tr><td>故障现象</td><td colspan="4"></td></tr>
<tr><td rowspan="5">诊断与维修</td><td>可能故障部位</td><td>是否正常</td><td>排除方法</td><td>维修用零配件</td></tr>
<tr><td></td><td></td><td></td><td></td></tr>
<tr><td></td><td></td><td></td><td></td></tr>
<tr><td></td><td></td><td></td><td></td></tr>
<tr><td></td><td></td><td></td><td></td></tr>
<tr><td>维修小结</td><td colspan="4"></td></tr>
<tr><td>修后试运行
确认维修结果</td><td colspan="4"></td></tr>
</table>

表 4—2—6　　数控进给伺服驱动系统出现“13 号报警”故障检修记录单

维修时间			维修人员	
设备名称	数控车床		设备型号	
故障现象				
诊断与维修	可能故障部位	是否正常	排除方法	维修用零配件
维修小结				
修后试运行 确认维修结果				

任务测评

完成任务后，学生先按照表 4—2—7 进行自我测评，再由指导教师评价审核。

表 4—2—7　　测评表

序号	项目	考核内容及要求	配分	评分标准	扣分	得分
1	材料准备	检查工具（5 分）、资料（5 分）是否准备齐全	10	1．工具不齐全，每少一件扣 1 分 2．资料不齐全，扣 5 分		
2	故障现象勘察	1．通电前，检查机床外观、电气元件（5 分） 2．正确通电试运行（5 分） 3．正确描述故障现象（5 分）	15	1．不能全面检查机床外观、电气元件，每漏检一处扣 1 分 2．不能正确通电试运行，扣 5 分 3．不能正确描述故障现象，扣 5 分		
3	故障原因分析	1．故障分析思路正确、清晰（5 分） 2．故障原因分析正确、完整（15 分） 3．正确查阅资料（5 分）	25	1．思路不清晰或不正确，扣 5 分 2．不能正确分析故障原因或分析不完整，每错一处扣 3 分 3．不能正确查阅资料，扣 5 分		

续表

序号	项目	考核内容及要求	配分	评分标准	扣分	得分
4	故障处理	1. 对故障部位进行维修（25分） 2. 试运行，对维修效果进行验证（5分）	30	1. 工具使用不正确，扣5分 2. 停电不验电，扣5分 3. 思路不清晰，扣10分 4. 工时控制不合理，扣5分 5. 不会试运行或维修试运行结果不正确，扣2分 6. 查出故障而不能进行故障修复的，扣3分		
5	安全文明生产	应符合国家安全文明生产的有关规定	10	违反安全文明生产有关规定不得分		
6	实操过程记录	填写清晰、准确	10	填写不清晰或不准确，不得分		
指导教师评价					总得分	

知识拓展

数控机床进给伺服驱动系统故障检修实例

【故障实例1】

故障现象：某配套 SINUMERIK 802S 系统的数控机床，步进电动机不转动（屏幕显示位置在变化，而且驱动器上标有 RDY 的绿色发光管亮）。

故障分析与诊断：报警灯 RDY 的绿色发光管亮，表明驱动就绪。此时，电动机不转动的原因主要是系统工作在程序测试 PRT 方式（自动方式下“程序控制”设定）或驱动器故障。首先在自动方式下，选取“程序控制”子菜单，查看“程序测试”正常；怀疑驱动器有问题，用替换法进一步检测，确定驱动器有故障，更换驱动器后故障排除，机床恢复正常。

【故障实例2】

故障现象：一台配套 FAGOR 8025MG 系统，型号为 XK5038－1 的数控机床，*X* 轴报警，显示器显示“X axis not ready”。

故障分析及处理：停电半小时后启动机床，无报警；机床空运行时正常，但刚切削加工即报警，故怀疑 *X* 轴伺服驱动单元有问题。打开电气柜检查 *X* 轴伺服单元，发现 *X* 轴有一个输出端子发黑，怀疑由于氧化造成接触不良。停电半小时后（伺服单元内有大容量电容，让其将电放掉，以防触电和损坏），用砂纸将 *X* 轴端子打磨光亮，拧紧后开机试切削，故障消除。

【故障实例 3】

故障现象：某配套 FANUC 0M 系统的立式加工中心，*X* 轴快速移动时出现 414 和 410 号报警。

故障分析及处理：414 和 410 号报警的含义是“速度控制 OFF”和“*X* 轴伺服驱动异常”。鉴于此机床在故障出现后能通过重新启动消除，但每次执行 *X* 轴快速移动时就报警，故初步判定故障与伺服电动机有关。检查伺服电动机电源线插头，发现存在相间短路，重新连接后，故障排除。

【故障实例 4】

故障现象：某配套 GSK980M 系统的数控磨床，在进行多次维修和长时间不用后，发现 *Y* 轴在运动过程中有明显的爬行。

故障分析及处理：经检查，发现当手轮移动 *Y* 轴 0.1 mm 时，工作台连续移动 0.7 mm 左右后再以另一种速度缓慢移动至 0.1 mm，因此可能是由于移动速度太快或工作台阻力太大引起的故障。调整机床导轨镶条并减小工作台移动速度，故障未排除。在多次运行后发现每次工作台慢速移动的距离都差不多。打开参数页面，发现 029 号参数（*Y* 轴直线加/减速时间常数）为 600，而对于步进电动机来说一般设定为 450。修改后再试，故障排除。

【故障实例 5】

故障现象：某配套 GSK980M 系统的数控机床，在自动或手动运行时，*X* 轴经常产生失步现象。

故障分析及处理：本机床配置为 GSK980M + 步进驱动。失步是步进电动机传动的特点之一，当阻力或速度超过某一固定值时，步进电动机传动常会产生失步现象。因此，降低 *X* 轴移动速度，重新运行，发现在某一位置仍会产生失步。排除该原因后进一步检查导轨与工作台的工作阻力，加大液压泵的供油压力，使工作台处于悬浮状态，试验后发现故障依然存在。断电后卸下同步带轮，手动旋转滚珠丝杠，发现在某一点处阻力稍大，拆下滚珠丝杠维修，发现在丝杠螺母中有一粒滚珠受损。更换滚珠重新装配后，故障排除。

【故障实例 6】

故障现象：一台配套 FANUC 0M 系统的加工中心，机床启动后，在自动方式下运行，CRT 显示 401 号报警。

故障分析与诊断：FANUC 0M 系统出现 401 号报警的含义是“轴伺服驱动器的 VRDY 信号断开，即驱动器未准备好”。根据故障的含义以及机床上伺服进给系统的实际配置情况，维修时按下列顺序进行检查与确认。

（1）检查 L/M/N 轴的伺服驱动器，发现驱动器的状态指示灯 PRDY、VRDY 均不亮。

（2）检查伺服驱动器电源 AC100 V、AC18 V 均正常。

（3）测量驱动器控制板上的辅助控制电压，发现 ±24 V、±15 V 异常。

根据以上检查，可以初步确定故障与驱动器的控制电源有关。仔细检查输入电源，发现 *X* 轴伺服驱动器上的输入电源熔断器电阻大于 2 MΩ，远远超出规定值。经更换熔断器后，再次测量直流辅助电压，±24 V、±15 V 恢复正常，状态指示灯 PRDY、VRDY 均恢复正常。重新运行机床，401 号报警消失。

【故障实例 7】

故障现象：某配套 FANUC 0i 系统、αi 系列伺服驱动器的立式数控铣床，在自动加工过程中突然出现 ALM414、ALM411 报警。

故障分析与诊断：FANUC 0i 系统发生 ALM411 报警的含义是“移动过程中位置偏差过大”；ALM414 报警的含义是“数字伺服报警（Z－Axis DETECTION SYSTEM ERROR）”。

检查 *Z* 驱动器显示“8”，表明 *Z* 轴 IPM 报警，可能的原因是 *Z* 轴过电流、过热或 IPM 控制电压过低。利用系统诊断参数 DGN200 检查发现 DGN200 Bit5＝1，表明 *Z* 轴驱动器出现过电流报警。

根据以上诊断、检查，可以初步确认故障原因是 *Z* 轴过电流。考虑到机床的伺服进给系统为半闭环结构，维修时脱开了电动机与丝杠间的联轴器，手动转动丝杠，发现该轴运动十分困难，由此确认故障原因在机械部分。进一步检查机床机械部分，发现 *Z* 导轨表面无润滑油，检查机床润滑系统的定量分油器，确认定量分油器坏。更换定量分油器后，通过较长时间的手动润滑，保证 *Z* 导轨润滑良好后，再次开机试验，报警消失，机床恢复正常工作。

【故障实例 8】

故障现象：某配套 SIEMENS 802D 系统的数控铣床，开机时不定期地出现伺服驱动器（611U）报警 B507、B508 等，机床停机后重新启动，通常可以恢复正常工作。

故障分析与诊断：611U 伺服驱动器报警 B507、B508 的含义如下：B507 表示电动机转子位置检测错误，B508 表示脉冲编码器“零位”信号出错。

以上两个报警都与编码器检测信号有关，一般情况下是属于编码器故障，通常应更换编码器解决。但是，在本机床中，由于重新启动系统后，伺服故障能自动清除，而且只要启动完成，机床可以长时间正常工作，故可以认为故障的真正原因并非编码器存在故障，而是由其他原因引起的。仔细观察发现，该机床的伺服驱动器在开机通电后，可以自动进入 RUN 状态，表明驱动器可以通过硬件的自检，进一步证明编码器无故障。

仔细检查伺服驱动器的故障发生过程，发现故障每次都是在驱动器“驱动使能”信号加入的瞬间发生，若此时无故障，则机床就可以正常启动并工作。因此，分析原因可能是由于伺服系统电动机励磁加入的瞬间干扰引起的。进一步检查发现，该机床的第四轴（数控转台）电动机是使用中间插头连接的，电动机的电枢屏蔽线在插头处未连接。经重新连接后故障现象消失，机床恢复正常。

【故障实例 9】

故障现象：某配套 SIEMENS 802D 系统的数控铣床，开机时出现 ALM380500 报警，驱动器显示报警号 B504。

故障分析与诊断：611U 伺服驱动器出现 B504 报警的含义是“编码器的电压太低，编码器反馈监控生效”。经检查，开机时伺服驱动器可以显示“RUN”，表明伺服驱动系统可以通过自检，驱动器的硬件应无故障。经观察发现，故障过程与故障实例 8 相同，即每次报警都是在伺服驱动系统“使能”信号加入的瞬间出现，因此，分析原因可能是由于伺服系统电动机励磁加入的瞬间干扰引起的。重新连接伺服驱动的电动机编码器反馈线，并进行正确的接地连接后，故障排除，机床恢复正常。

【故障实例 10】

故障现象：某配套 GSK980M 系统的数控磨床，在自动加工过程中，CNC 经常出现 ALM33 报警。

故障分析与诊断：GSK980M 系统 ALM33 号报警的含义是“*Z* 轴指令速度过大”。本机床为专用数控机床，*Z* 轴用于修整砂轮，当每次修整砂轮时，就会产生该报警。报警产生的原因通常是由于系统的参数设定不合适，但检查系统参数未发现问题，调整 *Z* 轴运动速度，报警仍然出现。进一步测量电动机三相绕组，发现其三相绕组的电阻值分别为 0.6 Ω、1.1 Ω 和 1.4 Ω，这显然不正确，拆下电动机后检查，发现该电动机引出线和内部绕组绝缘层已多处受损。更换电动机后，故障排除。

【故障实例 11】

故障现象：一台 THM6350 卧式加工中心，采用 FANUC 0i－M 数控系统。在加工过程中，出现机床运动的实际尺寸与给定值不符，无报警信息。

故障分析与诊断：维修时询问机床操作者，该机床在此故障前曾发生过“在操作轴运动时数显变化而实际位置不动，检查发现是带轮被拉断所致。更换带轮后，对轴零点偏置（参数 1850）进行了修正。试运行便发现了实际值与给定值不符的现象”。此类故障通常有三种可能原因：一是位置环问题，这其中包括如光栅尺、编码器及它们的连接电缆故障，也可能是伺服模块级的故障；二是数控参数问题，如进给单位（公制与英制）、检测倍乘比参数的设置是否发生了变化；三是机械上存在一定的阻力或连接松动所致。以上述原因分析为依据，由易到难逐一进行检查排除。经查，该故障是由于进给单位的参数设置由原来的公制变成了英制，即参数 1001#0 由“0”变成了“1”。将参数改回“0”后，机床恢复正常。

【故障实例 12】

故障现象：某采用 YASKAWAJ 50M 系统的加工中心，配套安川 ΣⅡ伺服驱动器，在开机调试时，三轴伺服电动机出现异常声。

故障分析与诊断：数控机床进给伺服系统电动机出现异常声，在系统部件无故障时，通常与进给系统的设定与调整有关，当系统速度环增益设定过高，积分时间设定不合适时，将出现以上现象。在安川 ΣⅡ伺服驱动器中，参数 Cn－04、Cn－05 用于调整速度环的增益与积分时间，在本机床上，改变参数 Cn－04 的设定值（由 80 改为 60）后，伺服电动机异常声消除，机床恢复正常。

思考与练习

一、填空题（将正确答案填在横线上）

1. DA98B 交流伺服驱动器的电源输入端 R、S、T 接入三相__________电压。

2. 在 GSK980TDb 系统中，进给伺服轴的移动位置超出可由参数__________、__________设定安全区域。

3. 进给伺服驱动系统故障报警通常有三种方式：一是__________；二是__________；三是__________。

4. 产生高电压报警的主要原因有__________、__________、__________。

5. DA98B 驱动器出现过热报警的原因有__________、__________、__________。

6. 引起伺服电动机不转的原因有__________、__________、__________、__________、__________。

二、选择题（将正确答案序号填在括号里）

1. 当伺服单元反馈信号电缆断线时，会出现（　　）报警。

A. 速度反馈断线报警　　B. 低压报警　　C. 大电流报警　　D. 以上都是

2. 产生电压过低报警的原因有（　　）。

A. 输入的交流电源过低

B. 伺服变压器与伺服单元之间连接不良

C. 伺服单元印制线路板接触故障

D. 以上都是

3. 下列故障能引起驱动模块 +24 V 电压低的有（　　）

A. 外部 DC24V 电压过低　　B. 环境温度过高

C. 主回路缺相　　D. 电源输入过高

三、简答题

1. 造成机床失控的主要原因有哪些?

2. 机床进给时出现振动的主要原因有哪些?

任务 3　位置检测系统故障检修

学习目标

1. 熟悉位置检测装置的要求与类型。
2. 掌握常用脉冲编码器、光栅和感应同步器的结构、工作原理及使用。
3. 了解旋转变压器和磁栅尺的结构、工作原理及应用。
4. 掌握位置检测系统常见故障分析与诊断。
5. 能够对数控机床位置检测故障进行排除。

任务引入

通过前面几个任务的学习已经了解到数控机床的特性之一就是高精度，而要想实现数控机床的高精度，就必须依靠高质量的位置检测元件。本任务是在认识位置检测元件基础上，掌握位置检测元件的故障表现形式，学会位置检测元件的故障检修。

相关知识

一、数控机床位置检测装置的要求

检测元件是数控机床闭环伺服系统的重要组成部分，它的作用是检测位移、角位移和速度的实际值，把反馈信号传送回数控装置或伺服装置（构成闭环控制）。与数控装置发出的指令信号相比较，若有偏差，经放大后控制执行部件，向消除偏差的方向运动直至偏差等于零为止。在数控机床的闭环控制中，检测装置是保证机床工作精度和效率的关键，用于数控机床的检测装置应满足下列要求：

（1）工作可靠、抗干扰能力强，受温度和湿度等环境因素的影响小。

（2）满足精度和速度的要求。其分辨率应在 0.001～0.01 mm 内，测量精度应满足 ±0.002～0.02 mm/m，运动速度应满足 0～50 m/min。

（3）满足测量精度、检测速度和测量范围的要求。

（4）使用和维修方便、成本低，适合机床的工作环境。

二、位置检测装置的分类

位置检测装置根据被测物理量的不同，可分为直线位移测量装置和旋转角位移测量装置。按检测信号不同，可分为模拟式和数字式两种。

数控机床中常用的位置测量元件见表 4—3—1。

表 4—3—1　数控机床中常用的位置测量元件

类型	数字式	模拟式
旋转式	光电编码器和圆光栅	旋转变压器和圆形感应同步器
直线式	直线光栅尺、激光干涉仪和编码尺	直线感应同步器和磁栅尺

半闭环控制的数控机床的位置检测元件一般是脉冲编码器和旋转变压器。闭环控制的数控机床的位置检测元件一般是光栅、感应同步器和磁栅尺等直线位移装置。

三、常用位置检测元件的原理与使用

1. 脉冲编码器

脉冲编码器是一种旋转式测量元件，通常装在被检测轴上，随被测轴一起转动，可将被测轴的角位移转换成电脉冲。脉冲编码器根据内部结构和检测方式分类，可分为接触式、光电式和电磁式三种；按照编码方式，可分为绝对式编码和增量式编码两种。

（1）增量式光电编码器

1）结构

图 4—3—1 所示为增量式光电编码器的外形与结构示意图。它主要由转轴、LED 光源、光栏板、零标志槽、光敏元件、光电盘、印制电路板和电源及信号连接座等组成。光电盘可用玻璃研磨抛光制成，再在玻璃表面镀一层不透明的铬，然后用照相腐蚀法制成狭缝用于透光，狭缝的数量可以为几百条或几千条。也可以用精致的金属圆盘，在圆周上开出一定数量的等分圆槽缝或在一定的圆周上钻出一定数量的孔，使圆盘形成相等数量的透明或不透明区域。

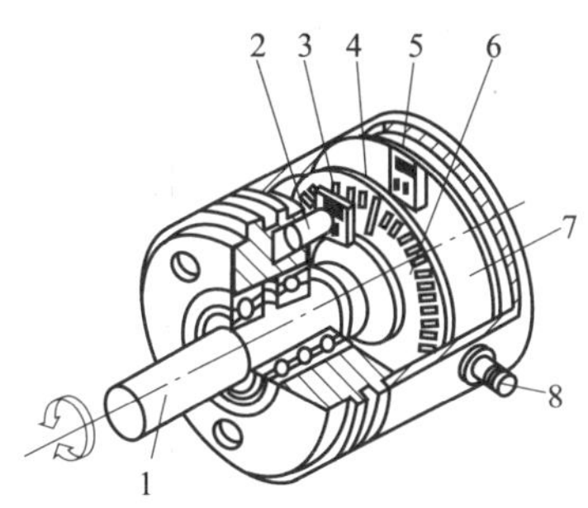

图 4—3—1　增量式光电编码器的外形与结构示意图

1—转轴　2—LED 光源　3—光栏板　4—零标志槽　5—光敏元件　6—光电盘
7—印制电路板　8—电源及信号线连接座

2）工作原理

增量式光电编码器是以脉冲形式输出的传感器，能够把回转件的旋转方向、旋转角度和旋转速度准确检测出来。图 4—3—2 所示是增量式光电编码器的工作原理图。

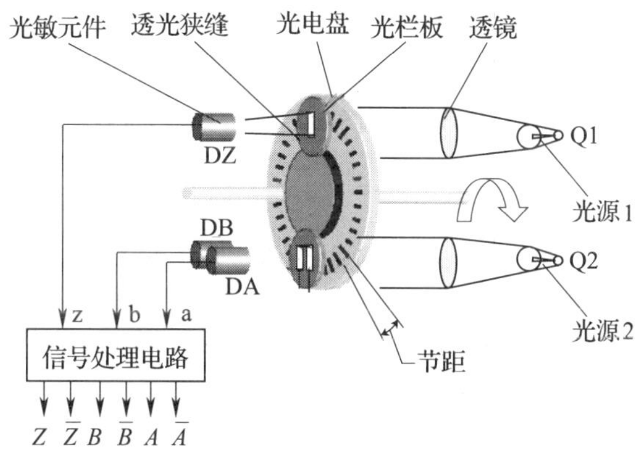

图 4—3—2　增量式光电编码器的工作原理图

在可转动的光电圆盘上刻有许多节距相等的辐射状窄缝，与它相对应的是两组静止不动的光栏板窄缝群，这些窄缝群的节距与圆盘节距相等，窄缝宽度占节距一半。两组静止的窄缝群位置相互错开 1/4 节距，这样，就可保证当一组窄缝群全部遮住光电圆盘狭缝时，另一组窄缝群刚好遮住光电圆盘上狭缝的一半。由于当光电圆盘转动时，从两组检测窄缝上通过的光强度呈正弦规律变化，因此装在检测窄缝对面的光电接收器上产生的电流也呈正弦规律变化。由于两组检测窄缝相差 1/4 节距，所以 DA、DB 两个光电接收器输出波形在相位上相差 90°。图 4—3—2 中 Q1、Q2 为光源，DA、DB、DZ 为光电组件。当光电圆盘旋转一个节距时，在光源照射下，在光电组件 DA 和 DB 上得到图 4—3—3a 所示的光电波形输出，A、B 信号为具有 90°相位差的正弦波，这组信号经信号处理电路的放大和整形，得到图 4—3—3b 所示的输出方波。A 相比 B 相超前 90°，设 A 相超前 B 相时为正方向旋转，则 B 相超前 A 相时就是反方向旋转。利用 A 相与 B 相的相位关系，可以判别编码器的旋转方向。Z 相产生的脉冲为基准脉冲，又称零点脉冲，它是圆盘旋转一周在固定位置上产生的一个脉冲，可以作为坐标原点的信号，车削螺纹时作为刀点的信号。

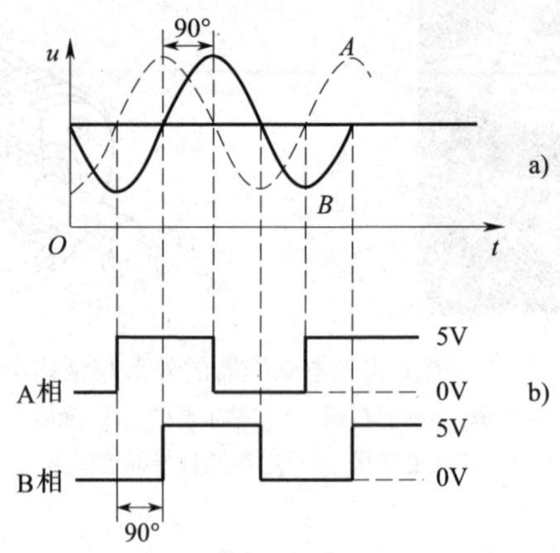

图 4—3—3　增量式光电编码器的波形

3）特点

①增量编码器是无法输出轴转动的绝对位置信息的，而只能反映两次读数之间转轴角位移的增量。

②增量编码器原理构造简单，机械平均寿命可在几万小时以上，抗干扰能力强，可靠性高，适用于长距离传输。

（2）绝对式脉冲编码器

增量式编码器的缺点是有可能由于噪声或其他外界干扰产生计数错误。若因停电、刀具破损而停机，则事故排除后不能再找到事故前执行部件的正确位置。采用绝对式编码器可以克服这个缺点，它可以直接把被测转角用数字代码表示出来，且每一个角度位置均有其对应的测量代码，因此这种测量方式即使断电或切断电源，也能读出转动角度。

1）结构

绝对式光电编码器的结构如图 4—3—4 所示。它主要由光源、柱面镜、码盘、扫描刻线板和光电池等组成。

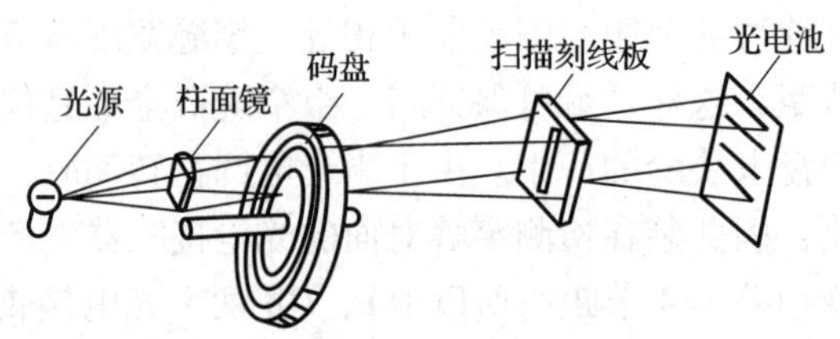

图 4—3—4　绝对式光电编码器的结构

2）工作原理

绝对式编码器是直接输出数字信号的传感器，在它的圆形码盘上沿径向有若干同心码盘，码道上刻有按一定规律分布的透明区和不透明区；扫描刻线板上有一条径向狭缝，光电池的排列与扫描刻线板上的狭缝平行对齐，且与码道一一对应。当光源发出的光经过柱面镜聚光后投射到码盘上时，通过透明区的光线经过狭缝形成一束很窄的光束投射到光电池上，此时处于亮区的光电池输出为“1”，处于暗区的光电池输出为“0”，光电池组输出按一定规律编码的数字信号表示了码盘轴的转角大小。输出数字信号通过信息处理电路的放大、鉴幅（鉴别“1”“0”电平）、整形、锁存与译码等电路，输出为自然二进制代码，该代码经控制计算机处理，可辨别出码盘的实际位置。由于码盘轴的每一个位置都有其特定的编码值，因此这种码盘被称为绝对式光电编码盘。

按其码制可分为二进制码、循环码、十进制码、六十进制码等。图 4—3—5 所示为 4 位二进制码盘和二进制循环码盘（格雷码盘）。

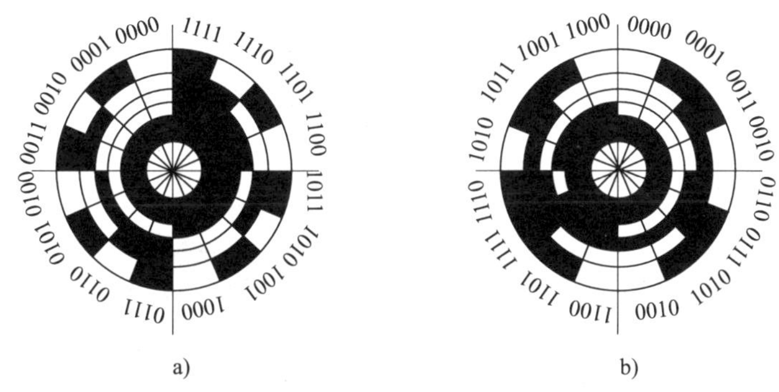

图 4—3—5 编码器码盘

a）二进制码盘 b）二进制循环码盘（格雷码盘）

①二进制编码器的特点：码盘上有许多同心圆环，称为码道，整个圆盘又分为若干个等分的扇形区段，每一相同的扇形区段的码道组成一个数码，着色的码道为“1”，未着色的码道为“0”，内环码道为数码的高位的规律组成二进制编码如图 4—3—5a 所示。若码盘顺时针方向转动，就可依次得到 0000、0001、0010…1111 的二进制代码输出，并且每一代码均各自代表每一确定的位置。

②二进制循环码编码器的特点：n 位循环码盘，有 $2n$ 个不同的编码，分辨率为 360°/$2n$；当码盘转到相邻的区域时，任意相邻的两个二进制数之间只有一位是不同的，最末一个数与第一个数也是如此循环，如图 4—3—5b 所示。在译码器中不易产生误读。即使制作和安装不很准确，产生的误差也不可能超过码盘自身的分辨率。

由于制造精度、安装质量或工作过程中的意外原因，二进制代码码盘有时会引起读码错误，因此码盘常采用二进制循环编码方式，从而提高了读数的可靠性。

3）特点

①绝对式编码器没有累积误差。

②电源切除后位置信息不会丢失，可以直接读取角度坐标的绝对值，不必“寻零”。

（3）光电编码器在数控机床上的应用

1）编码器是数控车床加工螺纹时必不可少的检测元件。常用的编码器有光电编码器和磁栅编码器，图 4—3—6 所示是光电编码器在数控车床主轴上的应用。其光电编码器的工作轴安装在与数控车床的主轴同步转动的位置上，可准确地测量出车床主轴的转数及旋转零点的位置，并以脉冲的方式将这些信号送入数控装置中，以便进行螺纹插补运算及控制。

2）在数控机床进给伺服控制系统中，大多采用光电式增量脉冲编码器，安装形式有两种：一种是与驱动电动机同轴连接，称为内装式编码器；另一种是将编码器安装在传动链的末端，称为外装式编码器。在进给伺服控制系统中，利用编码器测量伺服电动机的转速、转角，并通过伺服控制系统控制其各种运行参数，如图 4—3—7 所示。*X* 轴和 *Z* 轴端部分别配有光电编码器，用于角位移测量和数字测速，角位移通过丝杠螺距能间接反映拖板或刀架的直线位移。根据脉冲的数目可得出被测轴的角位移；根据脉冲的频率可得出被测轴的转速；根据 A、B 两相的相位超前、滞后关系可判断出被测轴的旋转方向。

图 4—3—6　光电编码器在数控车床主轴上的应用

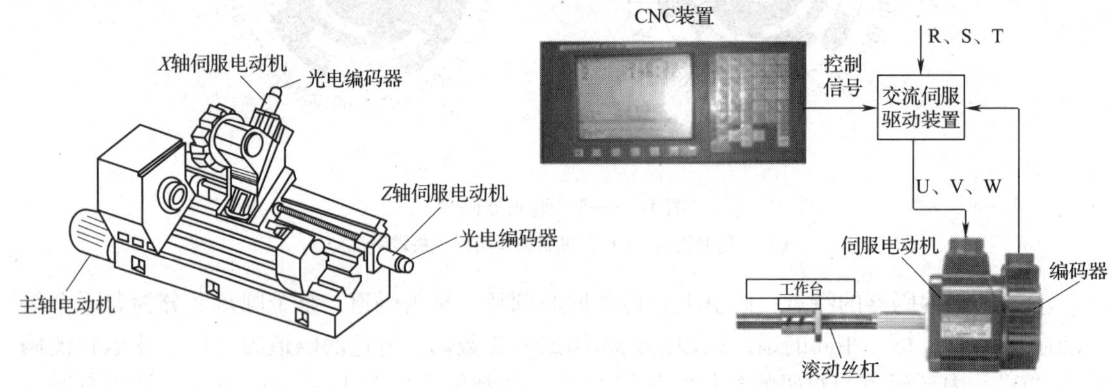

图 4—3—7　编码器在数控进给伺服系统中的应用

（4）编码器使用注意事项

1）由于旋转编码器是由精密器件构成的，故当其受到较大的冲击时，可能会损坏内部功能，因此安装时不要给轴施加直接的冲击。

2）编码器轴与机器的连接不要采用硬连接，而应使用柔性连接器。

3）不要将旋转编码器进行拆卸，这样做将会降低防油和防滴性能。防滴型产品不宜长期浸在水、油中，表面有水、油时应擦拭干净。

4）配线应在电源 OFF 状态下进行，注意电源的极性，不要把输出线与电源线短路，否则会损坏输出回路。

5）配线时，应远离高压线、动力线并尽量用最短距离配线，避免各种感应信号造成误动作或损坏编码器。

6）避免因导体电阻及线间电容的影响。为避免产生信号间的干扰，应采用电阻小、线间电容低的双绞线或屏蔽线。

2. 光栅

光栅是根据莫尔条纹原理制成的一种脉冲输出数字式传感器，它广泛应用于数控机床等闭环系统的线位移和角位移的自动检测以及精密测量，测量精度可达几微米。只要能够转换成位移的物理量，如速度、加速度、振动、变形等，均可测量。

（1）光栅的种类

数控机床上常采用计量光栅。计量光栅可分为透射式光栅和反射式光栅两大类。透射式光栅通常是指在玻璃表面的感光材料涂层上按一定间隔制成透光和不透光的条纹；反射式光栅是指在金属光洁的表面上按一定间隔制成全反射和漫反射的条纹。

计量光栅按形状又可分为长光栅和圆光栅。长光栅是指用于测量线位移的矩形光栅，其随被测长度增加而加长，如图 4—3—8a 所示；圆光栅是指在玻璃圆盘的外环端面上，制作黑白相间、间隔相等的线纹，其是用于测量角位移的光栅，如图 4—3—8b 所示。

a)

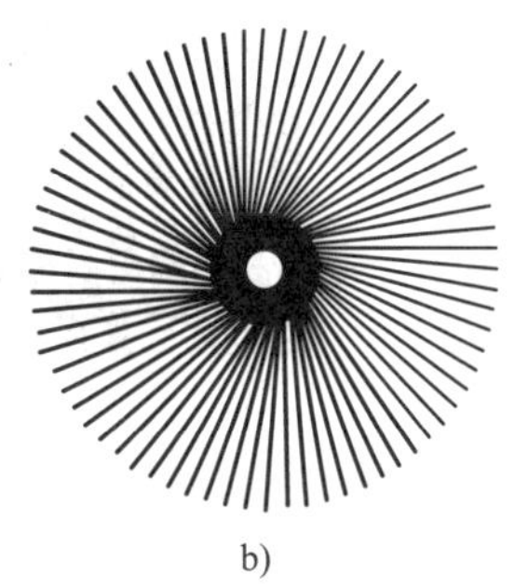

b)

图 4—3—8 计量光栅

a）长光栅 b）圆光栅

（2）光栅的结构

数控机床上主要采用透射式直线光栅，它主要由光源、透镜、标尺光栅（主光栅）、指示光栅和光电接收元件组成，如图 4—3—9 所示。直线光栅通常为一长一短两个光栅尺配套使用，其中长光栅尺称为标尺光栅，是测量的基准；短光栅尺为指示光栅。两光栅尺是刻有均匀密集线纹的透明玻璃片，线纹密度为 25、50、100、250 条/mm 等，线纹之间距离相等。

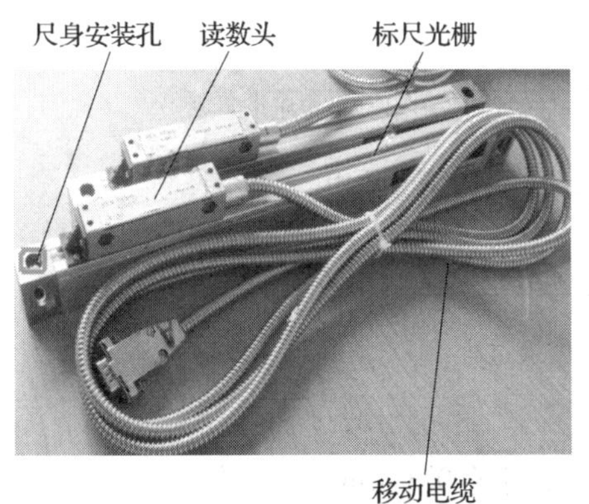

a)

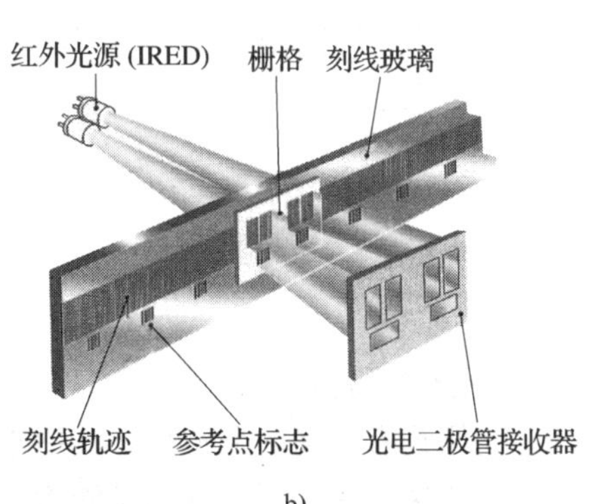

b)

图 4—3—9 直线式光栅外形和结构图

a）外形 b）结构

（3）光栅的工作原理

1）莫尔条纹

如果把两块具有相等栅距 W 的标尺光栅和指示光栅平行安装，且让它们的刻线在一个平面内有一个很小的夹角 θ，这样两块光栅的刻线相交，当平行光线垂直照射标尺光栅时，则在相交区域出现明暗交替、间隔相等的粗大条纹，称为莫尔条纹，如图 4—3—10 所示。当两光栅尺沿与刻线垂直的方向相对移动时，莫尔条纹沿刻线方向移动，当光栅尺移动一个栅距，莫尔条纹正好移动一个节距。这样，只要通过光电元件检测出莫尔条纹移动的数目和方向，就可以知道光栅移过了多少个栅距和移动的方向。

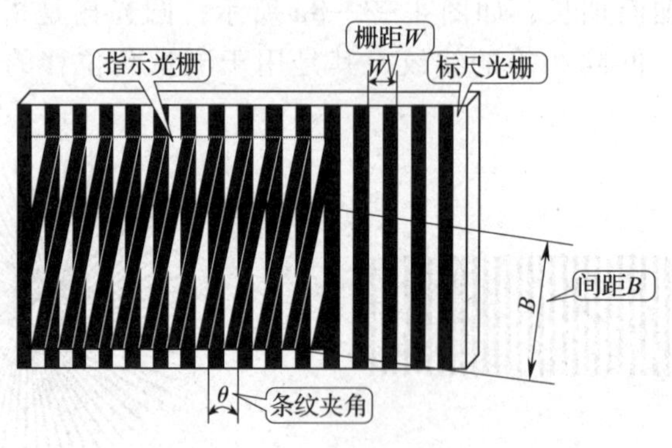

图 4—3—10　莫尔条纹

如果标尺光栅不动，将指示光栅逆时针方向转过一个角度（$+\theta$），然后向左移动，则莫尔条纹向下移动；向右移动，则莫尔条纹向上移动。若将指示光栅顺时针转过一个角度（$-\theta$），则情况与上述逆时针情况相反。

2）光栅的测量电路

光栅测量位移是通过光栅读数头将莫尔条纹的光信号转换成电脉冲信号，其信号的变换过程如图 4—3—11 所示。光栅读数头由光源、聚光透镜、指示光栅、光敏元件、信号处理电路（包括放大、整形和鉴相倍频）等组成，如图 4—3—12 所示。常见的光栅读数头有垂直入射式光栅读数头和反射式光栅读数头两种。

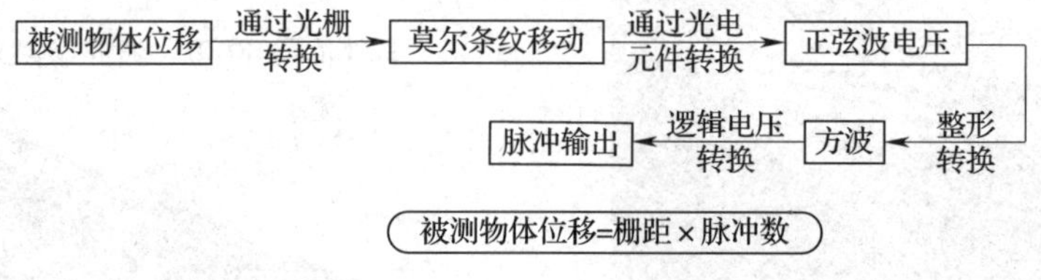

图 4—3—11　信号的变换过程

（4）光栅的特点

1）光栅具有很高的分辨率，其中直线光栅分辨率可达 0.1 μm。

2）响应速度快，可实现动态测量，易实现检测与数据处理的自动化。

3）使用环境要求高，油污及振动对其精度影响很大。

4）制造成本高。

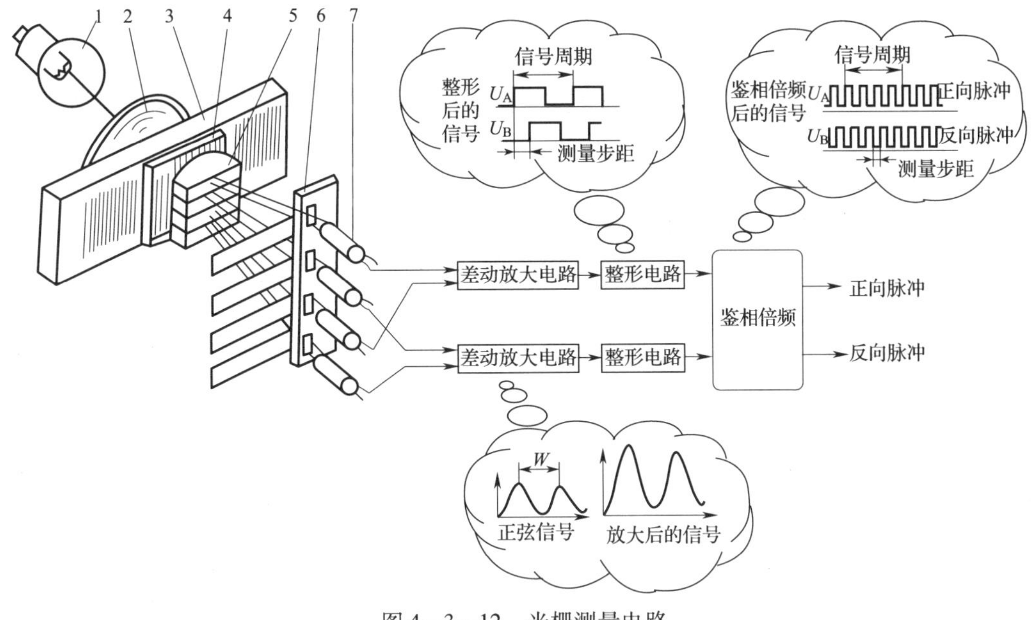

图 4—3—12　光栅测量电路

1—光源　2—聚光镜　3—标尺光栅　4—指示光栅　5—4 个聚光镜　6—狭缝　7—4 个光敏元件

(5) 光栅在数控机床上的应用

在数控机床闭环控制系统中，标尺光栅往往固定在床身上不动，而指示光栅则随拖板一起移动。测量时，它们相互平行放置，并保持 0.05 ~ 0.1 mm 的间隙。由于闭环控制系统包括了全部进给机构，因此它可以检测出机械传递误差并能在控制系统电路中给予修正。例如，由滚珠丝杠温度特性导致的位置误差、反向间隙、滚珠丝杠螺距误差导致的运动特性误差等。所以，在数控机床的中，它作为主要的位置检测元件，用于完成工作台的位移、速度和方向的检测。图 4—3—13 所示是光栅尺在数控铣床上的应用。

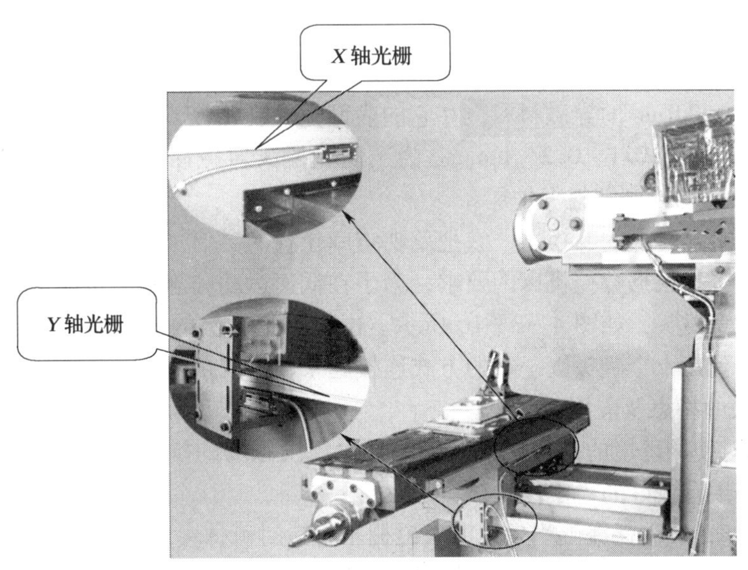

图 4—3—13　光栅尺在数控铣床上的应用

（6）光栅的使用注意事项

1）光栅传感器与数显表插头座插拔时应关闭电源后进行。

2）尽可能外加保护罩，严格防止任何异物进入光栅传感器壳体内部。及时清理溅落在尺上的切屑和油液，每隔一定时间用乙醇混合液（各50%）清洗擦拭光栅尺面及指示光栅面，保持光栅尺清洁，避免破坏光栅尺线条纹分布，引起测量误差。

3）定期检查各安装连接螺钉是否松动。

4）光栅传感器严禁剧烈振动及摔打，以免破坏光栅尺，如果光栅尺断裂，那么光栅传感器就失效了。

5）光栅传感器应尽量避免在有严重腐蚀作用的环境中工作，以免腐蚀光栅铬层及光栅尺表面，破坏光栅尺质量。

3．磁栅尺

磁栅尺是一种采用电磁方法记录磁波数目的高精度位置检测装置，如图4—3—14所示。

（1）结构和工作原理

磁栅尺由磁性标尺、磁头和检测电路组成，如图4—3—15所示。它是利用录磁的原理将一定周期变化的正弦波或脉冲电信号，用录磁磁头记录在磁性标尺的磁膜上，作为测量的基准。检测时，用拾磁磁头将磁性标尺上的磁信号转换成电信号，经过检测电路处理后，将计量磁头相对磁尺之间的位移量转化为控制信号输入到数控系统。

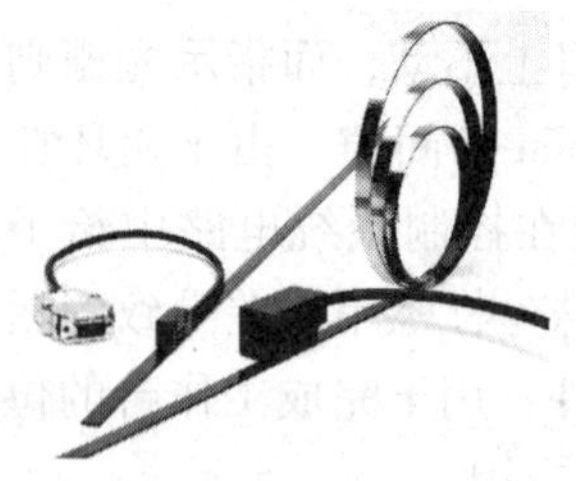

图4—3—14　磁栅尺外形图

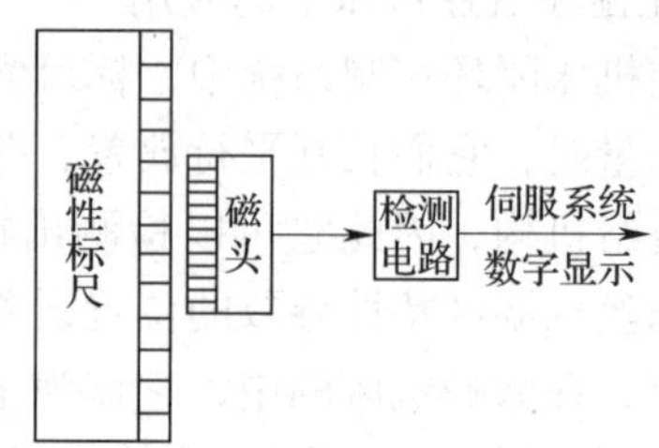

图4—3—15　磁栅尺的组成

磁性标尺是在非导磁材料如铜、不锈钢、玻璃或其他合金材料的基体上，涂敷、化学沉积或电镀一层10 ~ 20 um的导磁材料，在它的表面上录制相等节距周期变化的磁信号。磁信号的节距一般为0.05、0.1、0.2、1 mm。为了防止磁头对磁性膜的磨损，通常在磁性膜上涂一层厚1 ~ 2 mm的耐磨塑料保护层。

磁头是进行磁电转换的变换器，它把反映空间位置的磁信号检测出来，转化成电信号输送到检测电路中去。根据数控机床的要求，为了在低速运动和静止时也能进行位置检测，必须采用磁通响应型磁头，如图4—3—16所示。由于单个磁头的输出信号很小，因此在实际使用中常将几个到几十个磁头以一定的方式连接起来，组成多间隙磁头。

（2）磁栅尺的特点及应用

1）磁栅尺对使用环境的条件要求较低，且对周围磁场的抗干扰能力较强，在油污、粉尘较多的地方使用有较好的稳定性。

2）录制方便，成本低廉。当发现所录磁栅不合适时可抹去重录。

3）磁栅尺属于非接触式测量，安装维护方便、精度高。

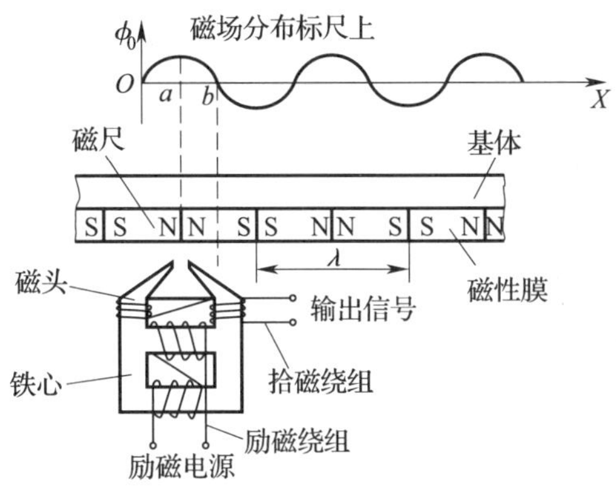

图 4—3—16　磁通响应型磁头

4）行程长，量程可达 30 m。在大型金属切削机床（如大型镗床和铣床）、水下测量、木材石材加工机床（工作环境粉尘很重）、金属板材压轧设备（大型成套设备）等方面广泛应用。

5）注意对磁栅传感器的屏蔽。磁栅外面应有防尘罩，防止铁屑进入，且不要在仪器未接地时插拔磁头引线插头，以防止磁头磁化。

4. 感应同步器

（1）感应同步器的结构

感应同步器是利用两个平面形绕组的电磁感应原理，将直线位移或转角位移转换成电信号的电磁式位置检测元件。感应同步器按其结构特点一般分为直线式和旋转式两种。

1）直线感应同步器

用于测量直线位移的感应同步器称为直线感应同步器，它由定尺和滑尺组成，如图 4—3—17 所示。定尺与滑尺平行安装，且保持一定间隙。安装时，定尺组件与滑尺组件安装在机床的不动部件（如床身）和移动部件（如工作台）上，滑尺安装在机床上，并自然接地。

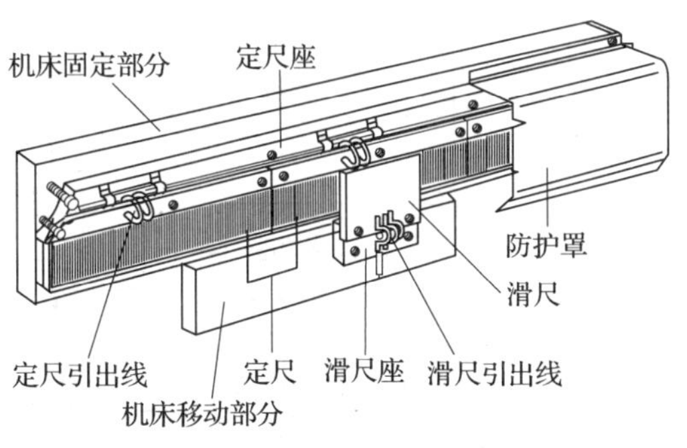

图 4—3—17　直线感应同步器

2）圆盘感应同步器

用于测量转角位移的感应同步器称为圆盘感应同步器，它由转子和定子组成，形状呈圆片形，如图 4—3—18 所示。圆盘感应同步器定子和转子绕组的制造工艺与直线感应同步器相同，它的定子相当于直线感应同步器的滑尺，它的转子相当于直线感应同步器的定尺。

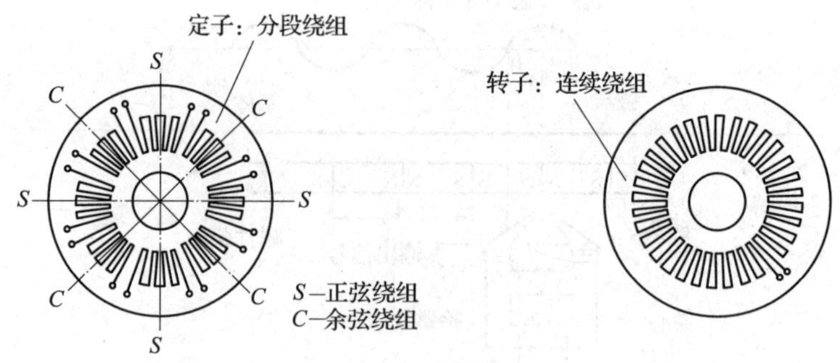

图 4—3—18 圆盘感应同步器

（2）直线感应同步器的工作原理

直线感应同步器的定尺和滑尺上的平面绕组面对面地相互平行放置，并要保持 0.25 ± 0.05 mm 的气隙。定尺上的感应电动势随滑尺相对于定尺的移动呈现周期性变化。因此，可以通过测量定尺中的感应电动势的大小和相位来确定定尺与滑尺的相对位置，从而控制机床工作台的移动。作为位置测量装置安装在数控机床上的感应同步器，有两种工作方式：鉴相式和鉴幅式。

1）鉴相式

在鉴相式检测系统中，感应同步器通过测量定尺中的感应电动势的相位来确定定尺与滑尺的相对位置。图 4—3—19 所示是鉴相式检测系统原理框图。

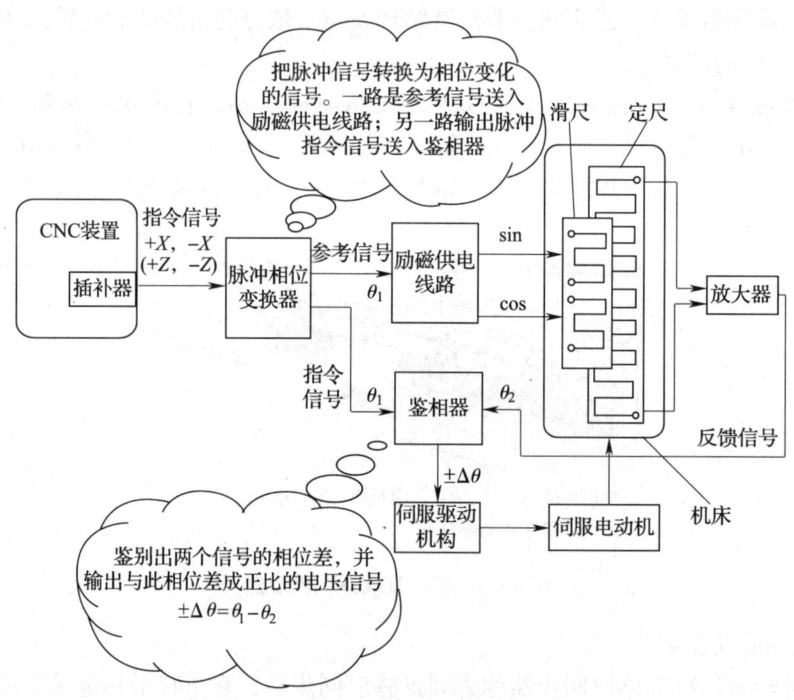

图 4—3—19 鉴相式检测系统原理框图

鉴相式伺服系统利用相位比较原理进行工作。当数控装置要求工作台向一个方向移动时，将产生一系列脉冲信号，产生的脉冲信号经过脉冲调相器转化为以基准信号为准的相位变化信号 θ_1，并作为指令信号送入鉴相器；测量装置及信号处理电路的作用是将工作台的位移量检测出来，并表达成与基准信号之间的相位差，也送入鉴相器。这两路信号同频率、同周期。鉴相器的作用就是鉴别这两路信号的相位差 $\Delta\theta=\theta_1-\theta_2$，并输出与此相位差成正比的电压信号。

如果相位差不为零，说明工作台实际移动距离与指令信号要求工作台移动的距离不相等。鉴相器检测出的相位差信号，经过放大送入速度控制单元，驱动电动机带动工作台向消除误差的方向移动。直到鉴相器检测出的相位差为零，输出电压也为零，工作台将停止移动，表明工作台的感应同步器的实际位置与指令信号要求的位置一致。

2）鉴幅式

在鉴幅式检测系统中，感应同步器根据输入和输出电压的幅值变化来确定滑尺和定尺的相对位移。图 4—3—20 所示是鉴幅式检测系统原理框图。

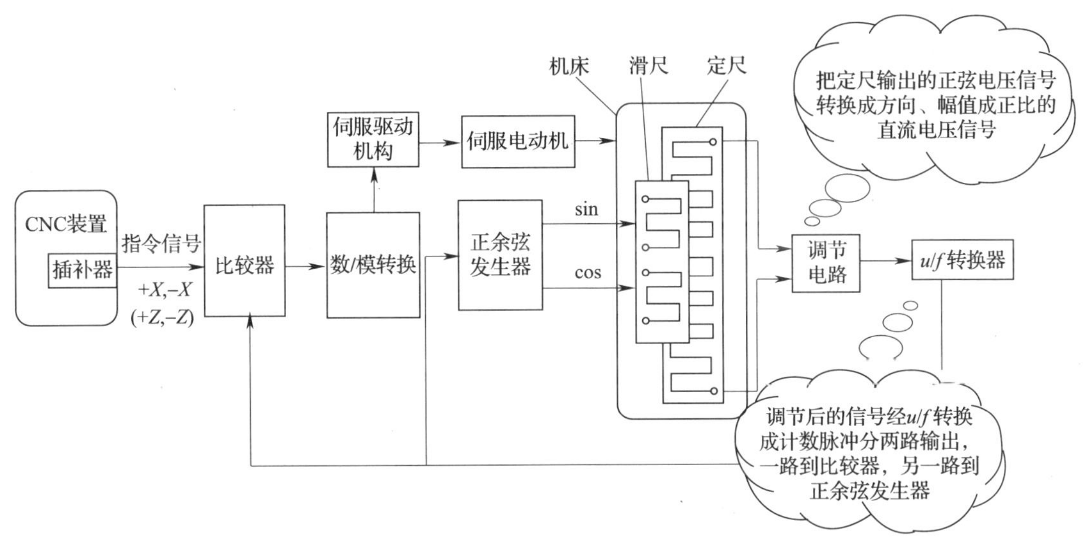

图 4—3—20　鉴幅式检测系统原理框图

在鉴幅式系统比较前，数控装置和测量装置的信号处理电路都是零脉冲输出，因此比较器的脉冲输出也为零，工作台静止。数控装置发出指令信号，要求工作台移动一定的位移量，比较器的输出不为零，经过数/模转换电路转换，数字脉冲信号转换成电压信号，经过放大，驱动伺服电动机带动工作台移动。同时，鉴幅式感应同步器产生感应电压信号，经过信号处理线路转换成数字脉冲信号，作为反馈信号传输给比较器。反馈信号与指令信号比较，如果两路信号相等，则比较器输出信号为零，工作台不移动；如果两路信号不相等，比较器输出的信号将驱动伺服电动机带动工作台继续移动，直到比较器输出信号为零为止，以消除实际移动距离与指令信号的差别。

（3）感应同步器的特点

1）感应同步器精度高、稳定性好。测量精度主要取决于尺子的精度。

2）测量长度不受限制。当测量长度大于250 mm时，可以采用多块定尺接长。在行程为几米到几十米的中型或大型机床中，工作台位移的直线测量，大多数采用直线式感应同步器来实现。

3）对环境的适应较高、维护简单、寿命长。感应同步器的定尺和滑尺互不接触，因此无任何摩擦、磨损，使用寿命长，且无须担心元件老化等问题。

4）抗干扰能力强、工艺性好、成本较低，便于复制和成批生产。

（4）感应同步器的使用注意事项

1）安装时，必须保持定尺和滑尺相对平行，两平面的间隙约为0.25 mm，滑尺移动时平行度误差应小于0.1 mm。

2）防止铁屑进入定尺和滑尺之间，以免损坏定尺表面。

3）连接线固定好，机床移动时不能让检测信号线受力，以免引起断线。

4）常用的标准型直线式感应同步器的定尺长度为250 mm，当测量长度超过250 mm时，可以将感应同步器的多块定尺接长使用，以满足测量范围的要求。

5. 旋转变压器

（1）结构与工作原理

旋转变压器是一种电磁式传感器，用来测量旋转物体的转轴角位移和角速度，它是一种小型交流电动机，结构与两相绕线式异步电动机相似，由定子和转子组成，如图4—3—21所示。旋转变压器的工作原理和普通变压器基本相似，区别在于普通变压器的一次、二次绕组是相对固定的，所以输出电压和输入电压之比是常数，而旋转变压器的一次、二次绕组则随转子的角位移发生相对位置的改变，因而其输出电压的大小随转子角位移而发生变化，输出绕组的电压幅值与转子转角成正弦、余弦函数关系，或保持某一比例关系，或在一定转角范围内与转角呈线性关系。

a)

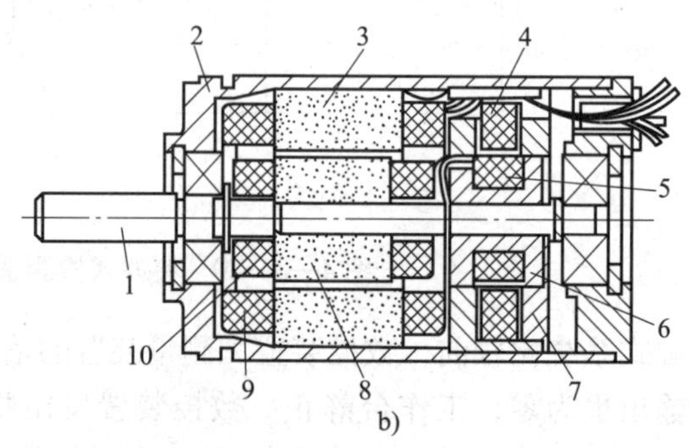

b)

图4—3—21　旋转变压器的外形与结构图

a）外形图　b）结构图

1—电动机轴　2—外壳　3—分解器定子　4—变压器定子绕组　5—变压器转子绕组
6—变压器转子　7—变压器定子　8—分解器转子　9—分解器定子绕组　10—分解器转子绕组

（2）旋转变压器的分类

按输出电压与转子转角间的函数关系，旋转变压器主要分为以下三大类。

1）正余弦旋转变压器——其输出电压与转子转角的函数关系成正弦或余弦函数关系。

2）线性旋转变压器——其输出电压与转子转角成线性函数关系。线性旋转变压器按转子结构又分成隐极式和凸极式两种。

3）比例式旋转变压器——其输出电压与转角成比例关系。

（3）旋转变压器的信号变换

旋转变压器的输出信号是频率和励磁频率相同、幅值随着转角作正余弦变化的两相正交的模拟信号，此信号通过 RDC（旋转变压器数字变换器）电路变换成角度量。目前，采用的大多都是专用集成电路。例如，美国 AD 公司的 AD2S1200、AD2S1205 型旋转变压器带有参考振荡器的 12 位数字 R/D 变换器，AD2S1210 型旋转变压器的 10 ~ 16 位数字、带有参考振荡器的数字可变 R/D 变换器。

图 4—3—22 所示是旋转变压器和 RDC 的连接示意图，位置信号和速度信号都是绝对值信号，它们的位数由 RDC 的类型和实际需要决定（10 ~ 16 位）。有两种形式的输出：一种是串行或并行；另一种是利用 DSP（数字信号处理器）技术和软件技术，作旋转变压器位置和速度变换。

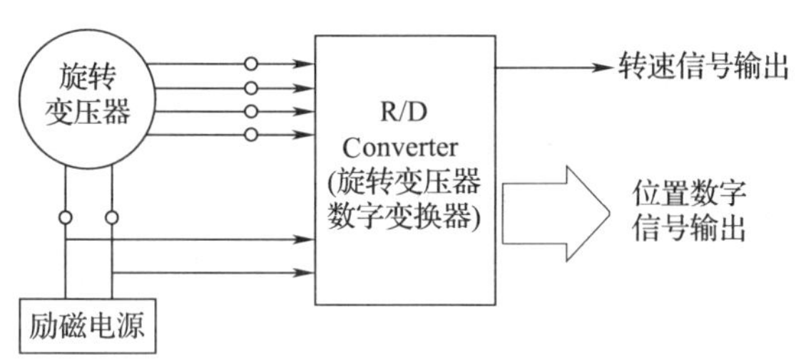

图 4—3—22 旋转变压器和 RDC 的连接示意图

（4）旋转变压器的应用

旋转变压器是一种精密角度、位置、速度检测装置，广泛应用在伺服控制系统、机器人系统、机械工具、汽车、电力、冶金、纺织、印刷、航空航天、船舶、兵器、电子、冶金、矿山、油田、水利、化工、轻工、建筑等领域的角度、位置检测系统中。也可用于坐标变换、三角运算和角度数据传输，还可作为两相移相器应用在角度—数字转换装置中。

四、位置检测线路分析

1. 半闭环位置检测系统线路连接

在数控机床的进给半闭环控制中，检测装置是保证机床工作精度和效率的关键。在数控机床进给伺服控制系统中，大多采用伺服电动机内装式编码器。当伺服电动机转动后，利用同轴的编码器测量伺服电动机的转速、转角，并反馈到伺服控制系统中，以控制其各种运行参数。图 4—1—15 所示是 GSK980TDb 系统中的 X/Z 轴伺服驱动中的位置反馈线路的标准接线。

2. 全闭环位置检测系统线路连接

当半闭环控制不能满足机床控制精度时，就需要外置反馈装置，如光栅和磁尺等，一般称之为分离型编码器。图 4—3—23 所示为分离型检测器的全闭环连接图。当使用分离型编码器或直线尺时，按图 4—3—23 连接。分离型检测器接口单元应通过光缆连接到 CNC 控制单元上。

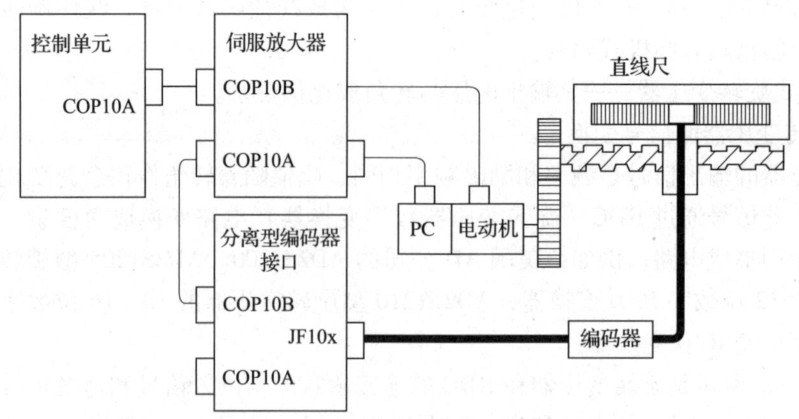

图 4—3—23　分离型检测器的全闭环连接

五、位置检测系统常见故障诊断与处理

1．机械振荡（加/减速时）

此类故障的常见原因及处理方法如下。

（1）若脉冲编码器出现故障，此时应重点检查速度检测单元中反馈线端子上的电压是否在某几点电压下降，如有下降表明脉冲编码器可能损坏，应更换编码器。

（2）脉冲编码器十字联轴器可能损坏，导致轴转速与检测到的速度不同步，应更换联轴器。

（3）测速发电机出现故障。在维修实践中，测速发电机电刷磨损、卡阻故障较多，应拆开测速发电机，小心将电刷拆下，在细砂纸上打磨几下，同时清扫换向器的污垢，再重新装好。如果不能修复测速发电机，则应更换。

2．机械运动异常快速（飞车）

检查位置控制单元和速度控制单元工作情况是否正常，同时还应重点检查以下方面：

（1）脉冲编码器接线是否错误，检查编码器接线是否为正反馈，A 相和 B 相是否接反。如果接线错误，应重新接线。

（2）脉冲编码器联轴器是否损坏，如损坏，应及时更换联轴器。

（3）检查测速发电机端子是否接反和励磁信号线是否接错。如果接线错误，应重新接线。

3．主轴不能定向移动或定向移动不到位

检查定向控制电路的设置并调整，检查定向板、主轴控制印刷电路板。调整的同时，应检查位置检测器（编码器）是否工作良好，此时一般要测编码器的输出波形，通过判断输出波形是否正常来判断编码器的好坏。

4．坐标轴进给时振动

（1）检查电动机线圈是否短路。如果线圈短路，应修理电动机或更换电动机。

（2）检查机床进给丝杠同电动机的连接是否良好。如果连接不良，应重新调整。

（3）检查整个伺服系统是否稳定，重点检查伺服参数，并试着调整。

（4）检查脉冲编码器是否良好。如果不良，应修改或更换脉冲编码器。

（5）检查联轴器连接是否平稳可靠、测速发电机是否可靠，如果松动应重新调整紧固。

六、典型故障的分析

故障现象：GSK980TDb 数控车床配置 DA98B 伺服驱动器，开机后 DA98B 伺服驱动器显示 Err－9 故障报警号。

故障分析与处理：机床通电后 DA98B 伺服驱动器显示 Err－9 故障报警号。出现此故障时，通过查阅机床伺服驱动器的说明书可知，Err－9 报警的含义是“电机编码信号反馈异常”。引起此类故障原因是电动机内装式串行脉冲编码器接线不良或断线；电机编码器信号反馈线过长，造成信号电压过低；电机编码器损坏；驱动单元损坏。其故障分析步骤与检修流程如图 4—3—24 所示。

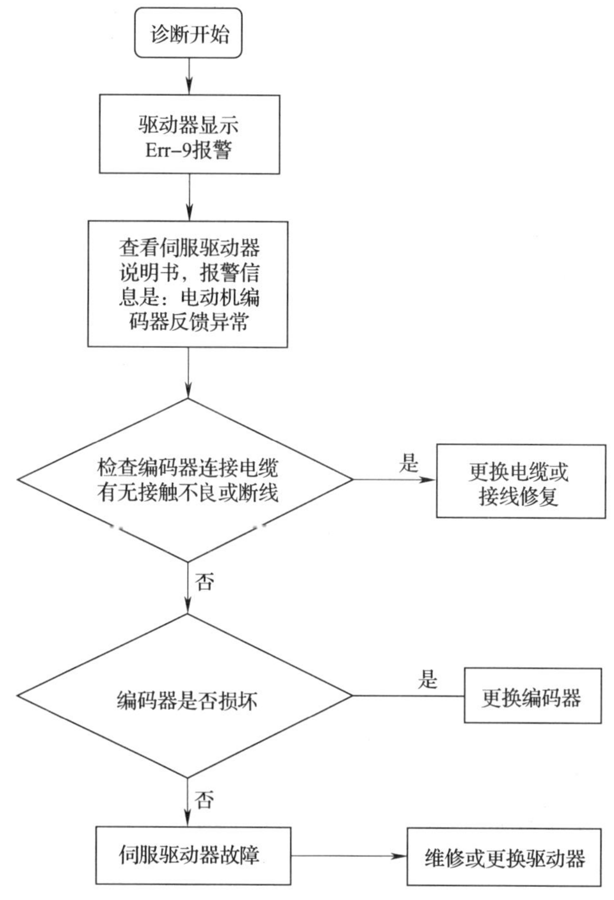

图 4—3—24　驱动器显示 Err－9 报警的故障分析与检修流程图

任务实施

一、任务准备

实施本任务所需要的实训设备及工具材料表见表 4—3—2。

表 4—3—2　　实训设备及工具材料表

序号	设备与工具	序号与名称	数量
1	数控车床（GSK980TDb 系统）	CAK3665NJ	1台
2	机床资料	数控车床电气说明书、数控系统操作说明书	1套
3	常用电工工具	自定	1套
4	仪器仪表	自定	1套

二、数控机床位置检测线路故障检修

1．设置故障

设置数控机床位置检测线路接触不良的故障。

操作提示

1）由教师或同组学生人为设置常见故障，且必须是机床在使用中的常见故障。

2）设置故障时，必须在停电情况下进行，切忌更改线路和损坏元件等，以确保人身和设备安全。

2．检修步骤

（1）手动操作机床，观察机床故障现象。

（2）根据故障现象，结合所学知识并参考图 4—3—24 所示的故障分析与检修流程图，进行逐一的检查，直到找到故障点，并详细填写故障检修记录单（表 4—3—3）。

（3）修复故障，并通电试车。

（4）检修完毕，切断电源，清扫场地。

操作提示

1）操作时，应切断机床电源；排除故障时，应注意断电、验电，以确保安全。

2）应在指导教师的监督下进行操作。

3）拆卸与安装位置检测元件时，不能敲击检测元件。

三、填写故障检修记录单

表 4—3—3　　数控机床位置检测线路故障检修记录单

维修时间		维修人员	
设备名称	数控车床	设备型号	
故障现象			

续表

	可能故障部位	是否正常	排除方法	维修用零配件
诊断与维修				
维修小结				
修后试车 确认维修结果				

任务测评

完成任务后，学生先按照表4—3—4进行自我测评，再由指导教师评价审核。

表4—3—4　　评分标准

序号	项目	考核内容及要求	配分	评分标准	扣分	得分
1	材料准备	检查工具（5分）、资料（5分）是否准备齐全	10	1. 工具不齐全，每少一件扣1分 2. 资料不齐全，扣5分		
2	故障现象勘察	1. 通电前，检查机床外观、电气元件（5分） 2. 正确通电试运行（5分） 3. 正确描述故障现象（5分）	15	1. 不能全面检查机床外观、电气元件，每漏检一处扣1分 2. 不能正确通电试运行，扣5分 3. 不能正确描述故障现象，扣5分		
3	故障原因分析	1. 故障分析思路正确、清晰（5分） 2. 故障原因分析正确、完整（15分） 3. 正确查阅资料（5分）	25	1. 思路不清晰或不正确，扣5分 2. 不能正确分析故障原因或分析不完整，每错一处扣3分 3. 不能正确查阅资料，扣5分		

续表

序号	项目	考核内容及要求	配分	评分标准	扣分	得分
4	故障处理	1. 对故障部位进行维修（25分） 2. 试运行，对维修效果进行验证（5分）	30	1. 工具使用不正确，扣5分 2. 停电不验电，扣5分 3. 思路不清晰，扣10分 4. 工时控制不合理，扣5分		
				1. 不会试运行或维修试运行结果不正确，扣2分 2. 查出故障，而不能进行故障修复，扣3分		
5	安全文明生产	应符合国家安全文明生产的有关规定	10	违反安全文明生产有关规定，不得分		
6	实操过程记录	填写清晰、准确	10	填写不清晰或不准确，不得分		
指导教师评价					总得分	

知识拓展

数控机床位置检测系统故障检修实例

【故障实例1】

故障现象：数控立式铣床配备 FANUC 3MA 数控系统，在运行过程中，Z 轴产生 31 号报警。

故障分析与诊断：通过查阅数控机床维修手册得知，31 号报警表示位置控制环节中误差寄存器内容大于参数规定值。根据 31 号报警提示，人为调整加大误差寄存器设定值，用手摇脉冲发生器驱动 Z 轴，31 号报警消除，但又产生了 32 号报警。32 号报警表示 Z 轴误差寄存器的内容超过最大值，将设定参数再调小，32 号报警消除，但 31 号报警又出现，反复修改机床参数，均不能排除故障。将位置控制诊断号 DGNOS 800（X 轴）、801（Y 轴）和 802（Z 轴）调出，发现 X 轴的位置偏差 800 号在 $-2 \sim -1$ 间变化，Y 轴的位置偏差 801 号在 $-1 \sim +1$ 间变化，而 Z 轴的位置偏差 802 号为 0，无任何变化，说明 Z 轴控制有故障。为进一步确定故障是在 Z 轴控制单元还是在编码器上，采用交换法，将 Z 轴和 Y 轴驱动输出电缆和编码器反馈信号同时互换，此时，诊断号 801 号数值变为 0。数控机床 802 号数值有了变化，这说明 Z 轴位置控制单元没有问题，故障出在与 Z 轴伺服电动机同轴连接的编码器上，更换 Z 轴上同型号的编码器，故障排除，机床恢复正常。

【故障实例 2】

故障现象：一台采用直流伺服驱动系统的美国产数控磨床，E 轴运动时产生“EAXIS EXECESS FOLLOWING ERROR”报警。

故障分析及处理：观察故障发生过程，在启动 E 轴时，E 轴开始运动，CRT 上显示 E 轴数值变化，当数值变到 14 时，突然跳变到 471，分析确认为反馈部分存在问题。更换位置反馈板后，故障消除。

【故障实例 3】

故障现象：一台配备 FANUC 0MC 数控系统，型号为 XH754 的数控机床，加工中出现 319 号报警。

故障分析及处理：通过查阅数控机床维修手册可知，提示故障原因为 X 轴脉冲编码器异常或通信错误，查诊断号 760，发现其诊断位有多处置位，维修手册提示为脉冲编码器不良或反馈电缆不良。先检测 X 轴编码器电缆插头 M185 正常，故判断是 X 轴串行编码器有问题。为进一步确认，在电气柜内将 M184 与 M194、M185 与 M195 及相应电动机三相驱动线缆进行交换，发现故障报警变为 339，故障变为 Z 轴，证实 X 轴编码器不良。更换编码器后，故障排除。

【故障实例 4】

故障现象：某配备 SIEMENS 8M 系统的从国外进口的加工中心，出现 114 号报警。

故障分析及处理：通过查阅数控机床维修手册可知，114 号报警提示为 Y 轴测量有故障，电缆损坏或信号不良。

该机测量采用海德汉直线光栅尺，根据故障内容查 Y 轴电缆正常。为判断光栅尺是否正常，将 Y 轴光栅尺插到与其能配用的光栅数显表上通电，用手转动 Y 轴丝杠，发现 Y 轴坐标不变，说明光栅尺故障。拆下该光栅尺，发现一光电池线头脱落。重新焊接好后通电检查，数显表显示跟随光栅变化。再将光栅尺装回机床，开机报警消除，机床恢复正常。

【故障实例 5】

故障现象：一台配备 FANUC 0MC 数控系统，型号为 XH754 的数控机床，主轴编码器出现“1001 Spindle Alarm”“409 Servo Alarm（serialerr）”报警。

故障分析及处理：主轴伺服数码管显示“AL－42”，维修资料提示为主轴编码器一转信号未产生。检查编码器电缆正常。将主轴编码器拆下，拆开发现其玻璃光栅上有一层油雾，用无水酒精清洗晾干，安装后开机，故障消失。将主轴定向重新调整后，机床恢复正常。

【故障实例 6】

故障现象：某数控铣床，配备 DECKEL 系统，位置检测装置采用 HEIDENHAIN LS907 光栅尺，故障报警为 Z 轴检测系统脏污。

故障分析与诊断：系统启动后，移动 Z 轴时，低速时比较稳定，当跟随误差超过 60 mm 时，机床就过冲，并发出该报警，且上升时不报警，下降时报警。根据报警内容，首先确认光栅尺是否需要清洁。拆下后检查，发现光栅尺外壳上有较多润滑油，这是由于对光栅尺的保护措施不到位，长时间使用后，机床导轨润滑油顺着床身流到光栅尺部位。清洗光栅尺，安装后重试，还发生光栅尺报警。这时，分析光栅尺是否本身有故障。正好该机床 Y 轴光栅

尺与 Z 轴规格、型号相同，采用置换法将两根光栅尺进行互换，结果 Y 轴出现测量系统故障，因此，可以确定是光栅尺本身的故障，进一步对光栅尺进行鉴定，确认读数头有故障。更换读数头，机床恢复正常。

【故障实例 7】

故障现象：一台 CAK5085 数控车床，配备 FANUC 0i Mate－TC 数控系统，主轴速度显示不正常。

故障分析与诊断：启动机床，当主轴给定转速为 400 r/min 时，转速显示在 5～500 r/min 之间变化。故障原因可能是编码器与机械连接不良、编码器同步带不合适、编码器与 CNC 系统连接线不良或主轴编码器不良等。通过对上述原因逐一进行检查，当试着更换编码器后，故障排除。

思考与练习

一、填空题（将正确答案填在横线上）

1. 检测装置是数控机床中的重要组成部分，其主要作用是检测_________和_________，并发出反馈信号传送给_________。

2. 位置检测装置按检测信号不同，可分为_________和_________两种。

3. 位置检测装置按被测量的不同，可分为_________和_________测量两种。

4. 常用的测量直线位移的测量元件有_________、_________、_________；用于测量角位移的检测元件有_________和_________。

5. 感应同步器的工作方式有_________和_________两种。

6. 感应同步器测量元件分为_________和_________两种。

7. 直线型感应同步器由_________和_________两部分组成。其中，_________是安装在机床的固定部件上，而_________是安装在机床移动部件上。

8. 脉冲编码器是一种_________的测量元件，通常装在_________上，随被测轴一起转动，可将被测轴的_________转换成_________。

9. 脉冲编码器根据内部结构和检测方式分为_________、_________和_________三种。

10. 脉冲编码器按照编码方式可分为_________和_________两种。

11. 磁栅测量装置是由_________、_________和_________组成的。

12. 光栅是根据_________原理制成的一种脉冲输出数字式传感器。

13. 按形状分，计量光栅可分为_________和_________。

14. 感应同步器测量精度主要取决于_________的精度。

二、选择题（将正确答案序号填在括号里）

1. 在数控机床位置检测装置中，（　）不属于旋转型检测装置。

A. 光栅尺　　B. 旋转变压器　　C. 脉冲编码器

2. 在数控机床位置检测装置中，（　）属于旋转型检测装置。

A. 光栅尺　　B. 磁栅尺　　C. 感应同步器　　D. 脉冲编码器

3. 长光栅在数控机床中的作用是（　　）。

A. 测工作台位移　　B. 限位　　C. 测主轴电机转角　　D. 测主轴转速

4. 数控机床的检测元件光电编码器属于（　　）。

A. 旋转式检测元件　　B. 移动式检测元件

C. 接触式检测元件

5. 数控机床的位置检测元件光栅尺属于（　　）。

A. 旋转式检测元件　　B. 移动式检测元件

C. 接触式检测元件

6. 在数控机床中，码盘是（　　）反馈元件。

A. 位置　　B. 温度　　C. 压力　　D. 流量

7. 在全闭环数控系统中，用于位置反馈的元件是（　　）。

A. 光栅尺　　B. 圆光栅　　C. 旋转变压器　　D. 圆感应同步器

8. 莫尔条纹的形成主要是利用光的（　　）现象。

A. 透射　　B. 干涉　　C. 反射　　D. 衍射

9. 数控铣床一般采用半闭环控制方式，它的位置检测器是（　　）。

A. 光栅尺　　B. 脉冲编码器　　C. 感应同步器

10. 数控机床的检测反馈装置的作用是将其准确测得的（　　）数据迅速反馈给数控装置，以便与加工程序给定的指令值进行比较和处理。

A. 直线位移　　B. 角位移或直线位移

C. 角位移　　D. 直线位移和角位移

11. 旋转变压器的结构类似于（　　）。

A. 交流异步电动机　　B. 绕线式异步电动机

C. 同步电动机

三、判断题（将判断结果填入括号中，正确的填“√”，错误的填“×”）

1. 感应同步器的相位工作方式是给滑尺的正弦绕组和余弦绕组分别通以频率相同、幅值相同、但时间相位相差270°的交流励磁电压。（　　）

2. 对于接触式码盘来说，码道的圈数越多，其所能分辨的角度越小，测量精度越高。（　　）

3. 在数控机床闭环控制系统中，标尺光栅往往固定在床身上不动，而指示光栅则随拖板一起移动。（　　）

4. 绝对式光电码盘与增量式光电码盘工作原理相似。（　　）

5. 检测环节的作用是将位置或速度等被测参数经过一系列转换由物理量转化为计算机所能识别的数字脉冲信号，然后送入到伺服系统中。（　　）

6. 旋转变压器是一种电磁式传感器，用来测量旋转物体的转轴角位移和角速度。（　　）

7. 码盘又称为编码器，是一种旋转式测量元件，它能将角位移转换成增量脉冲形式或绝对式的代码形式。（　　）

8. 全闭环伺服系统所采用的位置检测元件是光电脉冲编码器。（　　）

9．绝对式编码器是直接输出数字信号的传感器。（　　）

10．车床主轴编码器的作用是防止切削螺纹时乱扣。（　　）

11．全闭环数控机床的检测装置通常安装在伺服电动机上。（　　）

四、简答题

1．数控机床对位置检测装置的要求是什么？

2．数控机床常用的位置检测装置有哪些？

3．脉冲编码器有哪几种？

4．简述感应同步器的特点。

5．简述莫尔条纹的特点。

6．简述数控机床坐标轴进给时振动的原因及处理方法。

7．简述 GSK980TDb 系统数控车床开机后驱动器显示 Err－9 报警的原因及处理方法。

课题五　自动换刀装置的电气故障检修

任务1　识读回转刀架电气控制线路

学习目标

1. 理解电动刀架的工作原理。
2. 能够读懂数控车床电动刀架系统电气控制原理图。
3. 能够根据电气线路原理图正确接线。
4. 能够正确设计刀架电气线路图。

任务引入

数控机床使用的回转刀架是比较简单的自动换刀装置，常用的类型有四方刀架、六角刀架，即在其上装有四把、六把或更多的刀具。刀架的回转和刀位号的选择是由加工程序指令控制的，换刀时，刀架的动作顺序是刀架抬起、刀架转位、刀架定位和夹紧刀架。为完成上述动作要求，要有相应的机构和电气控制线路来实现，本任务是以四工位回转刀架为例来学习自动换刀装置的具体结构，识读其电气线路原理图并正确绘制。

相关知识

一、自动换刀装置

自动换刀装置是数控机床的重要执行机构，可使工件一次装夹后即可完成多道工序或全部工序加工，从而避免了多次定位带来的误差，减少因多次安装造成的非故障停机时间，提高了生产效率和机床利用率。因此，自动换刀装置应当具备换刀时间短，刀具重复定位精度高，足够的刀具储备量，换刀空间小，动作可靠、使用稳定，刀具识别准确等特性。

自动换刀装置的形式多种多样，主要取决于机床的类型、工艺范围、使用刀具种类和数量。目前，常用的自动换刀装置类型、特点、适用范围见表5—1—1。

二、数控车床的电动刀架控制系统

数控机床使用的回转刀架是比较简单的自动换刀装置，有四工位刀架、六工位刀架等，即在其上装有四把、六把或更多的刀具。通过PLC对控制刀架的所有I/O信号进行逻辑处理及计算，实现刀架的顺序控制。另外，为了保证换刀能够正确进行，系统一般还要设置一些

表 5—1—1　　常用的自动换刀装置类型、特点、适用范围

类别形式		特点	使用范围
转塔式	回转刀架	多为顺序换刀，换刀时间短、结构紧凑、容纳刀具较少	各种数控车床、数控车削加工中心
	转塔头	顺序换刀，换刀时间短、结构紧凑，刀具主轴都集中在转塔头上，刚性差，刀具主轴数受限制	数控钻、镗、铣床
刀库式	刀具与主轴之间直接换刀	换刀运动集中，运动部件少，刀库容量受限制	数控镗、铣类立式、卧式加工中心
	机械手配合刀库进行换刀	刀库只有选刀运动，机械手进行换刀运动，刀库容量大	

相应的系统参数来对换刀过程进行调整。图 5—1—1 所示为数控车床电动刀架，它适用于轴类、盘类零件的加工。下面以四工位回转电动刀架为例介绍其工作原理。

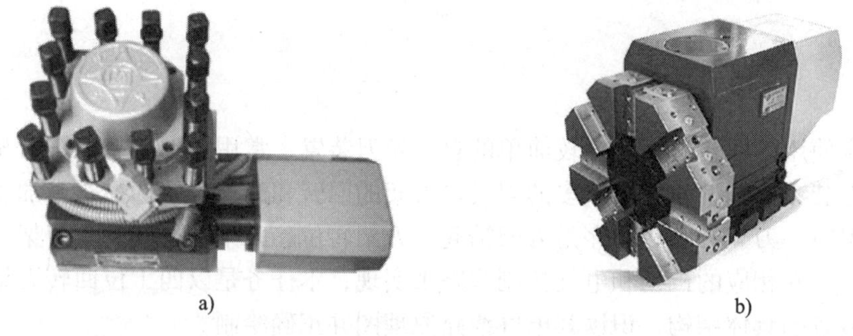

a)　　b)

图 5—1—1　数控车床电动刀架

a）四工位回转电动刀架　b）卧式数控电动刀架

1. 四工位电动刀架工作原理

目前，经济型数控车床常采用四工位回转电动刀架，它具有良好的强度和刚度，以承受粗加工的切削力；同时，还要保证回转刀架在每次转位的重复定位精度。该电动刀架采用蜗杆传动，上下齿盘啮合，螺杆夹紧的工作原理，其工作过程包括刀架抬起、刀架转位、刀架定位和刀架压紧 4 个过程，其换刀过程如图 5—1—2 所示。

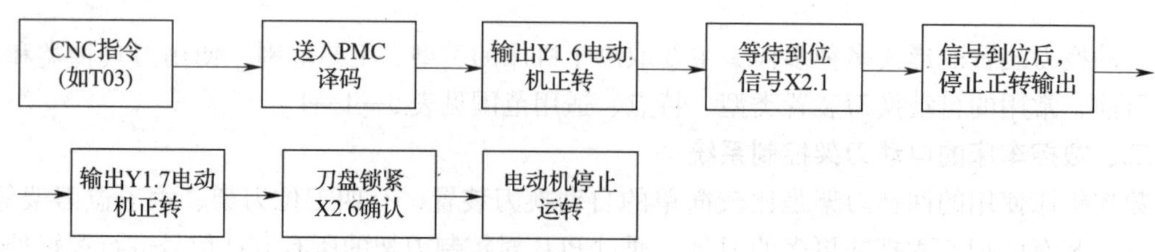

图 5—1—2　GSK980TDb 系统四工位回转电动刀架换刀过程

（1）刀架抬起

当数控系统发出换刀指令后，通过接口电路使刀架电动机正转。经传动装置驱动蜗杆蜗轮机构，蜗轮带动丝杆螺母机构逆时针旋转，此时由于齿盘处于啮合状态，在丝杆螺母机构转动时，使上刀架体产生向上的轴向力，将齿盘松开并抬起，直至两定位齿盘脱离啮合状态，从而带动上刀架和齿盘产生“上抬”动作。

（2）刀架转位

当刀架抬到一定距离后，上下齿盘完全脱开。这时，与蜗轮丝杆连接的转位套随蜗轮丝杆一起转动。当齿盘完全脱开时，球头销在弹簧作用下进入转位套的凹槽中，带动刀架体转位，刀架体转位的同时带动磁钢也转动，并与信号盘（霍尔开关电路板）配合进行刀号的检测。

（3）刀架定位

当系统程序的刀号与实际刀架检测的刀号一致时，系统输出电动机反转信号，此时电动刀架进行反转。这时，球头销从转位套的槽中被挤出，使定位销在弹簧作用下进入粗定位盘的凹槽中进行粗定位。这时，上刀架停止转动，电机继续反转，使其在该位置落下，通过螺母丝杆机构使上刀架与齿盘重新啮合，从而实现精确定位。

（4）刀架压紧

当刀架精确定位后，电机继续反转（反转时间由系统 PLC 控制），夹紧刀架，当两齿盘增加到一定夹紧力并且刀架反转时间到达后，数控装置发出停止电机反转的信号，从而完成一次换刀过程。

2．电动刀架发信盘的工作原理

电动刀架发信盘是固定在刀架内部中心固定轴上由尼龙材料作为封装的圆盘部件。发信盘的内部根据刀架工位数设有 4 个或 6 个霍尔元件，并与固定在刀架上的磁钢共同作用来检测刀具的位置，如图 5—1—3 所示。

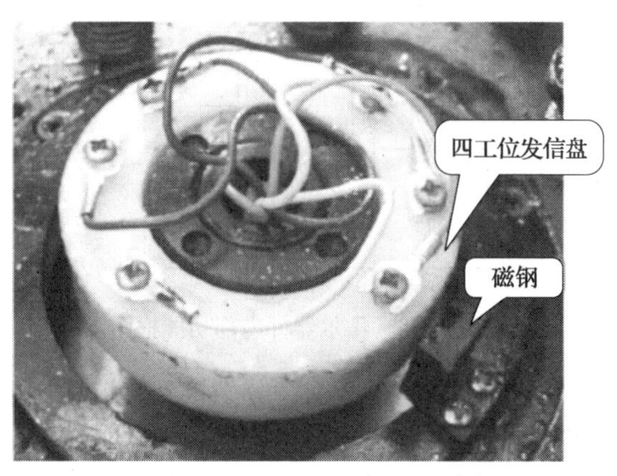

图 5—1—3　电动刀架发信盘实物图

（1）发信盘内部结构和工作原理

四工位发信盘共有 6 个接线端子，其中两个端子为直流电源端，其余 4 个端子按顺序分别接 4 个刀位所对应的霍尔元件的控制端，根据霍尔传感器的输出信号来识别和感知刀具的位置状态。当程序指令刀架更换 2 号刀具时，刀架电机驱动刀架旋转；当在刀架上的磁钢到达发信盘的 2 号位置时，霍尔元件就会发出开关信号给 CNC 系统刀架位置控制接口，确定刀具已到达确定位置并锁住刀架，其电路原理如图 5—1—4 所示。从原理图可知，发信盘的主要器件构成是霍尔器件。

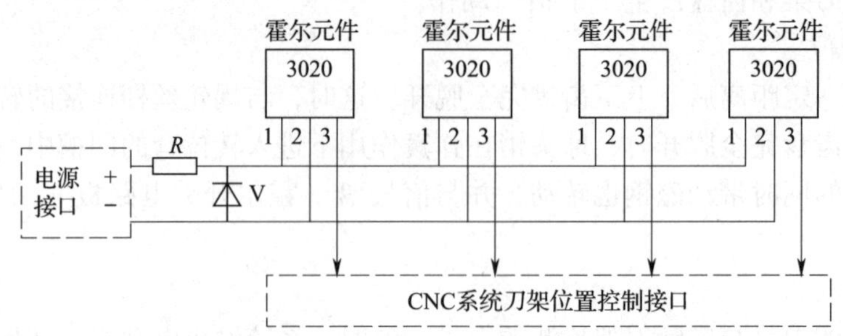

图 5—1—4　电动刀架发信盘电路原理图

（2）霍尔器件结构和检测

刀架发信盘内部核心元件是霍尔器件，它是由电压调整器、霍尔电压发生器、差分放大器、史密特触发器和集电极开路的输出级集成的磁敏传感电路，其输入为磁感应强度，输出是一个数字电压信号。它是一种单磁极工作的磁敏电路，适合于在矩形或者柱形磁体下工作。数控车床电动刀架的发信盘通常采用 3020 型霍尔开关器件，采用 TO－92T 封装，标识面为磁极工作面。图 5—1—5 所示为霍尔器件及内部功能框图。霍尔开关器件具有电源电压范围宽（4.5～24 V DC）、开关速度快，没有瞬间抖动、工作频率宽（0～100 kHz）、能直接和晶体管及 TTL、MOS 等逻辑电路接口、对环境要求不苛刻等优点。

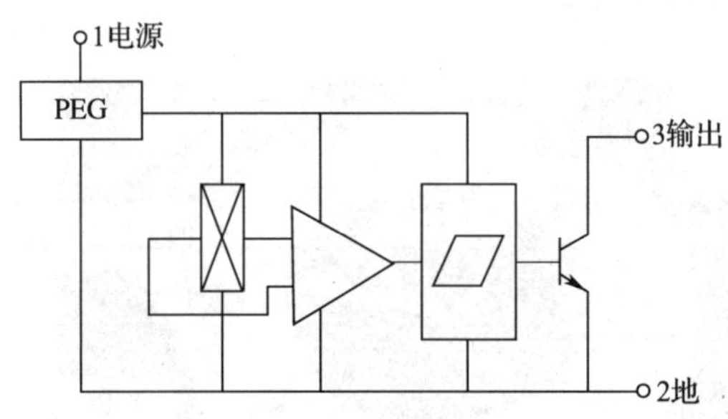

图 5—1—5　霍尔器件内部功能框图

在检测霍尔开关器件时，将器件的 1、2 引脚分别接到直流稳压电源（可选 20 V）的正负极，指针式万用表在电阻挡（×10）上，黑表笔接 3 引脚，红表笔接 2 引脚，此时万用表的指针没有明显偏转。当用一磁铁贴近霍尔器件标志面时，指针有明显的偏转（若无偏转可将磁铁调换一面再试），磁铁离开，指针又恢复原来位置。表明该器件完好，否则该器件已坏。

3．GSK980TDb 数控系统中电动刀架控制接口的引脚定义

GSK980TDb 数控系统中电动刀架控制接口的引脚定义见表 5—1—2

表 5—1—2　　GSK980TDb 数控系统中电动刀架控制接口的引脚定义表

信号类型	符号	信号接口	地址	信号功能
输入信号	T01	CN61.16	X1.7	刀位信号 1
	T02	CN61.29	X2.0	刀位信号 2
	T03	CN61.30	X2.1	刀位信号 3
	T04	CN61.31	X2.2	刀位信号 4
	T05	CN61.08	X0.7	刀位信号 5
	T06	CN61.09	X1.0	刀位信号 6
	T07	CN61.10	X1.1	刀位信号 7
	T08	CN61.11	X1.2	刀位信号 8
	TCP	CN61.35	X2.6	刀架锁紧信号
输出信号	TL +	CN62.15	Y1.6	刀架正转信号
	TL -	CN62.16	Y1.7	刀架反转信号

三、电动刀架控制线路分析

CAK3665NJ 数控车床电动刀架的主控制电路图如图 5—1—6a 所示。在手动或自动方式下，当数控装置有刀具松开指令时，机床 CNC 装置控制 PLC 输出使 I/O 模块中的 Y1.6 有效，KA2 继电器线圈通电，继电器 KA2 的常开触点闭合，使刀架正转接触器 KM4 线圈得电，主触头闭合，电动刀架开始正转并进行选刀处理。刀架在正向旋转的过程中不停地对刀位输入信号进行检测，如图 5—1—6b 所示，每把刀具各有一个霍尔位置检测开关。各刀具按顺序依次经过磁体位置，并产生相应的刀位信号，刀位信号通过 I/O 模块中的 X1.7、X2.0、X2.1 和 X2.2 反馈到 CNC 装置中去，当产生的刀位信号和目的刀位寄存器中的刀位相一致时，CNC 装置发出关闭刀架电机正转信号，然后发出反转信号使 I/O 模块中的 Y1.7 有效，KA3 继电器线圈通电。继电器 KA3 的常开触点闭合，使刀架反转接触器 KM5 线圈得电，主触头闭合，刀架电动机开始反转并锁紧，经系统参数里设置的时间后停止反转，换刀结束，然后开始下一个命令。

要点提示

针对系统中刀架反转时间参数，如果设定太长容易烧毁电机或造成电机过热断路器跳闸；如果设定太短刀架锁不紧。通常情况下，机床出厂时该参数已经设定好了，一般不要随意更改。

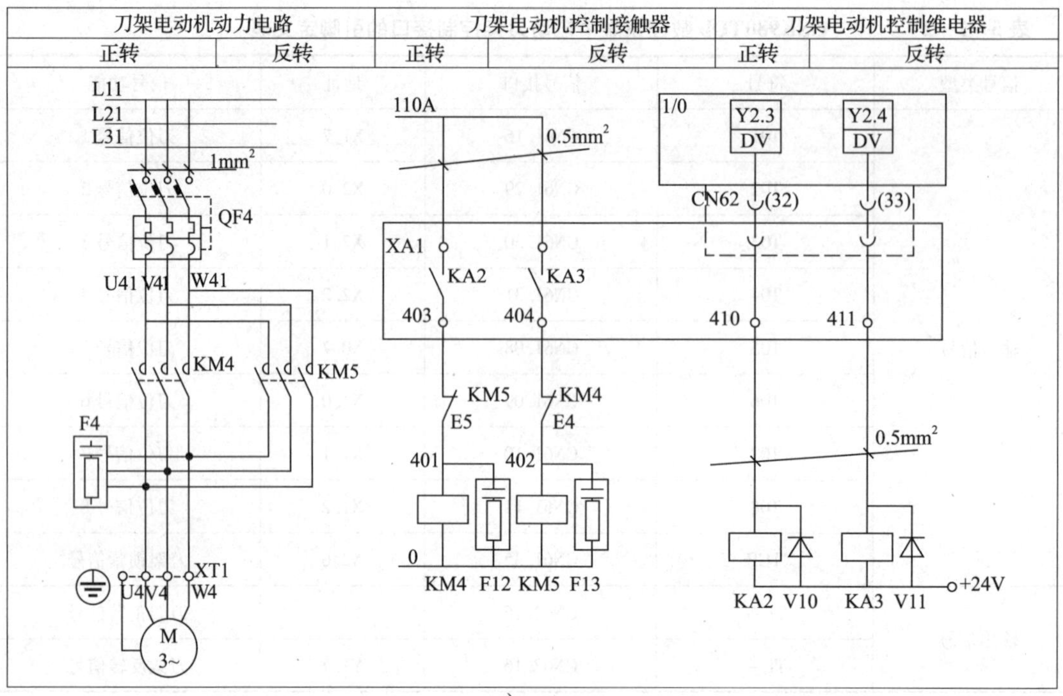

a)

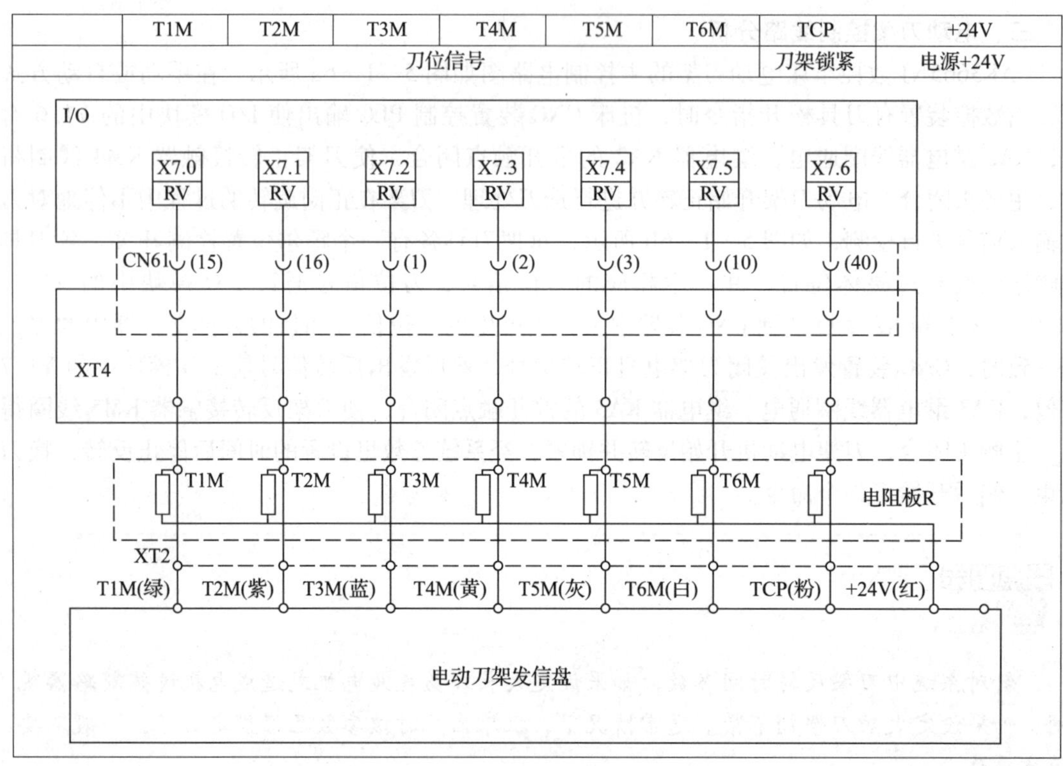

b)

图 5—1—6　电动刀架控制电路

a）电动刀架的主控制电路图　b）电动刀架刀位信号控制电路图

任务实施

一、任务准备

实施本任务所需要的实训设备及工具材料表见表5—1—3。

表5—1—3　　实训设备及工具材料表

序号	设备与工具	序号与名称	数量
1	数控车床（GSK980TDb系统）	CAK3665NJ	1台
2	机床资料	数控车床电气说明书、数控系统操作说明书	1套
3	常用电工工具	自定	1套
4	仪器仪表	自定	1套
5	绘图工具	自定	1套

二、识读与绘制电动刀架控制系统的电气线路图

1. 识读电气线路图

在教师的指导下，按照下列流程识读电气线路图。

（1）识读电动刀架的主控制电路。

（2）识读电动刀架刀位信号控制电路图。

在教师的指导下，重点查阅资料理解各控制端子的含义和信号流程。

2. 绘制电气线路图

在教师的指导下，完成下列电气线路图的绘制。

（1）绘制电动刀架的主控制电路。

（2）绘制电动刀架刀位信号控制电路图。

①绘制电路图时，应保持图面整洁。

②绘制电气线路图时，元器件符号应正确规范，且线路应具有完善的保护功能。

③条件许可时，可参照实际数控机床来绘制机床的线路图。

三、电动刀架的接线

1. 电动刀架主电路的接线

按照图5—1—6a所示电路图，完成电动刀架主控制电路的连接。

2. 数控系统与电动刀架控制信号线路的连接

按照图 5—1—6b 所示电路图，进行数控系统与电动刀架控制信号线路的连接。

3．系统线路检查

（1）通电前，按照信号从强到弱的顺序检查线路有无短路和接触不良等现象。

（2）检查刀架电动机的电源相序。

（3）检查直流电源的极性。

（4）检查地线的连接，并保证保护接地电阻值应小于 1 Ω。

4．系统通电

（1）按照要求在指导教师监督下通电检查。

（2）线路通电后，必须检查各单元模块的电源的极性和电压是否符合要求。

5．实训完毕，切断电源，整理场地

任务测评

完成任务后，学生先按照表 5—1—4 进行自我测评，再由指导教师评价审核。

表 5—1—4　　测评表

序号	项目	考核内容及要求	配分	评分标准	扣分	得分
1	识读与绘制线路图	1．识读与绘制主电路线路（10 分） 2．识读与绘制电动机刀架控制线路（10 分） 3．图面清洁（10 分）	30	1．不能正确识读与绘制主电路线路，每错一处扣 2 分 2．不能正确识读与绘制电动刀架控制线路，每错一处扣 2 分 3．图面不清洁，扣 10 分		
2	材料准备与装前检查	1．检查工具（5 分）、资料（5 分）是否准备齐全 2．认识与检查电气元件（10 分）	20	1．工具不齐全，每少一件扣 1 分 2．资料不齐全，扣 5 分 3．不认识、不会检测或漏检元件，每处扣 2 分		
3	数控系统与电动刀架的连接	1．主电路连接（20 分） 2．正确连接数控系统与电动刀架控制线路的连接（20 分）	40	1．不能正确使用工具，每处扣 1 分 2．损坏元器件，扣 5 分 3．不会连接数控系统，每处扣 2 分 4．不能连接伺服驱动器，每处扣 2 分		
4	安全文明生产	应符合国家安全文明生产的有关规定	10	违反安全文明生产有关规定，不得分		
指导教师评价					总得分	

思考与练习

一、填空题（将正确答案填在横线上）

1. 数控系统中冷却泵的开、停由辅助指令__________来控制。

2. 数控车床常用的刀架类型是__________。

3. 自动换刀装置应当具备换刀时间__________，刀具重复定位精度__________，足够的__________，换刀空间__________，动作__________、使用稳定，刀具识别准确等特性。

4. 常采用的回转四工位电动刀架的工作过程是__________、__________、__________、__________共 4 个阶段。

二、选择题（将正确答案序号填在括号里）

1. 数控机床冷却系统的作用是（　　）。

A. 冷却刀具　　B. 冲屑　　C. 冷却工件　　D. 以上都是

2. 在 GSK980TDb 数控系统中，CN62 接口第 15 脚的定义是（　　）。

A. 刀架正转信号　　B. 刀架反转信号

C. 刀架锁紧信号　　D. 刀位信号

3. 在 GSK980TDb 数控系统中，CN62 接口第 16 脚的定义是（　　）。

A. 刀架正转信号　　B. 刀架反转信号

C. 刀架锁紧信号　　D. 刀位信号

三、简答题

1. 简述四工位回转刀架的换刀动作过程。

2. 绘制电动刀架控制系统线路图。

任务 2　回转刀架电气故障检修

学习目标

1. 掌握与电动刀架控制相关参数的含义及设定方法。
2. 掌握数控机床电动刀架控制线路故障分析与检修方法。
3. 能够检修数控机床电动刀架常见的电气故障。

任务引入

电动刀架作为数控车床的重要配置，在机床运行中起着至关重要的作用，一旦出现故障很可能造成工件报废，甚至造成卡盘与刀架碰撞的事故。因此，在数控机床的故障检修中，电动刀架的故障检修是非常重要的。本节任务主要完成电动刀架常见电气故障的诊断与检修。

相关知识

一、电动刀架的相关参数设定

GSK980TDb 可支持多种刀架，具体参数设定可参考机床的说明书。通常情况下，刀架正常运转的相关参数设定如下。

1. K 参数№011 的设置

K	1	1		CHOT		CHET	TCPS	CTCP	TSGN	CHTB	CHTA

Bit7　1：检查刀台过热；

　　　0：不检查刀台过热。

Bit5　1：换刀结束时检查刀位信号；

　　　0：换刀结束时不检查刀位信号。

Bit4　1：刀架锁紧信号高电平（与 +24 V 接通）有效；

　　　0：刀架锁紧信号低电平（与 +24 V 断开）有效。

Bit3　1：检测刀架锁紧信号；

　　　0：不检测刀架锁紧信号。

Bit2　1：刀位信号低电平（与 +24 V 断开）有效；

　　　0：刀位信号高电平（与 +24 V 接通）有效。

Bit1 Bit0：换刀方式选择位 1　换刀方式选择位 0

CHTB	CHTA	刀架类型
0	0	标准换刀方式 B
0	1	标准换刀方式 A

2. 数据参数№078 的设置

0	7	8		TLMAXT

［数据意义］　换刀时，移动最多刀位的时间上限。

［数据单位］　ms

［数据范围］　100 ~ 60 000

3. 数据参数№082 的设置

0	8	2		T1TIME

［数据意义］　刀架正转停止到刀架反转锁紧开始的延迟时间。

［数据单位］　ms

［数据范围］　0 ~ 4 000

4. 数据参数№083 的设置

0	8	3		TCPWRN

［数据意义］　未接收到刀架锁紧 *TCP 信号的报警时间。

［数据单位］　ms

［数据范围］　0 ~ 4 000

5. 数据参数№084 的设置

0	8	4	TMAX

［数据意义］ 总刀位数选择。

［数据单位］ 把

［数据范围］ 1～32

6. 数据参数№085 的设置

0	8	5	TCPTIME

［数据意义］ 刀架反转锁紧时间。

［数据单位］ ms

［数据范围］ 0～4 000

要点提示

首次上电进行换刀时，如果刀架不转动，可能是由于刀架电机的三相电源的相序连接不正确，此时应立即按复位键，切断电源并检查接线，如果是三相电源的相序连接不正确造成的，则可调换三相电源中的任意两相。

反转锁紧时间设置要合适，设置时间不能太长也不能太短，反转锁紧时间过长会损坏电机；反转锁紧时间过短刀架可能锁不紧，检验刀架是否锁紧的方法如下：用百分表靠紧刀架，人为的扳动刀架，百分表指针浮动不应超出 0.01 mm。

调试中，必须每一把刀位、最大转换的刀位都进行一次换刀，观察换刀正确性，时间参数设定是否合适。

二、电动刀架常见故障及排除方法

电动刀架的常见故障及对应排除方法见表 5—2—1。

表 5—2—1　　电动刀架的常见故障及对应排除方法

故障现象	原因分析	排除方法
电动机停转，刀架不动	1. 刀架控制线路有故障 2. 电动机相序不对 3. 机械出现故障	1. 检查线路 2. 调整电动机相序 3. 检查机械故障
刀架转个不停或在某刀位不停	1. 磁钢与霍尔元件相碰 2. 霍尔元件线路出现故障 3. 霍尔元件短路 4. 刀位信号接收电路故障	1. 检查磁钢 2. 检查线路 3. 更换霍尔元件 4. 检查或更换电路板
刀架换刀不到位或过冲太大	发信盘与磁钢在圆周方向上没有对正	调整磁钢与霍尔元件的相对位置
刀位锁不紧	1. 反转时间太短 2. 机械锁紧机构故障 3. 发信盘位置没对正	1. 调整参数 2. 检查机械锁紧机构 3. 调整发信盘位置

三、典型故障的分析

故障一：数控车床刀架不转

故障分析与处理：当机床发生故障时，首先观察故障具体现象，通过在手动方式下或MDI方式下输入换刀指令并执行，刀架无反应。出现刀架不转的故障主要涉及到机械和电气两部分，维修时依照先电气后机械、先易后难的原则进行检查，具体的故障检修流程如图5—2—1所示。根据流程图进行逐一检查，并修复故障。

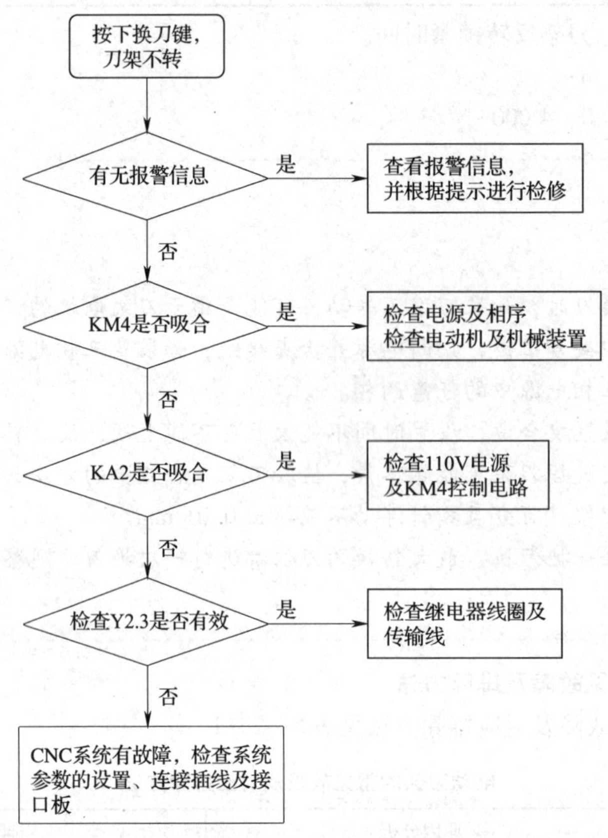

图5—2—1　数控车床刀架不转的故障检修流程

故障二：数控车床刀架在某刀位运转不停，其余刀位可以正常转动

故障分析与处理：接通CAK3665NJ数控机床电源后，在手动方式下，按下手动换刀按钮，刀架运转不停，找不到刀号。通过进一步的分析和检查，发现机床只在某刀位旋转不停，其他刀位可以正常转动。根据这一现象和刀具控制原理分析，基本上可以排除刀架机械故障，因此主要原因可从电气控制方面进行检查，维修时依照先易后难的原则进行检查，具体的故障检修流程如图5—2—2所示。根据流程图进行逐一检查，并修复故障。

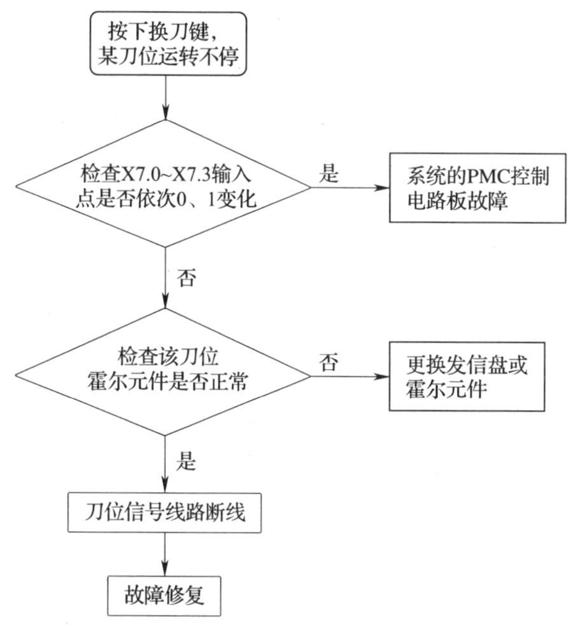

图 5—2—2　数控车床刀架某刀位运转不停的故障检修流程图

任务实施

一、任务准备

实施本任务所需要的实训设备及工具材料表见表 5—2—2。

表 5—2—2　　实训设备及工具材料表

序号	设备与工具	序号与名称	数量
1	数控车床（GSK980TDb 系统）	CAK3665NJ	1 台
2	机床资料	数控车床电气说明书 、数控系统操作说明书	1 套
3	常用电工工具	自定	1 套
4	仪器仪表	自定	1 套

二、电动刀架电气故障检修

1．设置故障

设置数控车床电动刀架 3 号刀一直旋转不停的故障。

（1）由教师或同组学生根据表 5—2—1 所示常见故障的原因人为设置故障，且必须是机床在使用中的常见故障。

（2）设置故障时，必须在停电情况下进行，切忌更改线路和损坏元件等，以确保人身和设备安全。

2. 检修步骤

当机床通电后，在手动方式下，按下手动换刀按钮，当换到3号刀时刀架旋转不停，且始终找不到3号刀。可参考故障检修实例中的检修步骤，并结合图5—2—2的检修流程图，采用如下检查方法进行逐一检查，直到找到故障点，并详细填写表5—2—3所示故障检修记录单。

（1）识读电动刀架控制原理图。由原理图可知，四工位电动刀架的1～4号刀位信号输入接口为X7.0、X7.1、X7.2、X7.3和刀架锁紧信号输入接口为X7.6。

（2）根据机床操作说明，进入I/O显示状态界面。观察记录X7.0、X7.1、X7.2和X7.3的I/O状态。对比发现X7.2的状态始终为高电平“1”，其余的信号根据刀架的旋转而产生“1”和“0”变化，可判断为3号刀信号线路出现故障。

（3）检查信号接口DC24 V电源正常后，切断电源，用万用表电阻挡测量I/O接口与发信盘之间的信号线是否断线，若没有断线，须进一步检查发信盘和I/O接口电路故障。

（4）断电后，在CB150接口侧将43、44信号线互换，然后接通电源让刀架旋转，观察记录X7.1、X7.2的状态。若X7.1状态恒为“1”，而X7.2状态随刀架旋转而产生“1”和“0”变化，说明故障在发信盘。相反，故障在系统I/O接口电路（出现I/O接口电路故障，一般返回厂家修理）。

（5）查出故障并修复，通电试车。

（6）检修完毕，切断电源，清扫场地。

三、填写故障检修记录单（表5—2—3）

表5—2—3　　数控机床电动刀架3号刀运转不停的故障检修记录单

<table>
<tr><td>维修时间</td><td colspan="2"></td><td>维修人员</td><td colspan="2"></td></tr>
<tr><td>设备名称</td><td colspan="2">数控车床</td><td>设备型号</td><td colspan="2"></td></tr>
<tr><td>故障现象</td><td colspan="5"></td></tr>
<tr><td rowspan="5">诊断与维修</td><td>可能故障部位</td><td colspan="2">是否正常</td><td>排除方法</td><td>维修用零配件</td></tr>
<tr><td></td><td colspan="2"></td><td></td><td></td></tr>
<tr><td></td><td colspan="2"></td><td></td><td></td></tr>
<tr><td></td><td colspan="2"></td><td></td><td></td></tr>
<tr><td></td><td colspan="2"></td><td></td><td></td></tr>
<tr><td>维修小结</td><td colspan="5"></td></tr>
<tr><td>修后试车确认
维修结果</td><td colspan="5"></td></tr>
</table>

任务测评

完成任务后，学生先按照表 5—2—4 进行自我测评，再由指导教师评价审核。

表 5—2—4　　测评表

序号	项目	考核内容及要求	配分	评分标准	扣分	得分
1	材料准备	检查工具（5 分）、资料（5 分）是否准备齐全	10	1. 工具不齐全，每少一件扣 1 分 2. 资料不齐全，扣 5 分		
2	故障现象勘察	1. 通电前，检查机床外观、电气元件（5 分） 2. 正确通电试运行（5 分） 3. 正确描述故障现象（5 分）	15	1. 不能全面检查机床外观、电气元件，每漏检一处扣 1 分 2. 不能正确通电试运行，扣 5 分 3. 不能正确描述故障现象，扣 5 分		
3	故障原因分析	1. 故障分析思路正确、清晰（5 分） 2. 故障原因分析正确、完整（15 分） 3. 正确查阅资料（5 分）	25	1. 思路不清晰或不正确，扣 5 分 2. 不能正确分析故障原因或分析不完整，每错一处扣 3 分 3. 不能正确查阅资料，扣 5 分		
4	故障处理	1. 对故障部位进行维修（25 分） 2. 试运行，对维修效果进行验证（5 分）	30	1. 工具使用不正确，扣 5 分 2. 停电不验电，扣 5 分 3. 思路不清晰，扣 10 分 4. 工时控制不合理，扣 5 分		
				1. 不会试运行或维修试运行结果不正确，扣 2 分 2. 查出故障，而不能进行故障修复的，扣 3 分		
5	安全文明生产	应符合国家安全文明生产的有关规定	10	违反安全文明生产有关规定，不得分		
6	实操过程记录	填写清晰、准确	10	填写不准确，不得分		
指导教师评价					总得分	

知识拓展

数控机床自动换刀装置故障检修实例

【故障实例1】

故障现象：CKD6140数控车床刀架电动机不转，刀架不动作。

故障分析及处理：一台CKD6140数控车床，与之配套的刀架为LD4－I四工位电动刀架。分析该故障产生的原因可能是电动机相序接反或电源电压偏低，但调整电动机电源线相序及电源电压，故障不能排除。说明故障为机械原因所致。将电动机罩卸下，旋转电动机风叶，发现阻力过大。拆开电动机进一步检查发现，蜗杆轴承损坏，电动机轴与蜗杆离合器质量差，使电动机出现阻力。更换轴承，修复离合器后，故障排除。

【故障实例2】

故障现象：某配套KNDl00T系统的数控机床，在指定2号刀位时刀架旋转直至产生05号报警后停止。

故障分析及处理：05号报警的含义为“换刀时间过长”。从刀架开始正转，经过Ta时间后指定的刀架到达信号仍然没有接收到，故产生报警。因此可适当延长Ta的值，但延长后仍然会产生报警。仔细多次观察换刀过程发现有时2号刀位能找到，有时找不到，通过检查发现换刀过程中刀架到位信号找不到，进一步检查发现刀架与刀架控制模块之间接触不好。重新连接后，故障排除。

【故障实例3】

故障现象：某配套FANUC 0TC系统的数控转塔冲床，转塔启动后一直旋转不停，并出现报警“2007 TURRET INDEXING TIME UP”即转塔旋转超时。

故障分析及处理：出现故障时，按“RESET”转塔停止旋转，但系统又出现“2031TURRET NOT CLAMP”（转塔没有卡紧）报警。检查转塔没有卡紧动作时，检查PMC输出点Y46.2，证明卡紧的信号已经发出。进一步检查发现控制卡紧转塔的电磁阀的电源断路器过载，说明电磁阀线路存在短路，更换连接电缆后，机床故障消除。

【故障实例4】

故障现象：配套GSK980TDa－V系统的CAK5060NI数控车床，启动刀架电机就跳闸。

故障分析及处理：由于启动换刀电机就跳闸，怀疑刀架电机绕组短路或刀架控制线路有短路等故障。断电后，用万用表检测电动机绕组的三相阻值基本平衡在100 Ω左右，属于正常。进一步查看线路发现电机动力线有一相导线绝缘损坏并与机床相连，恢复绝缘，刀架换刀正常。

【故障实例5】

故障现象：一台CAK4085NI数控车床，系统配置GSK980TD，按下换刀键后，刀架不转。

故障分析与处理：开机后在诊断界面对照电气原理图，检查输入输出信号，没有发现异常，打开电器柜，按下换刀键，刀架正转接触器不吸合。断电后，检查发现刀架反转接触器触头熔焊，由于接触器互锁，致使正转接触器不吸合，更换新接触器后故障排除，刀架换刀正常。

【故障实例 6】

故障现象：CK6136 数控车床配 GSK980TA 数控系统及 DA98A 全数字交流伺服驱动单元，刀架 1 号刀不转动。

故障分析与处理：现场发现其他号刀转刀正常，说明系统刀架正反转信号、24 V、0 V 输出都应正常。检查 1 号刀与 24 V 之间电压，有电压存在，这说明 1 号刀的信号线是通的，但电压过低。检查 1 号刀的上拉电阻，发现外皮已有烧焦现象，测量虽然有一定阻值，但明显不能用。更换后，情况有所改变，1 号刀从不转变成转个不停。将 1 号刀信号线与 2 号刀信号线对换，1 号刀仍然转个不停，说明 1 号刀信号线存在问题，很有可能主板内部 1 号刀的电阻被烧坏。打开主板后，发现主板上有两个电阻被烧焦，更换主板后，换刀正常。

思考与练习

一、填空题（将正确答案填在横线上）

1. GSK980TDb 数控系统中数据参数№082 的含义是__________；数据参数№084 的含义是__________；数据参数№082 的含义是__________。

2. GSK980TDb 数控系统中刀架反转锁紧时间由参数号__________设置，若设置反转锁紧时间__________刀架可能锁不紧；若反转锁紧时间__________会损坏电机。

3. 在检查刀架不转的故障时，应依据__________原则进行检查。

二、选择题（将正确答案序号填在括号里）

1. 在下列选项中，引起电动刀架不转的因素是（　　）。

A. 电动机相序不对　　B. 发信盘位置不对　　C. 霍尔元件开路

2. 在下列选项中，引起电动刀架的某刀位旋转不停的因素是（　　）。

A. 电动机相序不对　　B. 发信盘位置不对　　C. 霍尔元件短路

3. 在下列选项中，引起电动刀架锁不紧的因素是（　　）。

A. 电动机相序不对　　B. 反转时间太短　　C. 霍尔元件短路

三、简答题

1. 简述数控车床刀架锁不紧的故障原因及处理方法。

2. 简述首次上电进行换刀时，如果刀架不转动该怎样处理。

课题六　冷却泵与润滑系统的电气故障检修

任务1　识读冷却泵与润滑系统电气线路

学习目标

1. 理解数控机床润滑和冷却系统的基本知识。
2. 能够读懂数控车床冷却与润滑系统电气控制原理图。
3. 能正确设计润滑与冷却系统的电气线路。

任务引入

数控机床的辅助装置是保证充分发挥数控机床功能所必需的配套装置，常用的辅助装置包括润滑系统、冷却系统、自动换刀装置、液压与气动系统、照明系统和排屑装置等。本任务将重点学习识读与分析冷却泵与润滑系统的电气线路图，并完成电气线路的设计与绘制。

相关知识

一、数控机床润滑系统

数控机床润滑系统在机床中占有十分重要的位置，对于提高机床加工精度、延长机床使用寿命等都有着十分重要的作用。其主要包括对机床导轨、滚珠螺杆（俗称滚珠丝杠或滚珠丝杆）（图6—1—1）、传动齿轮及主轴箱等的润滑，其形式有电动间歇润滑泵（图6—1—2）和定量式集中润滑泵等。其中，电动间歇润滑泵应用较多，其可实现自动间歇、周期供油，润滑间歇时间和每次泵油量，可根据润滑要求进行调整或参数设定。

1. 数控机床润滑系统的电气控制要求

（1）首次开机时，自动润滑15 s。

（2）机床运行时，达到间隔固定时间自动润滑一次，而且润滑间隔时间可由用户通过PMC参数进行调整。

（3）加工过程中，可通过机床操作面板上的润滑手动开关控制。

（4）润滑油过低时，系统出现报警提示，系统不能循环启动。

2. 润滑系统电气控制线路分析

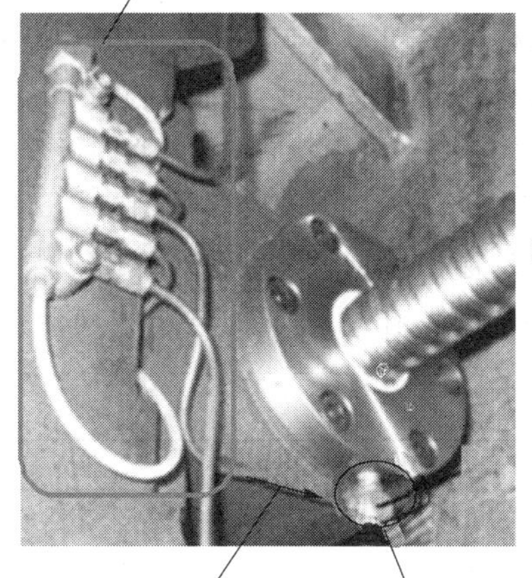

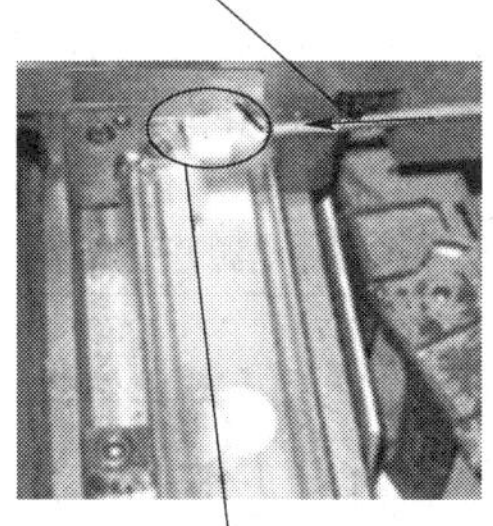

a)　　　　b)

图 6—1—1　机床滚珠丝杆和导轨润滑

CAK3665NJ 数控车床润滑电气控制电路图如图 6—1—3 所示。启动机床润滑泵开关，由数控系统 PMC 通过 I/O 模块控制输出接口 Y3. 1 有效时，输出继电器 KA7 线圈得电，常开触点闭合，集中润滑装置（润滑泵）接通 220 V 电源，机床实现润滑控制。SL10 为润滑系统油面下限检测开关，通过 I/O 模块的输入口 X0. 6 输入系统润滑油过低报警信号。当润滑油过低时，X0. 6 有效，系统出现报警提示，并通过 PMC 切断机床循环启动回路。

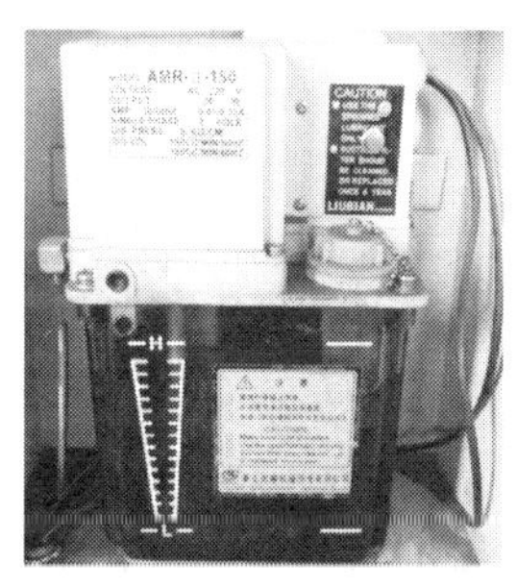

图 6—1—2　电动间歇润滑泵

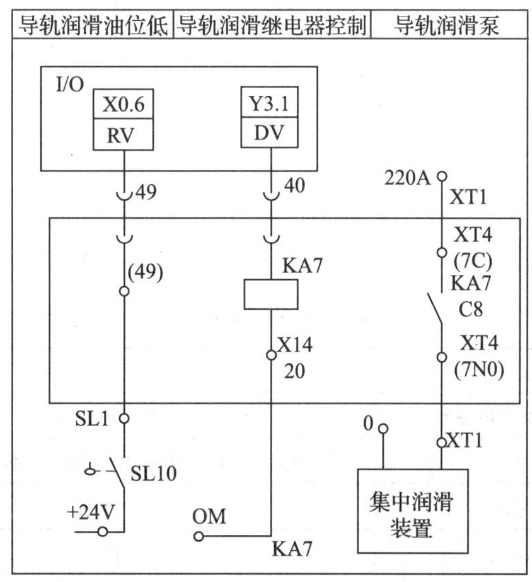

图 6—1—3　CAK3665NJ 数控车床润滑电气控制电路图

二、数控机床冷却系统

数控机床冷却系统主要用于在切削过程中冷却刀具与工件，同时也起冲屑作用。为了获得较好的冷却效果，冷却泵打出的切削液需要通过刀架或主轴前的喷嘴喷出直接冲向刀具与工件的切削发热处。冷却泵的开、停由数控系统中的辅助指令 M08、M09 来分别控制。

CAK3665NJ 数控车床冷却泵电气控制电路图如图 6—1—4 所示。当有手动或自动冷却指令时，由系统中 PLC 输出通过 I/O 模块控制输出接口 Y3.0 有效，KA1 继电器线圈通电，继电器常开触点闭合，KM3 交流接触器线圈通电，在冷却泵主电路中交流接触器 KM3 主触点吸合，冷却电动机旋转，从而带动冷却泵工作。

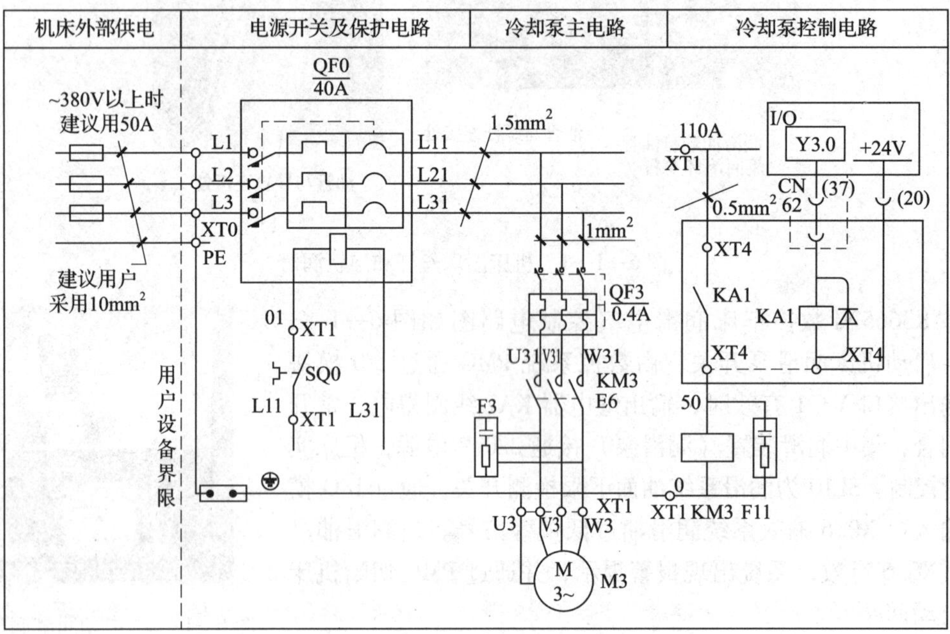

图 6—1—4　CAK3665NJ 数控车床冷却泵电气控制电路图

任务实施

一、任务准备

实施本任务所需要的实训设备及工具材料表见表 6—1—1。

表 6—1—1　　实训设备及工具材料表

序号	设备与工具	序号与名称	数量
1	数控车床（GSK980TDb 系统）	CAK3665NJ	1 台
2	机床资料	数控车床电气说明书、数控系统操作说明书	1 套
3	常用电工工具	自定	1 套
4	仪器仪表	自定	1 套
5	绘图工具	自定	1 套

二、识读与绘制润滑与冷却系统的电气线路图

1. 识读电气线路图

在教师的指导下，按照下列流程识读电气线路图。

（1）识读润滑泵主电路及控制信号流程。

（2）识读冷却泵主电路及控制信号流程。

在教师的指导下，重点查阅资料理解各控制端子的含义和信号流程。

2. 绘制电气线路图

在教师的指导下，完成下列电气线路图的绘制。

（1）绘制润滑泵主电路及控制信号线路图。

（2）绘制冷却泵主电路及控制信号线路图。

①绘制电路图时，应保持图面整洁。

②绘制电气线路图时，元器件符号应正确规范，且线路应具有完善的保护功能。

③条件许可时，可参照实际数控机床来绘制机床的线路图。

三、润滑与冷却系统的接线

1. 润滑泵线路的接线

按照图 6—1—3 所示电路图，完成润滑泵线路的连接。

2. 冷却泵线路的连接

按照图 6—1—4 所示电路图，完成冷却泵线路的连接。

3. 系统线路检查

（1）通电前，按照信号从强到弱的顺序检查线路有无短路和接触不良等现象。

（2）检查电动机强电电缆的相序。

（3）检查地线的连接，并保证保护接地电阻值应小于 1 Ω。

4. 系统通电

按照要求在指导教师监督下通电检查。

5. 实训完毕，切断电源，整理场地

任务测评

完成任务后，学生先按照表 6—1—2 进行自我测评，再由指导教师评价审核。

表 6—1—2 测评表

序号	项目	考核内容及要求	配分	评分标准	扣分	得分
1	识读与绘制线路图	1. 识读与绘制润滑泵线路（15分） 2. 识读与绘制冷却泵线路（15分） 3. 图面清洁（5分）	35	1. 不能正确识读与绘制润滑泵线路，每错一处扣2分 2. 不能正确识读与绘制冷却泵线路，每错一处扣2分 3. 图面不清洁，扣5分		
2	材料准备与装前检查	1. 检查工具（5分）、资料（5分）是否准备齐全 2. 认识与检查电气元件（5分）	15	1. 工具不齐全，每少一件，扣1分 2. 资料不齐全，扣5分 3. 不认识、不会检测或漏检元件，每处扣1分		
3	润滑与冷却系统的连接	1. 正确连接润滑泵系统（20分） 2. 正确连接冷却泵系统（20分）	40	1. 不能正确使用工具，每处扣1分 2. 损坏元器件，扣5分 3. 不会连接数控系统，每处扣2分 4. 不能连接伺服驱动器，每处扣2分		
4	安全文明生产	应符合国家安全文明生产的有关规定	10	违反安全文明生产有关规定，不得分		
指导教师评价					总得分	

思考与练习

一、填空题（将正确答案填在横线上）

1. 常用的辅助装置包括__________、__________、__________、__________和排屑装置等。

2. 数控机床润滑对象主要包括__________、__________、__________及__________等。其润滑形式有__________和__________等。

3. 数控系统中冷却泵的开、停由辅助指令__________来控制。

4. 冷却泵控制回路中 KM3 线圈电压是__________V；KA1 线圈电压是__________V。

二、选择题（将正确答案序号填在括号里）

1. 数控机床冷却系统的作用是（ ）。

A. 冷却刀具　　B. 冲屑　　C. 冷却工件　　D. 以上都是

2. GSK980TDb 数控系统的润滑继电器 KA7，由 CN62 接口中第（ ）管脚输出信号控制。

A. Y3.1　　B. Y3.0　　C. Y2.6　　D. Y2.7

三、简答题

1. 数控机床润滑系统的电气控制要求有哪些?
2. 简述冷却泵的工作原理。

任务2　冷却泵与润滑系统电气故障检修

学习目标

1. 掌握数控机床冷却系统电气线路故障的检修。
2. 掌握数控机床润滑系统电气线路故障的检修。

任务引入

数控机床的冷却泵与润滑系统对于数控机床的安全可靠运行有着重要的保障作用，其一旦发生故障，会导致数控机床无法正常运行。本任务在了解冷却泵与润滑系统电气线路原理等相关知识的基础上，深入学习数控机床润滑与冷却系统电气故障的检修方法。

相关知识

典型故障分析

故障一：数控车床润滑泵不工作

故障分析与处理：当机床发生故障时，首先观察故障具体现象，机床通电后在手动方式下，按下润滑启动按钮，润滑泵不工作。根据原理分析确定出故障检修流程，如图6—2—1所示。然后，根据流程图进行逐一检查，并修复故障。

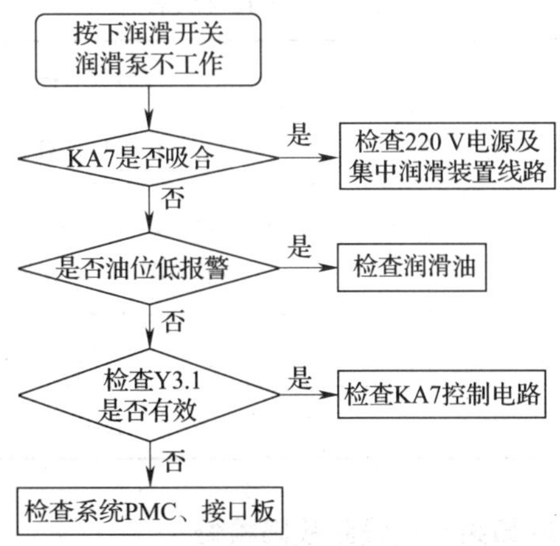

图6—2—1　数控车床润滑泵不工作的故障检修流程图

故障二：数控车床冷却泵不工作

故障分析与处理：当机床发生故障时，首先观察故障具体现象，机床通电后在手动方式下，按下冷却泵启动按钮，冷却泵电机不工作。根据原理分析确定出故障检修流程，如图6—2—2所示。然后，根据流程图进行逐一检查，并修复故障。

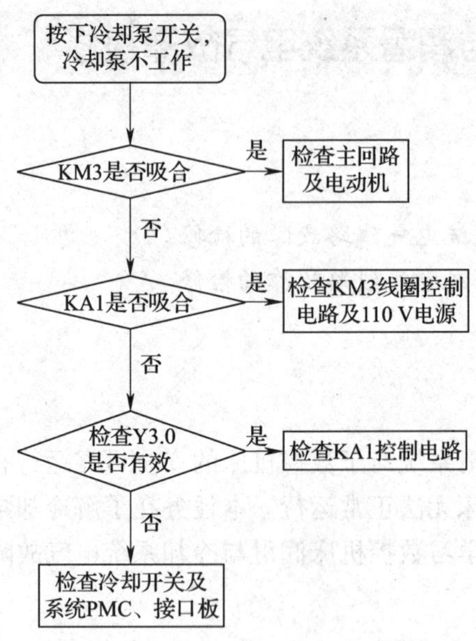

图6—2—2　数控车床冷却泵不工作的故障检修流程图

任务实施

一、任务准备

实施本任务所需要的实训设备及工具材料表见表6—2—1。

表6—2—1　　实训设备及工具材料表

序号	设备与工具	序号与名称	数量
1	数控车床（GSK980TDb系统）	CAK3665NJ	1台
2	机床资料	数控车床电气说明书、数控系统操作说明书、维修说明书	1套
3	常用电工工具	自定	1套
4	仪器仪表	自定	1套

二、数控机床润滑泵与冷却泵电气线路故障检修

1．设置故障

（1）设置数控车床润滑泵不转的故障。

（2）设置数控车床冷却泵不转的故障。

①由教师或同组学生人为设置故障，且必须是机床在使用中的常见故障。

②设置故障时，必须在停电情况下进行，切忌更改线路和损坏元件等，以确保人身和设备安全。

2. 检修步骤

（1）当机床通电后，在手动方式下，按下手动润滑按钮时，润滑泵不转的故障检修步骤，可参考图6—2—1所示的检修流程图，进行逐一检查，直到找到故障点，并详细填写故障检修记录单（表6—2—2）。

（2）当机床通电后，在手动方式下，按下手动冷却泵按钮时，冷却泵不运转故障的检修步骤，可参考图6—2—2所示的检修流程图，进行逐一的检查，直到找到故障点，并详细填写故障检修记录单（表6—2—3）。

（3）修复故障，通电试运行。

（4）检修完毕，切断电源，清扫场地。

三、填写故障检修记录单（表6—2—2、表6—2—3）

表6—2—2　　数控车床润滑泵不转的故障检修记录单

维修时间			维修人员	
设备名称	数控车床		设备型号	
故障现象				
诊断与维修	可能故障部位	是否正常	排除方法	维修用零配件
维修小结				
修后试车 确认维修结果				

表6—2—3　　数控车床冷却泵不转的故障检修记录单

维修时间		维修人员	
设备名称	数控车床	设备型号	
故障现象			

续表

	可能故障部位	是否正常	排除方法	维修用零配件
诊断与维修				
维修小结				
修后试运行 确认维修结果				

任务测评

完成任务后，学生先按照表6—2—4进行自我测评，再由指导教师评价审核。

表6—2—4　　测评表

序号	项目	考核内容及要求	配分	评分标准	扣分	得分
1	材料准备	检查工具（5分）、资料（5分）是否准备齐全	10	1. 工具不齐全，每少一件扣1分 2. 资料不齐全，扣5分		
2	故障现象勘察	1. 通电前，检查机床外观、电气元件（5分） 2. 正确通电试运行（5分） 3. 正确描述故障现象（5分）	15	1. 不能全面检查机床外观、电气元件，每漏检一处扣1分 2. 不能正确通电试运行，扣5分 3. 不能正确描述故障现象，扣5分		
3	故障原因分析	1. 故障分析思路正确、清晰（5分） 2. 故障原因分析正确、完整（15分） 3. 正确查阅资料（5分）	25	1. 思路不清晰或不正确，扣5分 2. 不能正确分析故障原因或分析不完整，每错一处扣3分 3. 不能正确查阅资料，扣5分		
4	故障处理	1. 对故障部位进行维修（25分） 2. 试运行，对维修效果进行验证（5分）	30	1. 工具使用不正确，扣5分 2. 停电不验电，扣5分 3. 思路不清晰，扣10分 4. 工时控制不合理，扣5分		
				1. 不会试运行或维修试运行结果不正确，扣2分 2. 查出故障，而不能进行故障修复的，扣3分		

续表

序号	项目	考核内容及要求	配分	评分标准	扣分	得分
5	安全文明生产	应符合国家安全文明生产的有关规定	10	违反安全文明生产有关规定，不得分		
6	实操过程记录	填写清晰、准确	10	填写不准确，不得分		
指导教师评价					总得分	

思考与练习

简答题

1．简述润滑泵不转的故障检修步骤。

2．简述冷却泵不转的故障检修步骤。

课题七　数控机床 PLC 的电气故障检修

任务1　认识数控机床 PLC

学习目标

1. 了解数控机床 PLC 的基本知识。
2. 能够读懂数控机床的 PLC 梯形图。
3. 掌握 FANUC 系统 PMC 梯形图窗口的基本操作。

任务引入

数控机床用可编程控制器（PLC）完成各种执行机构的逻辑顺序控制，即实现数控机床的辅助功能、主轴转速功能、刀具功能的译码和控制等，是数控系统的重要组成部分。作为数控机床电气故障检修人员，要掌握维修数控机床 PLC 常见故障的技能，首先就要认识数控系统中的 PLC，掌握数控系统中与 PLC 相关界面的操作。本任务将以 FANUC 系统为例，介绍数控机床 PLC 的相关知识及基本操作方法，为检修数控机床的 PLC 电气故障打下基础。

相关知识

一、数控机床 PLC 基本知识

1. 数控机床 PLC 的形式

数控机床常用的 PLC 主要有两类：一类是专门为机床应用而设计制造的内装型 PLC（PMC）；另一类是独立式（通用型 PLC），其输入/输出信号接口技术规范、输入/输出点数、程序存储容量以及运算和控制功能等均满足数控机床控制的要求。

（1）内装型 PLC

内装型 PLC 从属于 CNC 装置，PLC 硬件电路可与 CNC 装置其他电路制作在同一块印制电路板上，也可以制作成独立的电路板。PLC 与 CNC 之间的信号传递在 CNC 装置内部完成。PLC 与机床侧（MT）的信号传递则通过 PLC 的输入/输出接口来实现，采用内装型 PLC 的数控机床系统框图如图 7—1—1 所示。此系统硬件和软件整体结构十分紧凑；可与 CNC 公用 CPU，也可以单独使用 CPU，不单独配置 I/O 接口，而使用系统本身的 I/O 接口；采用内装 PLC 的数控系统可以具备某些高级的控制功能，如梯形图编辑和传送功能等。

目前，CNC 厂家在其生产的 CNC 产品中，大多数都采用内装型 PLC，使其结构更加紧凑。

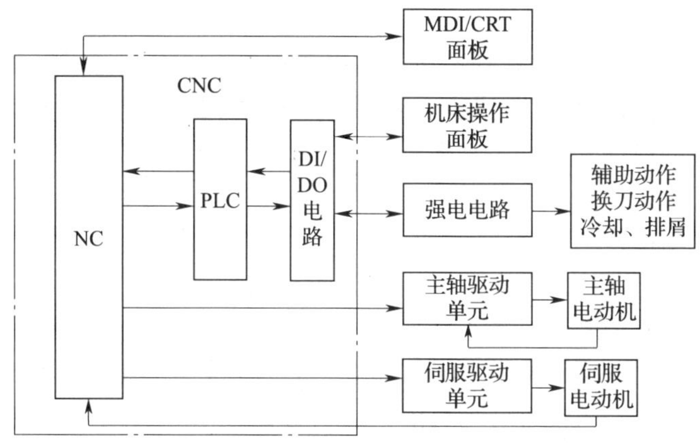

图 7—1—1　采用内装型 PLC 的数控机床系统框图

（2）独立型 PLC

图 7—1—2 所示是采用独立型 PLC 的数控机床系统框图。

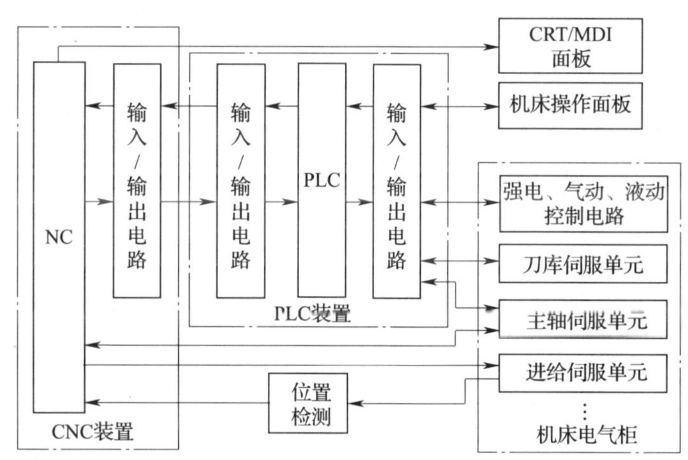

图 7—1—2　采用独立型 PLC 的数控机床系统框图

独立型 PLC 又称通用性 PLC，它独立于 CNC 装置，大多数采用模块化结构，输入/输出点数可以通过输入/输出模块的增减灵活配置，具有完备的硬件和软件功能，能独立完成规定的控制任务。

2．PLC 与数控装置、机床侧之间的信息交换

PLC 作为 CNC 与机床（MT）之间的信号转换电路，既要与 CNC 进行信号转换，又要与机床侧外围开关进行信号交换，图 7—1—3 所示为 CNC、PMC 与外围电路的信号关系。

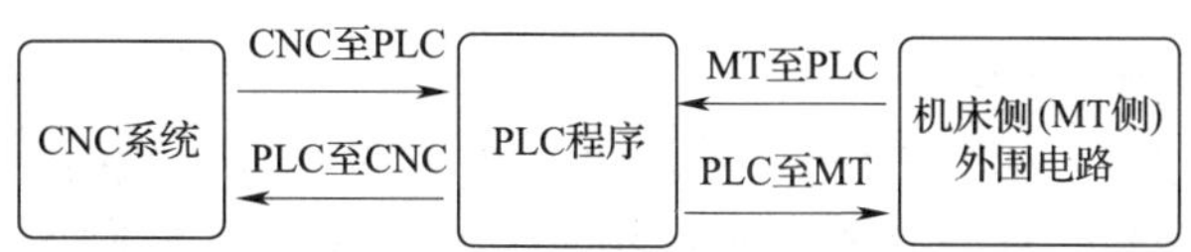

图 7—1—3　CNC、PMC 与外围电路的信号关系

（1）PLC 到 MT

CNC 的输出数据经 PLC 的逻辑处理，通过输出接口送至 MT 侧。CNC 到机床的主要信号有 M、S、T 等代码。M 功能是辅助功能，根据不同的 M 代码，PLC 可控制主轴的正、反转和停止，主轴齿轮箱的换挡变速，主轴准停，切削液的开关，卡盘的加紧、松开，机械手的取刀、放刀等；S 功能是在 PLC 中可以用4 位代码直接指定转速；T 功能是数控机床通过 PLC 管理刀库，进行自动换刀。

（2）MT 到 PLC

从机床侧输入的开关量信号通过输入接口输入到 PLC 逻辑控制器处理后送到 CNC 装置中。机床侧传给 PLC 的信号主要是机床操作面板上的各种开关、按钮及检测信号等信息。大多数信号的含义及所配置的输入地址，均可由 PLC 程序编制者或者是程序使用者自行定义。数控机床生产厂家可以方便地根据机床的功能和配置，对 PLC 程序和地址分配进行修改。

（3）CNC 至 PLC

CNC 送至 PLC 的信息可由 CNC 直接送入到 PLC 的寄存器中，所有 CNC 送至 PLC 的信号含义和地址（开关量地址或寄存器地址）均由 CNC 厂家确定，PLC 编程者只可使用不可改变和增删。如数控指令的 M、S、T 功能，通过 CNC 译码后直接送入 PLC 相应的寄存器中。

（4）PLC 至 CNC

PLC 送至 CNC 的信息也由开关量信号或寄存器完成，所有 PLC 送至 CNC 的信号地址与含义均由 CNC 厂家确定，PLC 编程者只可使用，不可改变和增删。

3. 数控机床 PLC 的基本控制功能

数控机床的 PLC 通常具有如下控制功能：

（1）机床操作面板控制。将机床控制面板上的控制信号直接输入 PLC，以控制数控机床的运动。

（2）机床外部开关量的输入信号控制。将机床侧的开关信号送入 PLC，经过逻辑运算后，输出给控制对象。这些开关量包括控制开关、行程开关、接近开关、压力开关、流量开关和温控开关等。

（3）输出信号控制。PLC 的输出信号经强电控制部分的继电器、接触器，通过机床侧的液压或气动电磁阀，对刀塔、机械手、分度装置和回转工作台等装置进行控制，另外还对冷却泵电动机、润滑泵电动机等动力装置进行控制。

（4）伺服控制。对主轴和伺服进给驱动装置的使能条件进行逻辑判断，确保伺服装置的安全工作。

（5）故障诊断处理。PLC 收集强电部分、机床侧和伺服驱动装置的反馈信号，检测出故障后将报警标志区的相应报警标志位置位，数控系统根据被置位的标志位显示报警号和报警信息，以便于故障诊断。

二、FANUC 数控系统 PLC

FANUC 数控系统 PLC 又称为 PMC，有 PMC－A、PMC－B、PMC－C、PMC－D、PMC－G 和 PMC－L 等多种型号，它们分别使用不同的 FANUC 系统，如 FANUC 0i MATE－TD 系统 PMC 是采用 PMC－L 型号。

1. PMC 信号地址、类型

PMC 的信号地址是指机床侧的输入/输出信号、CNC 之间的输入/输出信号、内部继电器、保持性存储器内的数据等各信号存在场所的编号。在编写 PMC 程序时所需的 4 种类型的地址如图 7—1—4 所示，其中由实线表示的与 PMC 相关的输入/输出信号经由 I/O 板的接收电路和驱动电路传送。由虚线表示的与 PMC 相关的输入/输出信号仅在存储器中传送，如在 RAM 中传送；这些信号的状态都可以在 CRT 上显示。

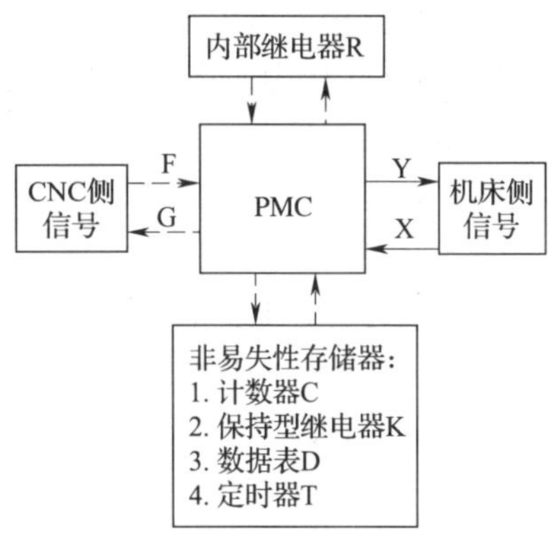

图 7—1—4　与 PMC 相关的地址

相关的 PMC 地址符号与信号种类见表 7—1—1。

表 7—1—1　　相关的 PMC 地址符号与信号种类

字母	信号类型	地址号
X	来自机床侧的信号（MT→PMC）	X0 ~ X127（外装 I/O 模块）
Y	由 PMC 输出到机床侧的信号（PMC→MT）	Y0 ~ Y127（外装 I/O 模块）
F	来自 NC 侧的输入信号（NC→PMC）	F0 ~ F255
G	由 PMC 输出到 NC 的信号（PMC→NC）	G0 ~ G255
R	内部继电器	R0 ~ R999
A	信息显示请求信号	A0 ~ A24
C	计数器	C0 ~ C79
K	保持型继电器	K0 ~ K19
T	可变定时器	T0 ~ T79
D	数据表地址	D0 ~ D1859
L	标记号地址	—
P	子程序号标志	—

（1）MT 与 PMC 之间的信号地址 X 与 Y。

1）X 是来自机床侧的输入信号（如极限开关、刀位信号、操作按钮等检测元件），PMC 接收从机床侧各检测装置反馈回来的输入信号，在控制程序中进行逻辑运算，作为机床动作的条件及外围设备进行自诊断的依据。

2）Y 是由 PMC 输出到机床的信号，在控制程序中输出信号控制机床侧的接触器、信号指示灯动作，满足机床的控制要求。

（2）PMC 与 CNC 之间的信号地址 F 与 G。

1）F 是由控制伺服电动机和主轴电动机的系统部分输入到 PMC 的信号，系统部分就是将伺服电动机和主轴电动机的状态以及与请求相关机床动作的信号（移动中信号、位置检测信号、系统准备完信号等）反馈到 PMC 中进行逻辑运算，以作为机床动作的条件及进行自诊断的依据。

2）G 是由 PMC 侧输出到控制伺服电动机和主轴电动机的系统部分的信号，对系统部分进行控制和信息反馈（如轴互锁信号、M 代码执行完毕信号等）。

（3）R 是内部继电器，经常在程序中作辅助运算用，其地址为 R0 ~ R9117，共 1118 字节。R0 ~ R999 作为通用中间继电器，R9000 后的地址作为 PMC 系统程序保留区域，不能作为继电器线圈使用。

（4）A 是信息显示请求信号，共 25 个字节 200 个位，共计 200 个信息数。PMC 通过从机床侧各检测装置反馈回来的信号和系统部分的状态信号，对机床所处的状态经过程序的逻辑运算后进行自诊断。若为异常，使 A 为 1。当指定的 A 地址被置为“1”后，报警显示屏幕上便会出现相关的信息，帮助查找和排除故障。

（5）C 为计数器地址，共 80 个字节，用于设计计数值的地址，每 4 个字节组成一个计数器（其中，两个字节作为保存预置值，另外两个字节作为保存当前值用），也就是说共有 20 个计数器（1 ~20）。

（6）K 为保持型继电器，其中，K0 ~ K16 为一般通用地址，K17 ~ K19 为 PMC 系统软件参数设定区域，由 PMC 使用。在数控系统运行过程中，若发生停电，输出继电器和内部继电器全部成为断开状态。当电源再次接通时，输出继电器和内部继电器都不可自动恢复到断电前的状态，所以停电保持用继电器就用于保存停电前的状态并在再次运行时再现该状态的情形。

（7）T 为定时器，共 80 个字节，用于存储设定时间，每两个字节组成一个定时器，共 40 个，定时器号从 1 ~ 40。

（8）D 为数据表地址，共 1 860 个字节，在 PMC 程序中，某些时候需要读写大量的数字数据，D 就是用来存储这些数据的非易失性存储器。

（9）L 标记地址，共有 9 999 个标记数，用于指定标号跳转（JMPB、JMPC）功能指令中跳转目标标号。在 PMC 程序中，相同的标号可以出现在不同的指令中，只要在主程序和子程序中是唯一的就可以。

（10）P 为子程序号的标志，共有 512 个子程序数，用于指定条件调用子程序（CALL）和无条件调用子程序（CALLU）功能指令中调用的目标子程序号。在 PMC 程序中，目标子程序号是唯一的。

2. PMC 信号地址格式

PMC 信号地址格式由地址号和位号（0 ~ 7）表示，如图 7—1—5 所示。

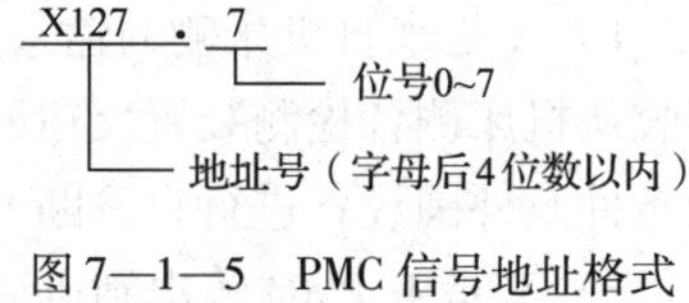

图 7—1—5 PMC 信号地址格式

在地址号的开头必须指定一个字母，用来表示表 7—1—1 中所列的信号类型，在功能指令中指定字节单位的地址时，位号可以省略，如 X127。

要点提示

①在 PMC 程序中，机床侧的输入信号（X）和系统部分的输出信号（F）是不能作为线圈输出的；②对于输出线圈而言，输出地址不能重复定义，否则该地址的状态不能被确定，必要时使用中间继电器线圈；③定时器号（T）、计数器号（C）不能重复使用，但梯形图中同一地址的触点可以认为是无穷数量的。

3. PMC 的基本指令和功能指令

梯形图是直接从传统的继电器控制演变而来的，通过使用梯形图符号组合成的逻辑关系构成了 PMC 程序。PMC 的基本指令有 RD、RD. NOT、WRT、WRT. NOT、AND、AND. NOT、OR、OR. NOT、RD. STK、RD. NOT. STK、AND. STK、OR. STK、SET、RST 共 14 个。在编写程序时，通常有两种方法：一是使用助记符语言（即基本功能指令）；二是用梯形图符号。当使用梯形图符号编写时，不需要理解 PMC 指令就可以直接进行程序的编写。由于梯形图易于理解、便于阅读和编辑，因而成为编程人员的首选，FANUC 数控系统使用梯形图符号进行编程。

三、FANUC 数控系统 PMC 界面与操作

FANUC 数控系统可以通过屏幕对 PMC 实施操作，实现各种信号的监控与诊断、PLC 寄存器的参数设定、梯形图程序的显示、编辑以及系统参数查阅等。

1. 查阅梯形图

（1）在数控系统上按 SYSTEM 键两次，再按［+］扩展键，出现了 PMC 界面。

（2）依次按下［PMCLAD］软键→［梯形图］软键，进入“PMC 梯形图”界面如图 7—1—6 所示。可以通过上下翻页键或光标移动键查看所有的程序。

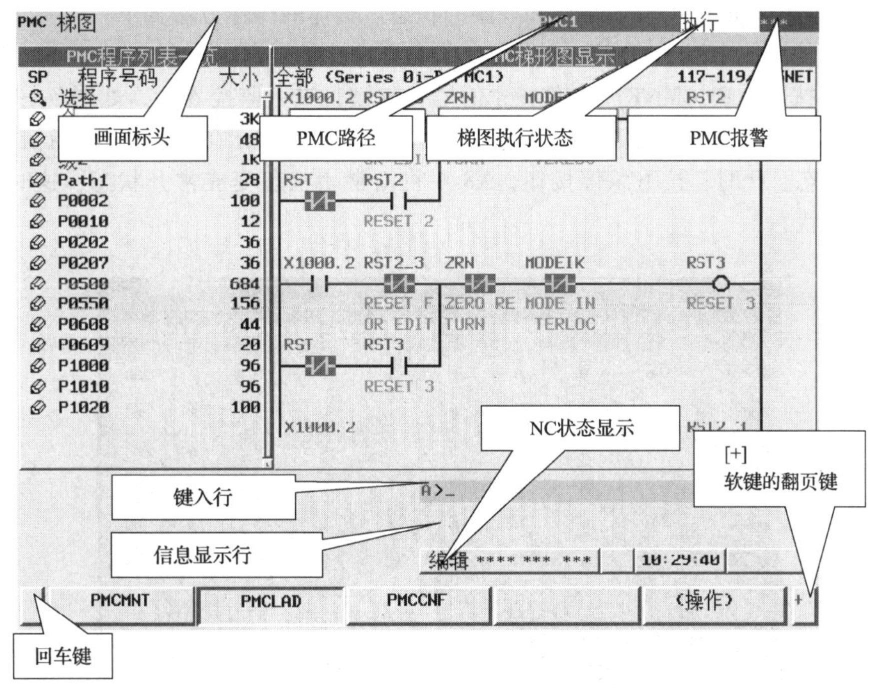

图 7—1—6 “PMC 梯形图”界面

（3）在 CRT 屏幕中，触点和线圈断开（状态为 0）以低亮度显示，触点和线圈闭合（状态为 1）以高亮度显示；在梯形图中有些触点或线圈是用助记符定义的，而不是用地址来定义的，这是因为在编写 PMC 程序时为了方便记忆，为地址做了助记符。

2. 在梯形图中查找触点、线圈、行号和功能指令

在梯形图中快速准确地查找想要的内容是日常保养和维修过程中经常进行的操作，必须

熟练掌握。

（1）在“PMC梯图”界面中，按下［操作］软键，再按下［搜索］软键，进入查找界面；输入要查找的触点，如X9.5。然后按下［搜索］软键；执行后，界面中梯形图的第一行就是所要查找的触点。在进行地址X9.5的查找时，会从梯形图的开头开始向下查找，当再次进行X9.5的查找时，会从当前梯形图的位置开始向下查找，直到到达该地址在梯形图中最后出现的位置后，又回到梯形图的开头重新向下查找。

（2）使用［搜索］软键，还可以查找线圈。如输入“Y8.3”，然后按下［W－搜索］软键，界面中梯形图的第一行就是所要查找的线圈Y8.3。

（3）对梯形图比较熟悉后，根据梯形图的行号查找触点或线圈是另一种快捷方法；如要查找第30行的触点，输入“30”，然后按下［搜索］软键，这时便可在画面中调出第30行的梯形图。

（4）查找功能指令与查找触点和线圈的方法基本相同，但其所需键入的内容不同，后者需要键入的是地址，而前者需要键入的是功能指令的编号。例如，输入“27”（即SUB27），然后按下［F－搜索］软键，界面中梯形图的第一行就是所要查找的功能指令。

3. 信号状态的监控

信号状态监控界面可以提供触点和线圈的状态。具体的操作方法如下：

（1）在数控系统中按SYSTEM键两次，再按［＋］扩展键，出现PMC界面。

（2）依次按下［PMCMNT］软键→［信号］软键，进入监控界面，如图7—1—7所示。输入所要查找的地址，如输入X8.4，然后按下［搜索］软键，在界面的第一行将看到所要找的地址的状态。此时，按下急停按钮，X8.4将由常闭状态变成常开状态，这时可清楚地看到其监控的状态。

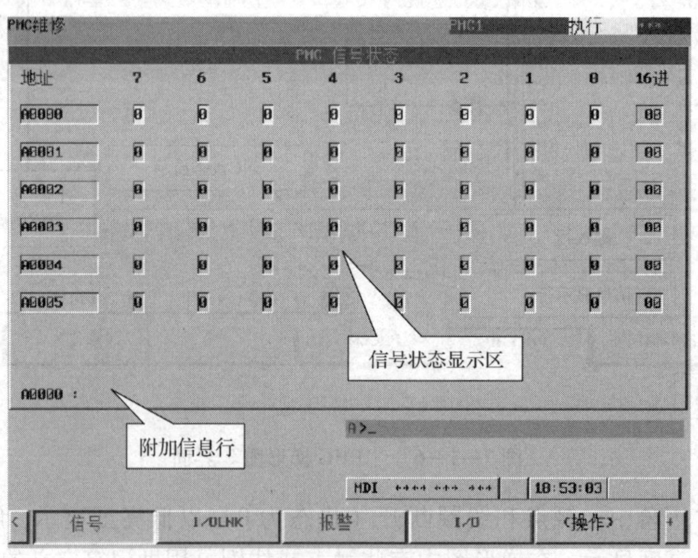

图7—1—7　信号状态监控画面

4. 与PMC的编辑有关的操作

对于FANUC数控系统，不但可以在CRT上显示PMC程序，而且可以进入编辑界面，根据用户的需求对 PMC 程序进行编辑和其他操作。

（1）选择 EDIT（编辑）运行方式，按 SYSTEM 键两次→按［ + ］扩展键→［PMCC-NF］软键，然后按“设定”键，将编辑许可设为“是”，编辑后保存设为“是”；按“<”键返回 PMC 界面，按［PMCLAD］软键→［梯形图］软键→［操作］软键→［编辑］软键→［缩放］软键，在此可以进行程序的编辑。

（2）对程序进行编辑或修改。例如，要输入图 7—1—8 所示的梯形图（R620.2 的导通不断地产生 R620.3 的上升沿脉冲），方法如下：

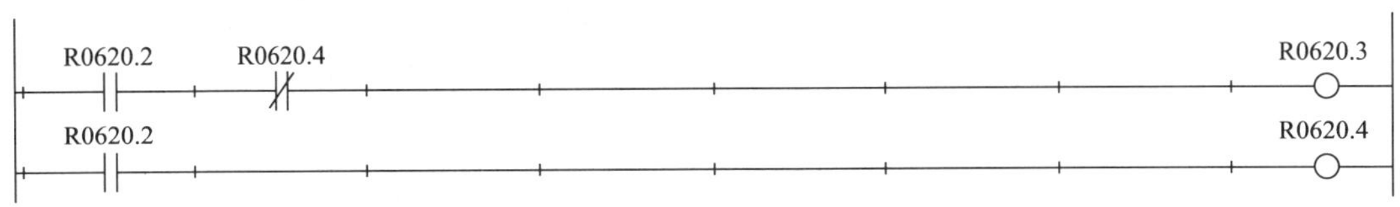

图 7—1—8　梯形图实例

1）将光标移动到起始位置后按下［⊣⊢］软键，其被输入到光标位置处。

2）用地址键和数字键输入 R0620.2 后，按下 INPUT 键，在触点上方显示地址，光标右移。

3）按下［⊣/⊢］软键，输入地址 R0620.4，然后按下 INPUT 键，在常闭触点上方显示地址，光标右移。

4）按下［—○⊣］软键，此时将自动扫描出一条向右的横线，并且在靠近右垂线附近输入了继电器的线圈符号。

5）输入地址 R0620.3 后，按下 INPUT 键，光标将自动移到下一行起始位置。

6）按下［⊣⊢］软键，输入地址 R0620.2 后，按下 INPUT 键，在其上方将显示地址，光标右移。

7）按下［—○⊣］软键，此时将自动扫描出一条向右的横线，并且在靠近右垂线附近输入了继电器的线圈符号。

8）输入地址 R0620.4 后，按下 INPUT 键，光标自动移到下一行起始位置。

要点提示

在 CRT 屏幕上每行可以输入 7 个触点和 1 个线圈，超过的部分不能被输入。如果在梯形图编辑状态下关闭电源，则梯形图会丢失，因此在关闭电源前应先保存梯形图，并退出编辑界面。

（3）顺序程序的编辑修改

1）如果某个触点或者线圈的地址错了，则应把光标移到需要修改的触点或线圈处，在 MDI 键盘上输入正确的地址，然后按下 INPUT 键，就可以修改地址了。

2）如果要在程序中进行插入操作，应按照图 7—1—9 所示的操作顺序，按［ + ］软键，将显示具有［行插入］、［左插入］、［右插入］、［取消］、［结束］的界面，就可以对程序进行插入修改了。

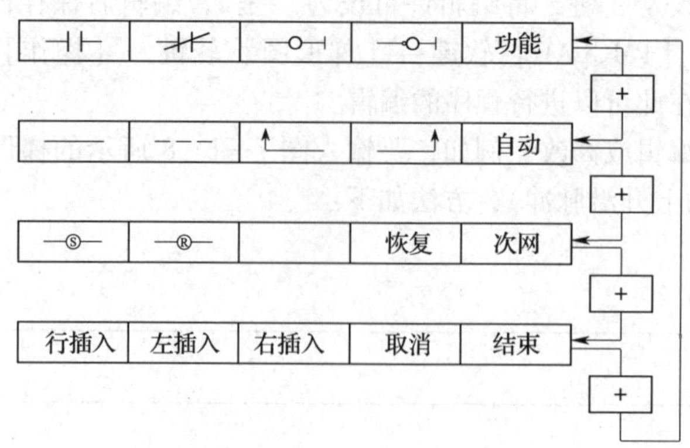

图 7—1—9　程序的插入操作顺序

3）将光标移动到需要删除的位置后，可用以下三种软键进行删除操作。

①［---］：删除水平线、触点、线圈。

②［↑—］：删除光标左上方纵线。

③［—↑］：删除光标右上方纵线。

任务实施

一、任务准备

实施本任务所需要的实训设备及工具材料表见表 7—1—2。

表 7—1—2　　实训设备及工具材料表

序号	设备与工具	序号与名称	数量
1	数控车床综合实训装置（系统采用 FANUC Oi Mate - TD）	天煌 THWLDF - 1	1 台
2	电工常用工具		1 套
3	说明资料	实训设备说明书和系统使用手册	1 套

二、数控系统 PLC（PMC）的界面操作

1．查阅数控系统中的 PMC 程序

PMC 程序的查阅步骤如图 7—1—10 所示。

（1）在数控系统中按 SYSTEM 键两次，再按［+］扩展键，即出现 PMC 界面。

（2）依次按下［PMCLAD］软键→［梯形图］软键，进入“PMC 梯形图”画面；可以通过上下翻页键或光标移动键查看所有的程序。

2．监控 PMC 的信号状态

PMC 信号状态的监控步骤如图 7—1—11 所示。

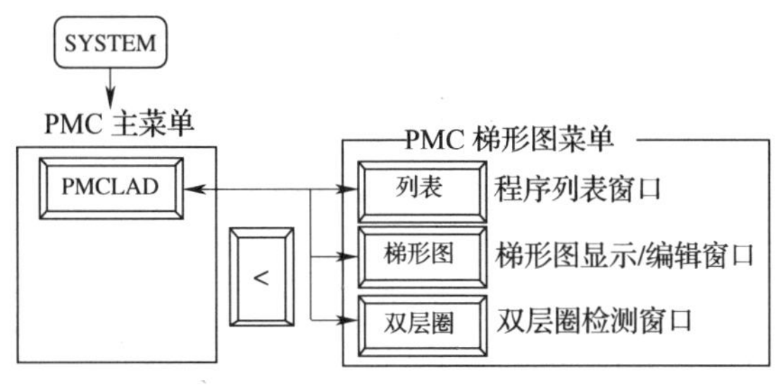

图 7—1—10　PMC 程序的查阅步骤

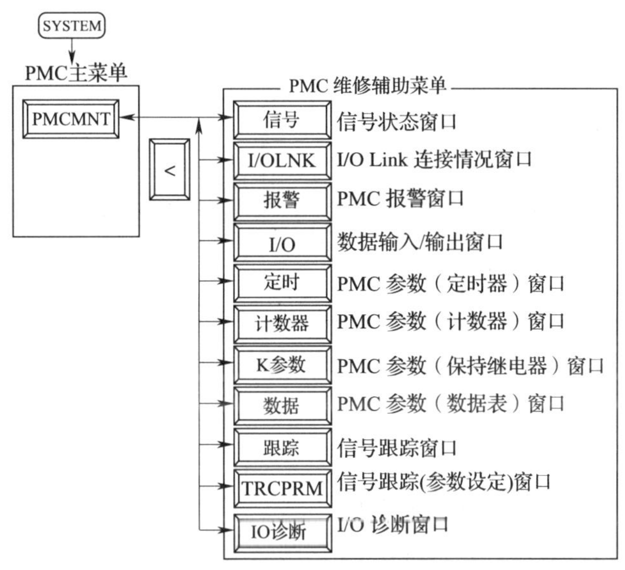

图 7—1—11　PMC 信号状态的监控步骤

（1）在数控系统中按 SYSTEM 键两次，再按［ + ］扩展键，即出现 PMC 界面。

（2）依次按下［PMCMNT］软键→［信号］软键，进入监控界面。

1）通电前，必须由指导教师对线路进行全面检查并通电，未经教师检查不得擅自通电。

2）由于本实训设备已经调试好 PMC 程序，因此在操作过程中不要随意改动原有的 PMC 程序，以防影响机床的正常工作。

3）要注意安全文明生产。

任务测评

完成任务后，学生先按照表 7—1—3 进行自我测评，再由指导教师评价审核。

表 7—1—3　　测评表

序号	项目	考核内容及要求	配分	评分标准	扣分	得分
1	材料准备	检查工具（5 分）、资料（5 分）是否准备齐全	10	1．工具不齐全，每少一件扣 1 分 2．资料不齐全，扣 5 分		
2	通电前检查	1．通电前，检查机床外观、电气元件（10 分） 2．正确通电试车（10 分）	20	1．未能全面检查机床外观、电气元件，每遗漏一处扣 2 分 2．不能正确通电试车，扣 10 分		
3	查阅梯形图	1．正确查阅资料（15 分） 2．正确查阅梯形图（15 分）	30	1．不能正确查阅资料，扣 15 分 2．不能正确查阅梯形图，扣 15 分		
4	信号状态的监控	1．正确查阅资料（15 分） 2．能正确对信号状态进行监控（15 分）	30	1．不能正确查阅资料，扣 15 分 2．未能正确监控信号状态，扣 15 分		
5	安全文明生产	应符合国家安全文明生产的有关规定	10	违反安全文明生产有关规定，不得分		
指导教师评价					总得分	

思考与练习

一、填空题（将正确答案填在横线上）

1．数控机床的各种执行机构的逻辑顺序控制是由__________完成的。

2．数控机床常用的 PLC 主要有__________和__________两类。

3．目前，CNC 系统大多数都采用__________ PLC，使其结构更加紧凑。

4．机床操作面板上的各种开关、按钮及检测信号等信息，通过输入接口输入到__________处理后再送到 CNC 装置中。

5．数控机床侧的开关量信号主要包括__________、__________、__________、__________、__________等。

6．FANUC 数控系统 PLC 又称为__________。

7．FANUC 数控系统可以通过屏幕对 PMC 实施操作，实现各种信号的__________、__________、__________及__________等。

8．PLC 与数控机床交换信息的形式有__________、__________、__________和__________4 种。

9．PMC 信号地址格式由__________和__________组成。

10．数控机床在编写程序时通常有__________和__________两种方法。

二、选择题（将正确答案序号填在括号里）

1．在 FANUC 系统中，来自机床侧的信号（MT→PMC）用字母（　　）表示。

A. X　　B. F　　C. Y　　D. G

2. 在 FANUC 系统中，由 PMC 输出到机床侧的信号（PMC→MT）用字母（　　）表示。

A. X　　B. F　　C. Y　　D. G

3. 在 FANUC 系统中，来自 NC 侧的输入信号（NC→PMC）用字母（　　）表示。

A. X　　B. F　　C. Y　　D. G

4. 在 FANUC 系统中，由 PMC 输出到 NC 的信号（PMC→NC）用字母（　　）表示。

A. X　　B. F　　C. Y　　D. G

5. FANUC 数控系统常采用（　　）进行 PLC 编程。

A. 梯形图符号　　B. 助记符语言　　C. 功能块

三、简答题

简述数控机床 PLC 的基本控制功能。

任务2　数控机床 PLC 电气故障检修

学习目标

1. 熟悉数控系统 PLC 的故障类型及原因。
2. 掌握利用 PLC 进行故障诊断的基本方法。
3. 能对数控机床相关功能的 PLC 控制梯形图进行分析。

任务引入

数控机床所受的控制可分为两类：一类是实现对各坐标轴运动的数字控制；另一类是对机床输入/输出开关量信号的逻辑顺序控制。例如，主轴的起停、换向、刀具的更换、工件的夹紧、松开、液压、冷却、润滑系统的运行等顺序控制。如前所述，这些顺序控制主要由 PLC 控制完成。

当数控机床出现 PLC 方面的故障时，一般有如下三种表现形式。

（1）可通过 CNC 报警，并能直接找到故障的原因。

（2）虽有 CNC 报警显示，但引起故障的原因较多，查找比较困难。

（3）没有任何提示。

对于后两种情况，可以利用数控系统的自诊断功能，根据 PLC 的梯形图和输入、输出 I/O 状态信息来分析和判断故障的原因，这种方法是解决数控机床输入、输出故障的基本方法。本任务就来学习诊断数控系统中 PLC 常见故障的基本方法，并利用 PLC 进行故障分析与检修。

相关知识

一、通过 PLC 查找故障的基本方法

1. 根据 PLC 的 I/O 状态诊断故障

在数控机床中，由于输入、输出信号的传递都要通过 PLC 的 I/O 接口来实现，因此许多故障都会在 PLC 的 I/0 接口通道上反映出来。数控机床的这种特点为故障诊断提供了方便，只要不是数控系统硬件故障，就可以不必查看梯形图和有关电路图，而是直接通过查询 PLC 接口状态，寻找故障原因。

（1）在 PLC 状态中观察所需的输入开关量或系统变量是否已正确输入，若没有，则检查外部电路。对于 M、S、T 指令，可以编写一个检验程序，以自动或单段的方式执行该程序，在执行的过程中观察相应的地址位。

（2）在 PLC 状态中观察所输出开关量或系统变量是否正确输出。若没有，则检查 CNC 侧，分析是否有故障。

2．根据 PLC 报警信息号诊断故障

数控机床的 PLC 程序属于机床厂家的二次开发，即由厂家根据机床的功能和特点，编写相应的动作顺序以及报警文本，对控制过程进行监控。当出现异常情况时，会发出相应报警信息，在维修过程中要充分利用这些信息。

3．通过梯形图监控诊断故障

根据 PLC 的梯形图分析和诊断故障是解决数控机床外围故障的基本方法。利用这种方法诊断机床故障，首先应搞清楚机床的工作原理、动作顺序和联锁关系，然后利用系统的自诊断功能或通过机外编程器，根据 PLC 梯形图查看相关的输入、输出及标志位的状态，从而确定故障。

4．通过 PLC 动态信号追踪诊断故障

通过 PLC 的动态跟踪，结合系统的工作原理，实时观察 I/O 及内部信号状态的瞬间变化，这对确定和查找数控机床故障点是很有效的一种方法。

二、数控机床 PLC 控制功能程序分析

FANUC 0i Mate－TD 数控系统控制的 PLC 应用功能程序非常强大，下面主要以车床润滑泵控制梯形图为例来学习识读梯形图。图 7—2—1 所示是 CAK4085DI 数控车床的润滑泵控制原理图，图 7—2—2 所示是润滑泵控制梯形图。

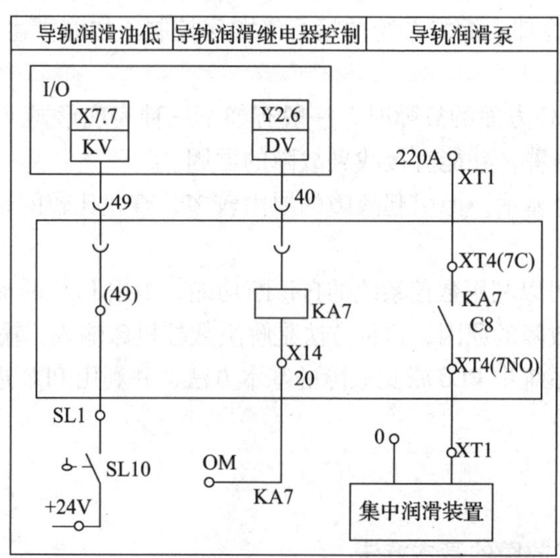

图 7—2—1　CAK4085DI 数控车床的润滑泵控制原理图

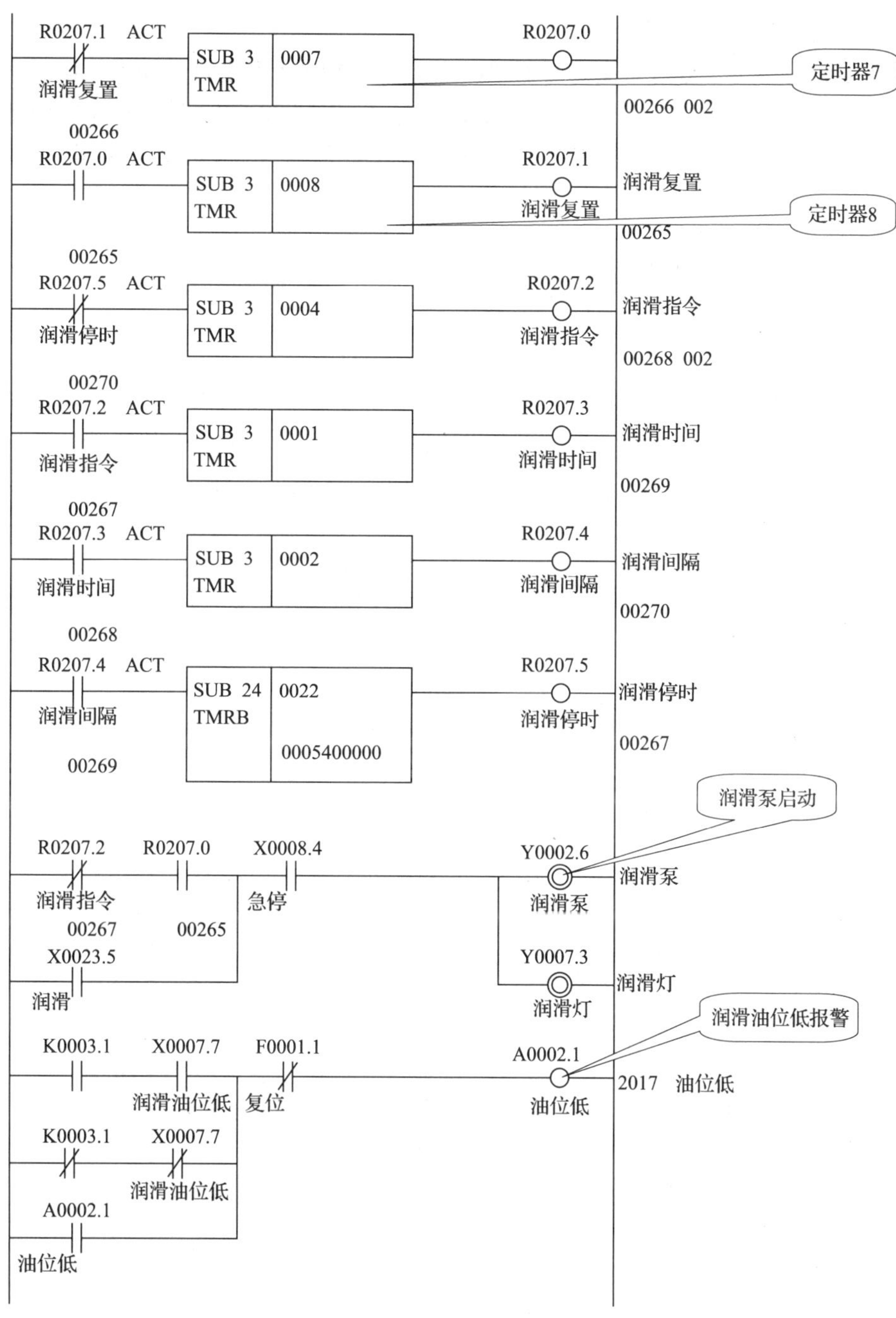

图7—2—2 润滑泵控制梯形图

1．首次开机润滑

在图7—2—2中，由定时器7和定时器8组成润滑过程的间歇时间，当机床首次开机时，定时器7开始延时，延时时间到后，内部继电器R0207.0接通，其常开触点闭合，定时器8开始延时，同时输出接口Y2.6有效，KA7继电器得电，润滑泵运行。当定时器8延时时间到后，R0207.1接通，其常闭触点切断R0207.0回路，首次润滑停止。

2．机床运行过程中的润滑

在机床运行过程中，通过可变定时器 TMR001 和 TMR002 设定自动润滑间歇时间，机床自动润滑时间由固定定时器 TMRB0022 设定，通过 TMRB0022 定时器延时接通内部继电器 R0207.5，其常闭触点断开，切断润滑指令继电器 R0207.2，机床完成一次润滑自动控制，机床周而复始地进行润滑。

3．润滑油位过低报警

当机床润滑系统油面下降到极限位置时，机床润滑系统报警闪烁，提示操作者需要加油润滑。

三、典型故障的分析

故障一：某 FANUC 0i 系统数控铣床，开机后，在手动 JOG 状态下，机床不能正常运转故障分析与处理：机床手动操作无效，而自动方式操作正常时，故障分析步骤如下：

（1）系统状态未在手动状态。通过观察 PLC 梯形图（图 7—2—3）中的 G43.2、G43.1、G43.0 的状态来判断机床手动方式开关是否有效，以判断工作方式开关及位置、连接线是否正常。

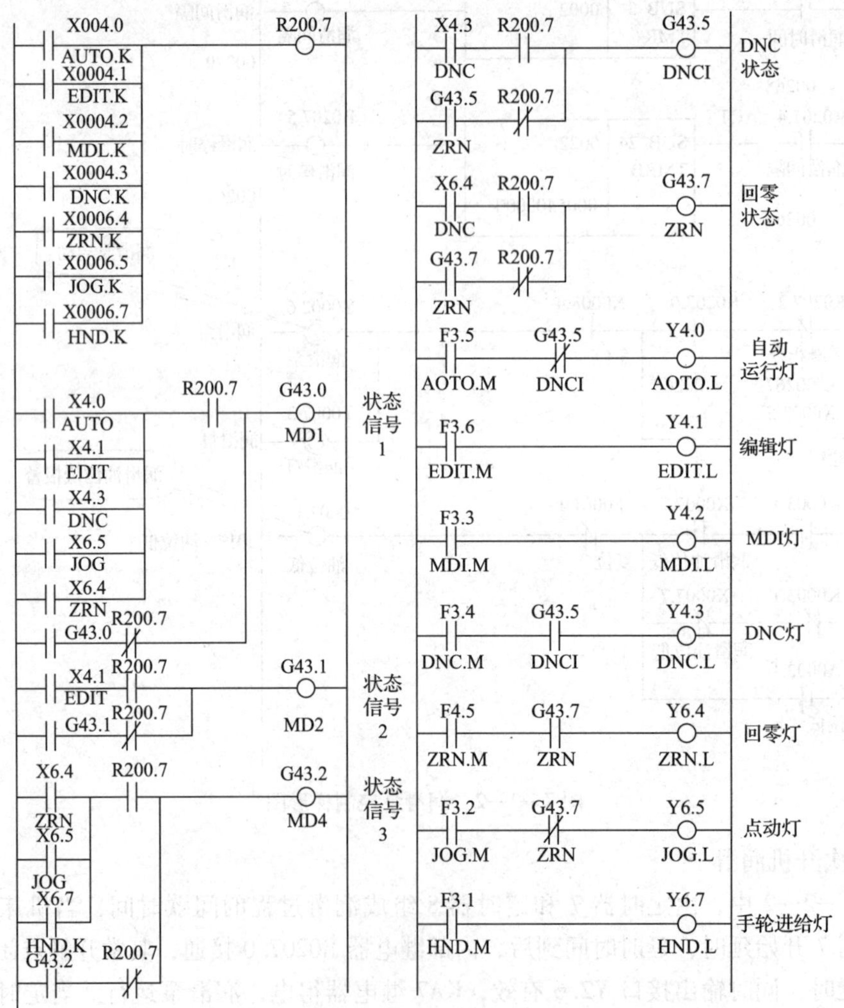

图 7—2—3　FANUC 0i 系统工作状态 PLC 控制梯形图

（2）进给轴和方向选择信号未输入。通过观察 PLC 梯形图中的 G100.0、G100.1、G100.2（第 1、2、3 轴正方向选择）以及 G102.0、G102.1、G102.2（第 1、2、3 轴负方向选择）的状态（0 或 1）来判断哪一个轴的进给方向信号没有输入。

（3）进给速度参数设定不正确。检查各轴手动进给速度参数是否设置为“0”。

通过以上分析，进行如下故障排除操作：首先检查参数设定，然后通过观察 PLC 梯形图信号状态，并结合万用表对外围电路进行检测，逐一检查并排除故障。

通常 PLC 的 I/O 接口状态，一般要根据厂家提供的“输入、输出信号一览表”来确定，在屏幕上 PLC 程序中所用的地址都是以“0”（或“.”）和“1”的位模式显示其状态。“0”表示断开状态（不动作）；“1”表示接通状态（动作）。

故障二：CAK4085DI 数控车床（FANUC 0i Mate－TD 系统）手动方式下，冷却泵电机不运转

故障分析与处理：机床通电后，在手动方式下，按下面板上的冷却泵启动键，继电器 KA1 不吸合，冷却泵电动机不运转。查阅相关维修手册，并结合原理图分析，确定其故障分析步骤如下：

（1）识读原理图（图 7—2—4）。通过原理图分析继电器 KA1 不吸合，可能是因为 Y2.0 接口无信号输出。通过测量，确认 Y2.0 接口无输出信号。

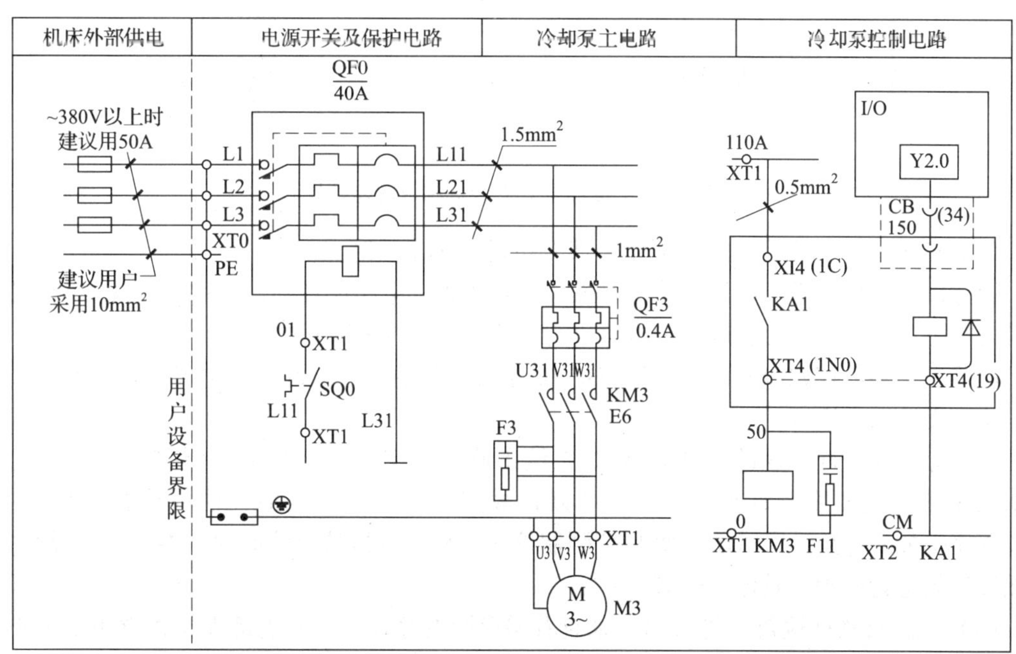

图 7—2—4　CAK4085DI 数控车床冷却泵控制线路原理图

（2）根据操作说明书，进入冷却泵 PLC 控制梯形图监控界面，如图 7—2—5 所示。按下冷却泵启动键（对应的输入接口为 X0025.4），观察梯形图触点的变化，发现 X0025.4 不闭合，分析故障原因是在按键及信号传输线之间有开路。

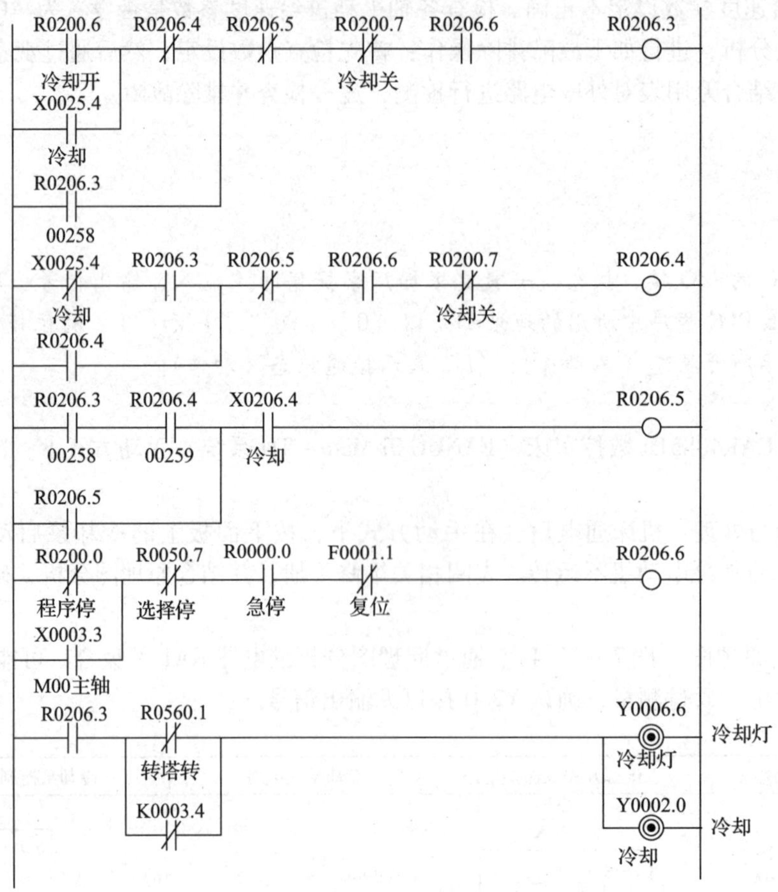

图 7—2—5　冷却泵 PLC 控制梯形图监控界面

（3）断电后，利用万用表测量信号线及按键，确定故障点。

通过以上分析，进行如下故障排除操作：首先识读电路原理图，然后通过观察 PLC 梯形图信号状态，并结合万用表对外围电路进行检测，逐一检查并排除故障。

故障三：某数控铣床采用 FANUC Oi MC 系统，接通系统电源后，出现“PLC STOP”报警，机床无法正常运行

故障分析与处理：通过查看 FANUC 系统维修说明书和相关知识分析可知，造成“PLC STOP”报警的主要原因如下：一是 PLC 硬件故障，使 PLC 启动时无法完成初始化；二是 PLC 程序丢失或参数设置错误，使 PLC 强制停止。根据分析的故障原因，参考维修说明书中的故障对策进行处理。具体步骤如下：

（1）先进行软件检查，利用 PLC 来查看梯形图的存在，查看内部保持性继电器 K900#2 是否为“1”。

（2）进行硬件检查（一般硬件故障须返厂检修）。

任务实施

一、材料清单

实施本任务所需要的实训设备及工具材料表见表 7—2—1。

表 7—2—1　　实训设备及工具材料表

序号	设备与工具	序号与名称	数量
1	数控车床（或数控车床综合实训装置）	CAK4085DI 数控车床	1 台
2	机床资料	数控车床电气说明书、维修说明书	1 套
3	常用电工工具	自定	1 套
4	仪器仪表	自定	1 套

二、利用 PLC 诊断数控机床故障

1. 设置故障

（1）设置数控机床“PLC STOP”报警的故障。

（2）设置数控机床在手动 JOG 状态下，机床不能正常运转的故障。

1）由教师或同组学生人为设置故障，且必须是机床在使用中的常见故障。

2）设置故障时，必须在停电情况下进行，切忌更改线路和损坏元件等，以确保人身和设备安全。

3）设置软件参数故障时，要事先记录原参数数据，切忌乱设参数。

2. 检修步骤

（1）数控机床“PLC STOP”报警故障检修，可参考故障检修基本流程，对照上述典型故障三的分析步骤进行，直到找到故障点，并详细填写表 7—2—2 所示的故障检修记录单。

（2）数控机床手动 JOG 状态下，机床不能正常运转的故障检修，可参考相关原理图与 PLC 梯形图，对照上述典型故障一的分析步骤，进行逐一检查，直到找到故障点，并详细填写表 7—2—3 所示的故障检修记录单。

（3）修复故障，并通电试车。

（4）检修完毕，切断电源，清扫场地。

三、填写故障检修记录单

表 7—2—2　　数控机床“PLC STOP”报警的故障检修记录单

维修时间		维修人员	
设备名称	数控铣床	设备型号	
故障现象			

续表

	可能故障部位	是否正常	排除方法	维修用零配件
诊断与维修				
维修小结				
修后试车 确认维修结果				

表 7—2—3　　数控机床手动 JOG 状态下，机床不能正常运转的故障检修记录单

维修时间		维修人员		
设备名称	数控铣床	设备型号		
故障现象				
诊断与维修	可能故障部位	是否正常	排除方法	维修用零配件
维修小结				
修后试车 确认维修结果				

任务测评

完成任务后，学生先按照表 7—2—4 进行自我测评，再由指导教师评价审核。

表 7—2—4　　测评表

序号	项目	考核内容及要求	配分	评分标准	扣分	得分
1	材料准备	检查工具（5 分）、资料（5 分）是否准备齐全	10	1．工具不齐全，每少一件扣 1 分 2．资料不齐全，扣 5 分		
2	故障现象勘察	1．通电前，检查机床外观、电气元件（5 分） 2．正确通电试运行（5 分） 3．正确描述故障现象(5 分)	15	1．不能全面检查机床外观、电气元件，每漏检一处扣 1 分 2．不能正确通电试运行，扣 5 分 3．不能正确描述故障现象，扣 5 分		

续表

序号	项目	考核内容及要求	配分	评分标准	扣分	得分
3	故障原因分析	1. 故障分析思路正确、清晰（5 分） 2. 故障原因分析正确、完整（15 分） 3. 正确查阅资料（5 分）	25	1. 思路不清晰或不正确，扣 5 分 2. 不能正确分析故障原因或分析不完整，每错一处扣 3 分 3. 不能正确查阅资料，扣 5 分		
4	故障处理	1. 对故障部位进行维修（25 分） 2. 试运行，对维修效果进行验证（5 分）	30	1. 工具使用不正确，扣 5 分 2. 停电不验电，扣 5 分 3. 思路不清晰，扣 10 分 4. 工时控制不合理，扣 5 分		
				1. 不会试运行或维修试运行结果不正确，扣 2 分 2. 查出故障，而不能进行故障修复的，扣 3 分		
5	安全文明生产	应符合国家安全文明生产的有关规定	10	违反安全文明生产有关规定，不得分		
6	实操过程记录	填写清晰、准确	10	填写不清晰或不准确，不得分		
指导教师评价					总得分	

知识拓展

数控机床 PLC 故障检修实例

【故障实例 1】

故障现象：某配备 SIEMENS 802D 系统的四轴四联动数控铣床，开机后，发现操作面板上“NC. ON”指示灯不亮，但开机过程正常，无报警，手动回参考点时 CRT 显示“坐标轴无使能”。机床无法工作。

故障分析及处理：该机床此前工作一直很稳定，且从表面上看这两个故障没有直接的联系，故首先要排除指示灯不亮的故障。经测量，指示灯管脚两端无电压，而且没有发现线路上有断路或短路现象。查看 PLC 状态表，“NC. ON”指示灯输出信号为“Q1. 4 = 1”，同时又发现当机床自动润滑输出信号为“Q0. 5 = 1”时，润滑电动机并不工作。经检查，线路没有问题，因此怀疑 PLC I/O 单元可能已损坏。更换同型号 PLC I/O 单元后，机床工作正常。

【故障实例2】

故障现象：一台宁江 THM6350 卧式加工中心，配备 FANUC 0i－M 数控系统。在交换工作台时，按下“手动/自动启动”按钮后，托板（内工作台）升起，而托板架未上升，且始终保持此状态，无法实现工作台的交换。

故障分析与诊断：该托板架的升降由液压系统控制。检查液压压力正常，查看控制托板架上升的电磁阀发现未执行。该电磁阀由继电器 KA13 的常开触点控制，而继电器 KA13 的线圈由 PMC 输出点 Y1004.1 直接供给 24 V 电源。通过 PMC 状态显示功能检查 Y1004.1 的状态，执行前后始终为“0”，即未给出信号。分析认为，某一输入条件未得到满足，使机床处于等待状态。决定从 Y1004.1 入手，利用 PLC 梯形图动态显示功能来诊断故障。涉及的主要梯形图如图 7—2—6 所示。在手动方式下，正常交换工作台导通路径如图 7—2—6 中所示的箭头方向，即要满足 R0068.3、R0062.0 和 Y1003.5 导通。从图 7—2—6 可以看出，R0068.3 的导通条件是 R0068.2 和 R0062.0 导通，而 R0062.0 又由外部信号来控制。动态观察发现，X1004.5 导通，X1006.3 未变化。经查 X1006.3 为托板（工作台）上升到位信号。用金属尺靠近感应头发现信号无变化，怀疑是感应器本身损坏，更换后故障依旧。进一步检查发现 24 V 导线断路，拆开护板后发现因油质腐蚀该导线一接头已断开，重新接好后，机床恢复正常。

【故障实例3】

故障现象：换刀臂平移到位后，无拔刀动作。

故障分析与诊断：自动换刀控制示意图如图 7—2—7 所示。ATC 的动作起始状态如下：主轴保持要交换的旧刀，换刀臂在 B 位置，刀库以将要交换的新刀具定位。自动换刀的顺序如下：换刀臂左移（B→A）→换刀臂下降（从刀库拔刀）→换刀臂右移（A→B）→换刀臂上升→换刀臂右移（B→C，抓住主轴中刀具）→主轴液压缸下降（松刀）→换刀臂下降（从主轴拔刀）→换刀臂旋转 180°（两刀具交换位置）→换刀臂上升（装刀）→主轴液压缸上升（抓刀）→换刀臂左移（C→B）→刀库转动（找出旧刀具位置）→换刀臂左移（B→A 返回旧刀具给刀库）→换刀臂右移（A→B）→刀库转动（找下一把刀）。

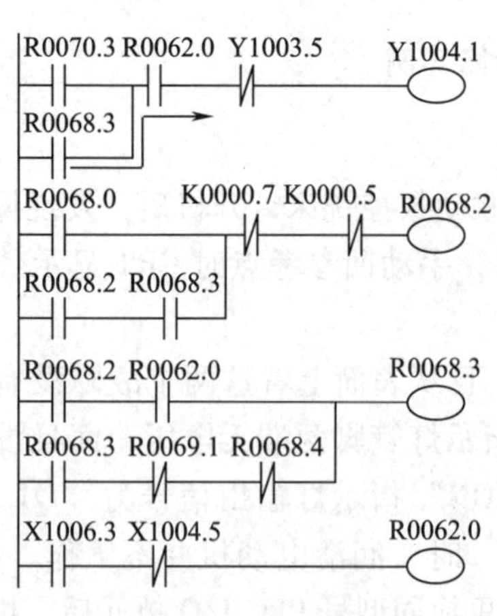

图 7—2—6　梯形图

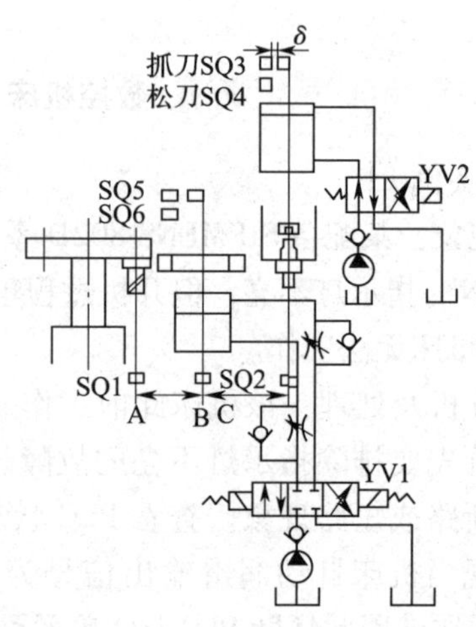

图 7—2—7　自动换刀控制示意图

当换刀臂平移至C位置时，无拔刀动作，分析原因，有以下几种可能。

（1）SQ2无信号，所以未输出松刀电磁阀YV2的电压，主轴仍处于抓刀状态，换刀臂不能下移。

（2）松刀接近开关SQ4无信号，则换刀臂升降电磁阀YV1状态不变，换刀臂不下降。

（3）电磁阀有故障，给予信号也不动作。

逐步检查发现SQ4未发出信号。进一步对SQ4进行检查，发现感应间隙过大，导致接近开关无信号输出，产生动作障碍。将感应间隙调至正常，故障消除。

【故障实例4】

故障现象：配备SIEMENS 810数控系统的加工中心，出现分度工作台不分度时的故障且无报警。

故障分析与诊断：根据工作原理分析工作台分度时的齿条和齿轮啮合，这个动作是靠液压装置来完成的，由PLC输出Q1.4控制电磁阀YV14来执行。PLC相关部分的梯形图如图7—2—8所示。

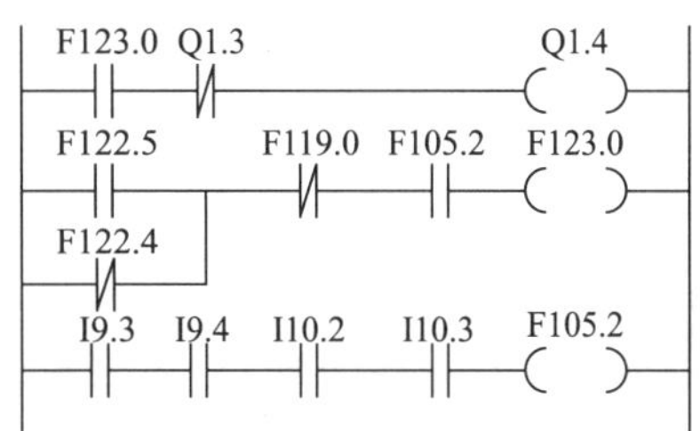

图7—2—8　分度工作台相关梯形图

通过数控系统的DIAGNOSIS中的“STATUS PLC”软键，实时查看Q1.4的状态，发现其状态为“0”；由图7—2—8查看F123.0也为“0”，按图7—2—8逐个检查，发现F105.2为“0”，导致F123.0为“0”；根据梯形图查看STATUS PLC中的输入信号，发现I10.2为“0”，从而导致F105.2为“0”。I9.3、I9.4、I10.2、I10.3为4个接近开关的检测信号，以检测齿条和齿轮是否啮合。分度时，这4个接近开关都应有信号，即都应闭合，现在发现I10.2未闭合。

检查机械部分确认机械是否到位，检查接近开关是否损坏。根据这个线索继续查看，最后发现反映二、三工位分度头起始位置的检测开关I9.4、I10.2动作不同步，导致工作台不旋转，进一步确认为三工位分度头产生机械错位。调整机械装置，使其与二工位同步后，故障消除。

【故障实例5】

故障现象：某数控机床配备FANUC 18iT系统，按下循环启动按钮后程序不运行，且无报警。

故障分析与诊断：通过PMC诊断界面诊断000～016未发现异常，该机床梯形图如图7—2—9所示。其地址信号说明见表7—2—5。经过进一步诊断，发现Y0037.0 DR. LT没有导通，通过梯形图继续查找，发现液压系统中一压力继电器信号无输出，该信号将Y0037.0截断。清洗相关压力继电器油路，恢复压力继电器信号，故障排除，机床正常工作。

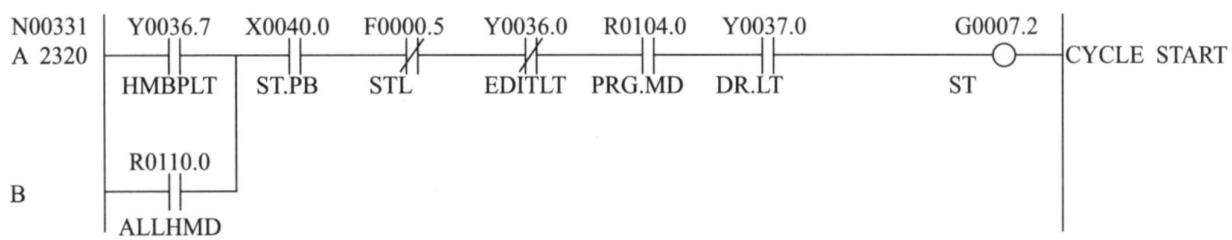

图7—2—9　循环启动PMC梯形图

表 7—2—5　　地址信号说明

地址	信号	信号内容
Y0036.7	HMBPLT	零点建立灯（点亮）
R0110.0	ALLHMD	所有轴回零完成
X0040.0	ST. PB	循环启动按钮
F0000.5	STL	循环启动灯（点亮）
Y0036.0	EDITLT	编辑方式灯
R0104.0	PRG. MD	程序方式（MDI、MEM、DNCI）
Y0037.0	DR. LT	机床运行灯亮

思考与练习

一、填空题（将正确答案填在横线上）

1．当数控机床出现 PLC 故障时，一般有____________、____________和____________三种表现形式。

2．通过 PLC 查找故障的基本方法有____________、____________、____________和____________等。

3．根据 PLC 的梯形图分析和诊断故障时，维修人员应先搞清楚机床的____________，然后利用数控装置的____________，根据 PLC 梯形图查看相关________的状态，从而确定故障。

二、简答题

简述监控 PLC 信号状态的步骤。

课题八　数控铣床的电气故障检修

任务1　数控铣床的基本操作

学习目标

1. 了解数控铣床电气控制系统的组成。
2. 认识SIEMENS 802D系统的操作面板。
3. 熟悉SIEMENS 802D系统操作面板各功能键的含义。
4. 能熟练对数控铣床进行基本操作。

任务引入

为了能迅速有效地解决数控铣床在运行中出现的电气故障，应掌握数控铣床的基本操作方法及其电气控制系统组成。本任务将以J1VMC50M立式铣床为例，学习数控铣床的电气控制原理及其基本操作，为检修数控铣床电气故障奠定基础。

相关知识

数控铣床和普通铣床一样，分为卧铣、立铣、龙门铣等各式铣床，但其原理基本相同，下面以配置SIEMENS 802D数控系统的J1VMC50M立式铣床为例进行介绍。

一、数控铣床电气组成概述

J1VMC50M立式铣床为三坐标立式机床，控制柜采用强电控制柜 + 操作站结构；主轴采用变频主轴电动机1∶1传动。J1VMC50M立式铣床数控系统主要由数控装置、开关电源、伺服电源模块、伺服驱动器、伺服电动机、变频器、主轴电动机、CNC键盘、机床面板、I/O模块等器件组成，见表8—1—1。图8—1—1所示为J1VMC50M立式铣床数控系统连接框图，它表达了各部件之间的连接关系。

表8—1—1　J1VMC50M立式铣床数控系统设计主要器件

序号	名称	规格	主要用途	备注
1	数控装置	SINUMERIK 802D	控制系统	SIEMENS
2	开关电源	AC220/DC24 V 100 W	开关量及中间继电器	明玮
3	伺服电源模块	6SN1145	为伺服驱动器供强电	SIEMENS
4	伺服驱动器	6SN1123 +6SN1118	*X*、*Y*轴电动机伺服驱动器	
			*Z*轴电动机伺服驱动器	

续表

序号	名称	规格	主要用途	备注
5	伺服电动机	1FK7063－5AF71－1AG0	X 轴进给电动机	SIEMENS
6	伺服电动机		Y 轴进给电动机	
7	伺服电动机	1FK7063－5AF71－1AH0	Z 轴进给电动机	
8	变频器		驱动主轴电动机	
9	主轴电动机		主轴电动机	
10	CNC 键盘	6FC5603－0CA13－1AA0	编辑程序及录入参数	
11	机床面板	6FC5603－0AD00－0AA1	操作机床	
12	I/O 模块 PP72/48	6FC5611－0CA01－0AA0	连接机床信号	

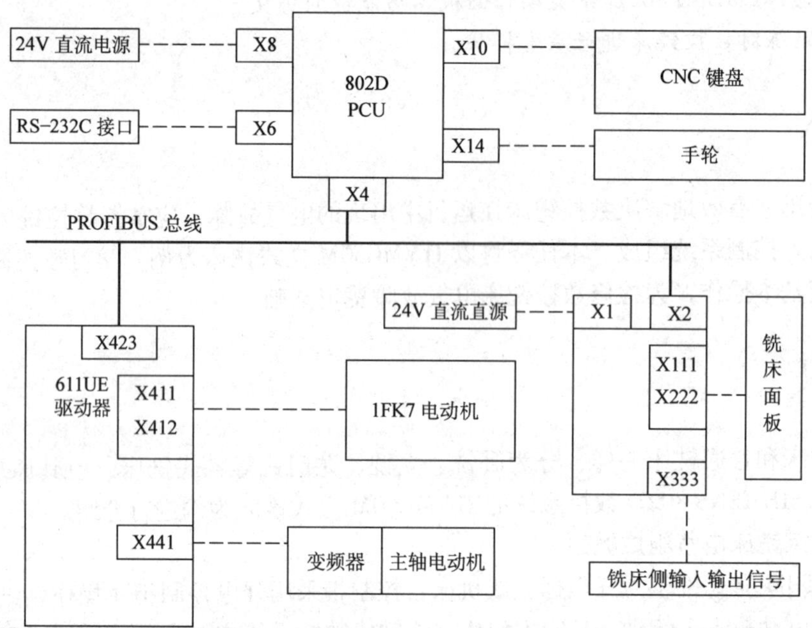

图 8—1—1　J1VMC50M 立式铣床数控系统连接框图

现代数控系统大多采用总线技术进行数据传输，如 FANUC 公司的 FSSB、I/O LINK 总线，SIEMENS 公司的 PROFIBUS、MPI 总线。J1VMC50M 立式铣床配西门子 802D 系统，采用的数据传输总线是 PROFIBUS 总线，下面介绍 PROFIBUS 总线的有关内容。

1．PROFIBUS 总线的连接

SINUMERIK 802D 是基于 PROFIBUS 总线传输的数控系统。输入输出信号是通过 PROFIBUS 传送的，位置调节信号（速度给定和位置反馈信号）也是通过 PROFIBUS 完成的。因此，PROFIBUS 的正确连接是非常重要的。

（1）PROFIBUS 电缆的准备。PROFIBUS 电缆由机床制造厂根据机床电柜的布局连接。系统提供 PROFIBUS 的插头和电缆，插头应按照图 8—1—2 连接。

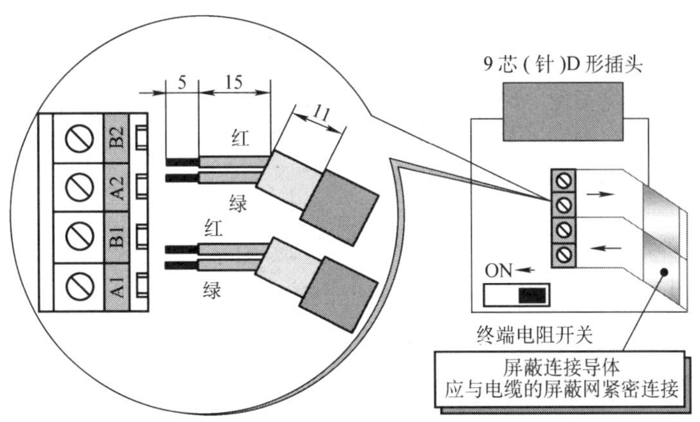

图 8—1—2 PROFIBUS 插头的连接

（2）PROFIBUS 电缆的准备。PCU 为 PROFIBUS 的主设备，每个 PROFIBUS 从设备（如 PP72/48、611UE）都具有自己的总线地址，因而从设备在 PROFIBUS 总线上的排列次序是任意的。PROFIBUS 电缆的连接示意图如图 8—1—3 所示。PROFIBUS 两个终端设备的终端电阻开关应拨至 ON 位置。

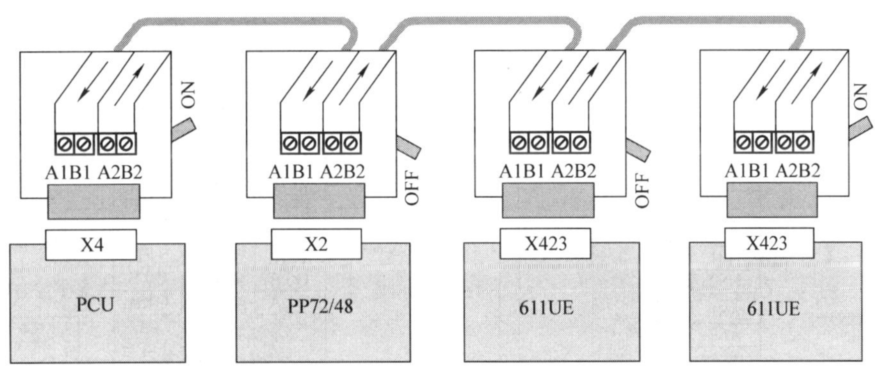

图 8—1—3 PROFIBUS 电缆的连接示意图

要点提示

1）PP72/48 的总线地址由模块上的地址开关 S1 设定。第一块 PP72/48 的总线地址为“9”（出厂设定）。如果选配第二块 PP72/48，其总线地址应设定为“8”。

2）611UE 的总线地址可利用工具软件 SimoCom U 设定，也可通过 611UE 上的输入键设定。

3）总线设备（PP72/48 和驱动器）在总线上的排列顺序不限。但总线设备的总线地址不能冲突，即总线上不允许出现两个或两个以上相同的地址。

4）PROFIBUS 的屏蔽网应与插头内部的金属衬层保持良好的接触，并且注意插头的终端电阻开关的位置。

2．驱动器的连接

在 802D 系统中，611UE 的作用是进行电流环和速度环的控制。位置控制由 802D 的 PCU 通过 PROFIBUS 总线实现。611UE 驱动系统的 380V AC 电源由总电源经滤波器、电抗器供电，其连接情况如图 8—1—4 所示，其中将所有 611UE 模块的端子 663 和端子 9 短接，端

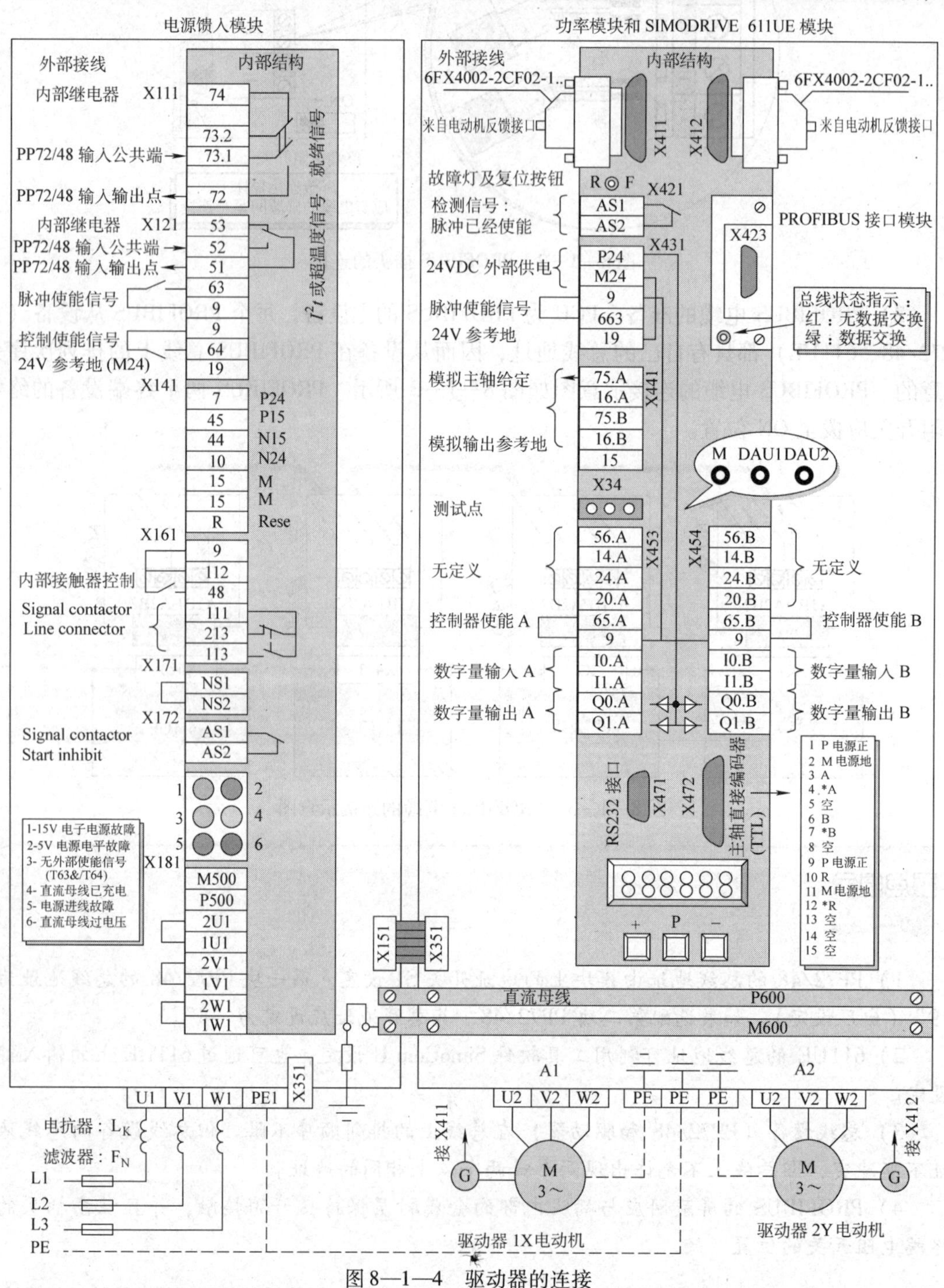

图 8—1—4 驱动器的连接

子 65A、端子 65B 和端子 9 短接。通过 PLC 程序对电源馈入模块的端子 48、端子 63 和端子 64 进行控制。PLC 同时监控电源馈入模块的就绪信号端子 72 和温度报警信号端子 52，并在报警出现时发出急停报警。本机床变频器所需模拟电压，可通过 611UE 端子 75A 和端子 15 提供，两个数字量输出用于主轴的正转与反转。

3. 输入输出信号

J1VMC50M 立式铣床的输入输出信号表见表 8—1—2 ~ 表 8—1—4。

表 8—1—2　　J1VMC50M 立式铣床的输入输出信号表（一）

信号	X111 端子号	说明	备注
M	1	24 V 地	
L +	2	24 V 输出（X111 公共线）	
I0. 0	3	急停	常闭信号
I0. 1	4	机床报警	常闭信号
I0. 2	5	*X* 轴选择开关	手轮轴选
I0. 3	6	*Y* 轴选择开关	
I0. 4	7	*Z* 轴选择开关	
I0. 5	8	4 轴选择开关	
I0. 6	9	超程解除	
I0. 7	10	*X* 参考点减速开关	常开信号
I1. 0	11	*Y* 参考点减速开关	常开信号
I1. 1	12	*Z* 参考点减速开关	常开信号
I1. 2	13	松刀按钮	
I1. 3	14	防护门开确认	
I1. 4	15	防护门关确认	
I1. 5	16	×1	手轮倍率选择
I1. 6	17	×10	
I1. 7	18	×100	
I2. 0	19	驱动器就绪信号	常开信号
I2. 1	20	温度报警信号	常开信号
I2. 2	21	刀具夹紧确认	
I2. 3	22	刀具松开确认	
I2. 4	23	冷却液液位低	常闭信号
I2. 5	24	冷却泵电动机过载	常闭信号
I2. 6	25	润滑油油位低	常闭信号
I2. 7	26	润滑泵电机过载	常闭信号
	27、28、29、30	无定义	
Q0. 0	31	内部接触器控制	
Q0. 1	32	脉冲使能信号	

续表

信号	X111 端子号	说明	备注
Q0.2	33	控制使能信号	
Q0.3	34	Z 轴电动机抱闸释放	
Q0.4	35	冷却泵	
Q0.5	36	润滑泵	
Q0.6	37		
Q0.7	38	超程解除	
Q1.0	39	机床报警灯	
Q1.1	40	循环结束	
Q1.2	41	程序运行灯	
Q1.3	42	刀具松开	
Q1.4	43	水枪	
Q1.5	44	主轴吹气	
Q1.6	45	床座冲屑	
Q1.7	46	刀具松开灯	
L +	47、48、49、50	输出信号公共端 24 V DC	

表 8—1—3　　J1VMC50M 输入输出信号表（二）

信号	X222 端子号	说明	备注
M	1	24 V 地	
L +	2	24 V 输出（X111 公共线）	
I3.0	3	驱动器使能键	K1
I3.1 ~ I3.3	4 ~ 6	未使用	
I3.4	7	手动润滑	K5
I3.5	8	手动冷却	K6
I3.6	9	增量方式	
I3.7	10	手动方式	
I4.0	11	参考点方式	
I4.1	12	自动方式	
I4.2	13	单段方式	
I4.3	14	MDA 方式	
I4.4	15	主轴正转	
I4.5	16	主轴停	
I4.6	17	主轴反转	
I4.7	18	空	
I5.0	19	$+X$	
I5.1	20	$+Y$	

续表

信号	X222 端子号	说明	备注
I5. 2	21	$-Z$	
I5. 3	22	快速	
I5. 4	23	$+Z$	
I5. 5	24	$-Y$	
I5. 6	25	$-X$	
I5. 7	26	空	
	27、28、29、30	无定义	
Q2. 0	31	驱动器使能灯	
Q2. 1 ~ Q2. 3	32 ~ 34	未使用	
Q2. 4	35	冷却泵	
Q2. 5	36	润滑泵	
Q2. 6 ~ Q3. 7	37 ~ 46	未使用	
L +	47、48、49、50	输出信号公共端 24 VDC	

表 8—1—4　　J1VMC50M 输入输出信号表（三）

信号	X333 端子号	说明	备注
M	1	24 V 地	
L +	2	24 V 输出（X111 公共线）	
I6. 0	3	复位	
I6. 1	4	数控程序停止	
I6. 2	5	数控程序启动	
I6. 3 ~ I6. 7	6 ~ 10	未使用	
I7. 0	11	进给修调	
I7. 1	12		
I7. 2	13		
I7. 3	14		
I7. 4	15		
I7. 5 ~ I7. 7	16 ~ 18	未使用	
I8. 0	19	主轴修调	
I8. 1	20		
I8. 2	21		
I8. 3	22		
I8. 4	23		
I8. 5 ~ I8. 7	24 ~ 26	未使用	
	27、28、29、30	无定义	
Q4. 0 ~ Q5. 7	31 ~ 46	未使用	
L +	47、48、49、50	输出信号公共端 24 V DC	

二、西门子 802D 数控机床总面板介绍

西门子 802D 数控机床总面板主要由 LCD 显示区、数控系统面板区和机床操作面板区等组成，如图 8—1—5 所示。

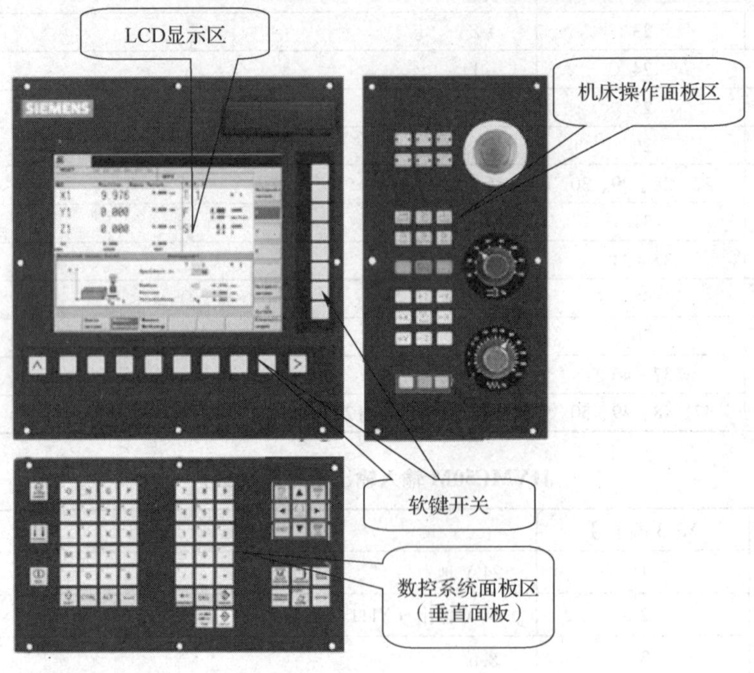

图 8—1—5　数控机床总面板组成

1. 数控系统面板

图 8—1—6 所示为 SIEMENS 802D 系统面板，面板中的各键主要用于程序编辑、参数输入等，具体功能见表 8—1—5。

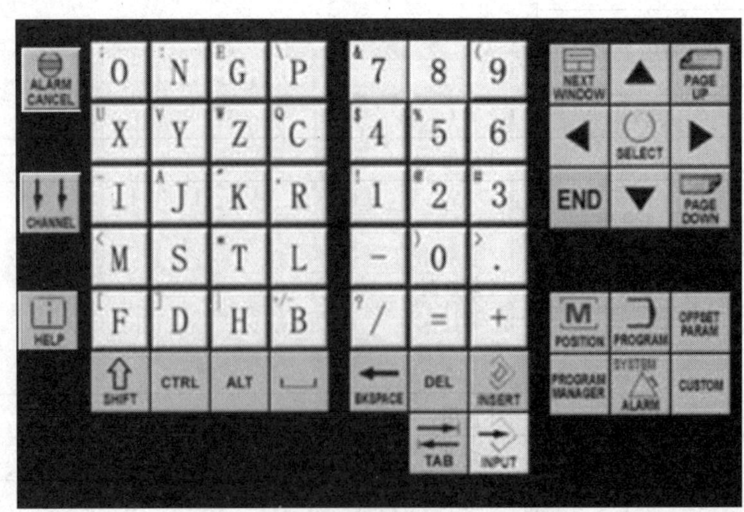

图 8—1—6　SIEMENS 802D 系统面板

表 8—1—5 系统面板中的各键功能

按键	功能	按键	功能
 ALARM CANCEL	报警应答键	 1…n CHANNEL	通道转换键
 HELP	信息帮助键	 NEXT WINDOW	下一个窗口
 PAGE UP	向上翻页键	 PAGE DOWN	向下翻页键
 ◀ ▲ ▶ ▼	光标键	 SELECT	选择/转换键
 M POSITION	加工操作区域键	 PROGRAM	程序操作区域键
 OFFSET PARAM	参数操作区域键	 PROGRAM MANAGER	程序管理操作区域键
 SYSTEM ALARM	报警/系统操作区域键	 & 7	数字键 上档键转换对应字符
 W Z	字母键 上档键转换对应字符	 CUSTOM	用户自定义
 SHIFT	上档键	 CTRL	控制键 （辅助键）
 ALT	替换键	 ␣	空格键
 BACKSPACE	退格删除键	 DEL	删除键
 INSERT	插入键	 TAB	制表键
 INPUT	回车/输入键（黄）	 END	结束键

2．LCD 显示区中的软键开关功能

在 LCD 显示区的下方和右侧，有一排灰色方块为菜单软键，如图 8—1—5 所示。按下软键，可以进入软键上方或左侧对应的 LCD 显示器菜单。有些菜单下有多级子菜单，当进入子菜单后，可以通过单击“返回”软键，返回上一级菜单。

3．机床操作面板中的按键功能

图 8—1—7 所示是机床操作面板示意图，其上各按键的功能见表 8—1—6。

图 8—1—7　机床操作面板示意图

表 8—1—6　　机床操作面板中各按键的功能

按键	功能	按键	功能
	自动方式		单段方式
	返回参考点方式		手动方式
	主轴正转（绿）		主轴反转（绿）
	主轴停止（红）		快速运动键
+X　−X	*X* 轴移动	+Z　−Z	*Z* 轴移动
+Y　−Y	*Y* 轴移动		程序暂停（红）

续表

按键	功能	按键	功能
	复位（红）	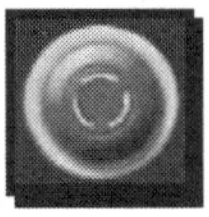	急停键（红）
	程序启动（绿）	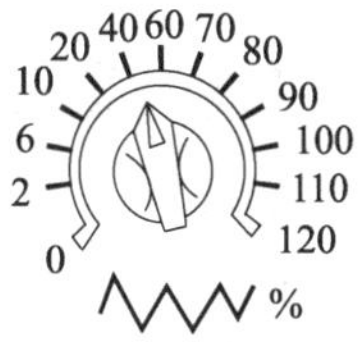	进给速度修调
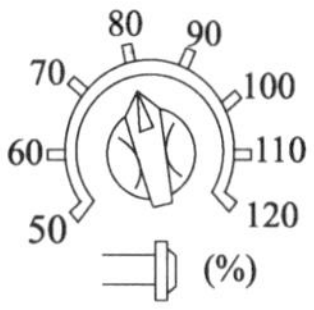	主轴速度修调	—	—

任务实施

一、任务准备

实施本任务所需要的实训设备及工具材料表见表8—1—5。

表8—1—7　　实训设备及工具材料表

序号	设备与工具	序号与名称	数量
1	数控铣床	西门子802D系统	1台
2	机床资料	数控车床使用说明书、数控系统操作说明书	1套
3	电工工具		1套

二、在指导教师的示范操作和指导下，对数控铣床进行以下手动基本操作

1. 机床电源的接通与关闭

（1）机床电源的接通

与数控车床类似，在接通数控铣床电源前，首先要检查机床的状态及外部情况，然后按照“先机床电源，后系统电源”的顺序进行通电。电源接通后，对显示器显示的内容作进一步的检查，方可进行下一步操作。

（2）机床电源的关闭

由于数控铣床有较多的辅助装置，因此在关闭数控铣床电源时，必须按照“先系统电

源，后机床电源”的顺序关机，且关机前必须确认机床处于非运行状态。

2．手动操作

（1）机床开机和返回参考点的操作

机床开机与返回参考点的操作步骤如下：

1）接通系统和机床电源。系统启动后，显示屏上方显示文字“0030：急停”。按下急停键使急停键抬起，这时该行文字消失。按下手动方式键，进入运行方式，出现“回参考点”窗口，如图8—1—8所示。在“回参考点”窗口中显示该坐标轴是否回参点。

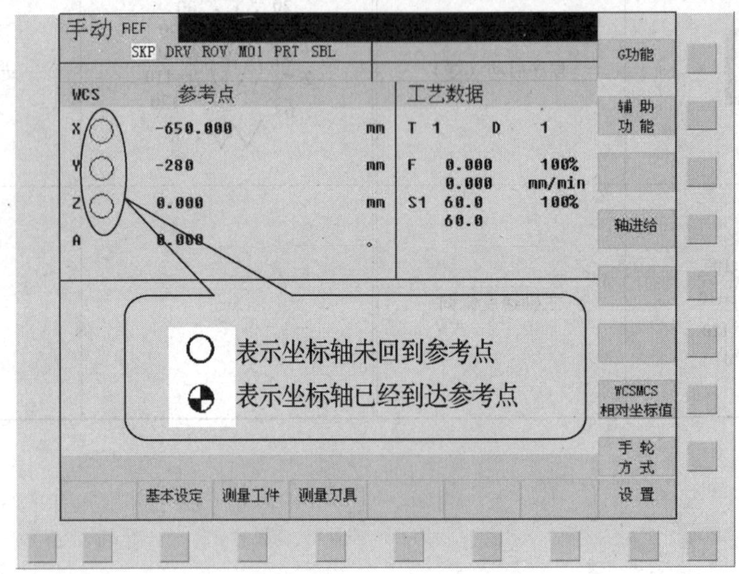

图8—1—8　“回参考点”窗口

要点提示

机床每次断电后重新启动或是急停操作后取消了急停，都要进行重新回零操作。

2）按机床控制面板上“参考点”键，启动“回参考点”。

3）持续逐一按住机床控制面板上的+X、+Y、+Z键（同为负或同为正），机床开始回零。当机床回零后，机床控制面板上的显示屏显示X、Y、Z轴坐标为零。

（2）手动进给方式（JOG）的操作

机床手动进给的操作步骤如下：

1）按下机床控制面板上的“手动进给方式”键，选择机床手动运行方式。

2）按下机床控制面板上的点动键。

3）选择进给速度。

4）按下坐标轴方向键，机床即可在相应的轴上发生运动。只要按住坐标轴键不放，机床就会以设定数据中的速度连续移动。如果设定数据中此值为“0”，则按照机床数据中储存的值运行。需要时，可以使用修调开关 调节进给速度。

5）如果同时按住相应的坐标轴和“快进”键，则坐标轴以快

（3）增量进给的操作

机床手动增量进给的操作步骤如下：

1）按下机床控制面板上的“增量选择”键，使系统处于增量进给运行

2）设定增量值。

①按下 LCD 显示屏下侧“设置”命令对应的软键 。

②屏幕显示“增量进给设置”界面，如图 8—1—9 所示，可以在这里设定 JOG 进给率、增量值等。

③移动光标键，将光标定位到需要输入数据的位置。光标所在区域为白色高亮显示。如果刀具清单多于一页，可以使用翻页键进行翻页。

④单击数控系统面板上的数字键，输入数值。

⑤单击输入键确认输入。

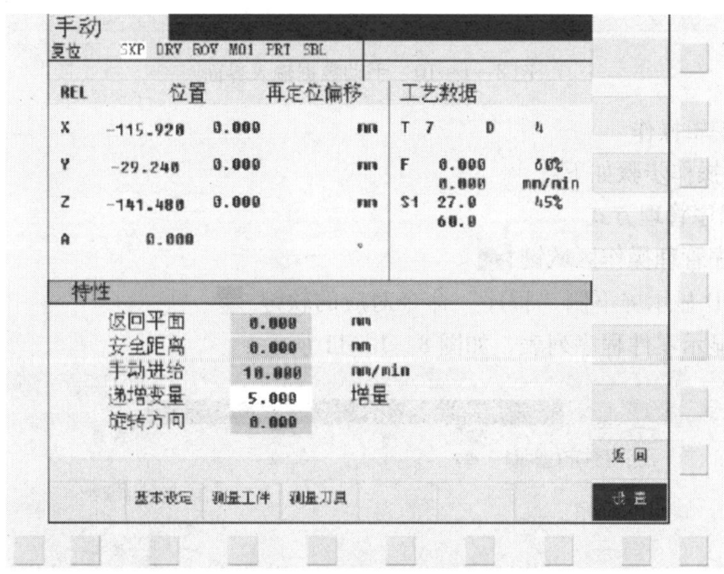

图 8—1—9 “增量进给设置”界面

3）按一下 +X 或 -X 键，*X* 轴将向正向或负向移动一个增量值。

4）依照同样方法，按下 +Y、-Y、+Z、-Z 键，使 *Y*、*Z* 轴向正向或负向移动一个增量值。

5）再按一次“点动”键可以去除步进增量方式。

（4）手动数据输入（MDA）方式的操作

机床手动数据输入的操作步骤如下：

1）按下机床控制面板上的 键，系统进入手动数据输入运行模式。

2）使用数控系统面板上的字母、数字键输入程序段。例如，单击字母键、数字键，依次输入：G00 X0 Y0 Z0。屏幕上显示输入的数据，如图 8—1—10 所示。

3）按下数控启动键，系统执行输入的指令。

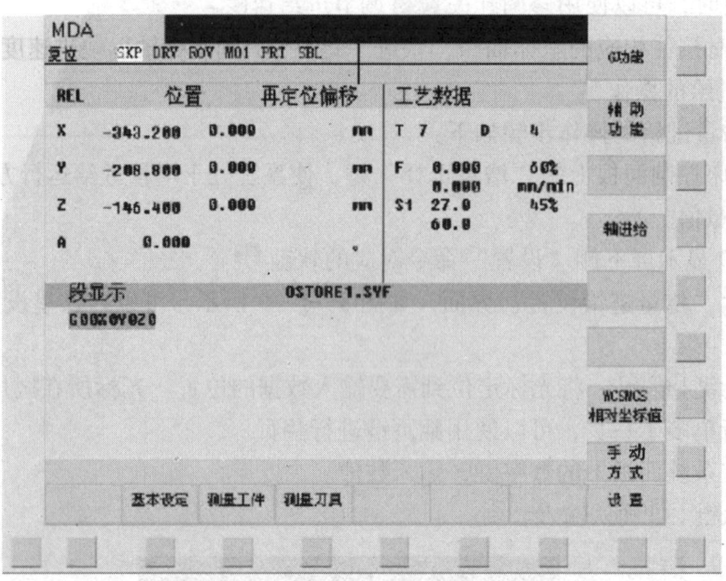

图 8—1—10　手动数据输入界面

3．程序的编辑操作

程序编辑的操作步骤如下：

（1）进入程序管理方式

1）按下程序管理操作区域键 。

2）单击 LCD 显示屏下侧“程序”命令对应的软键 。

3）显示屏显示零件程序列表，如图 8—1—11 所示。

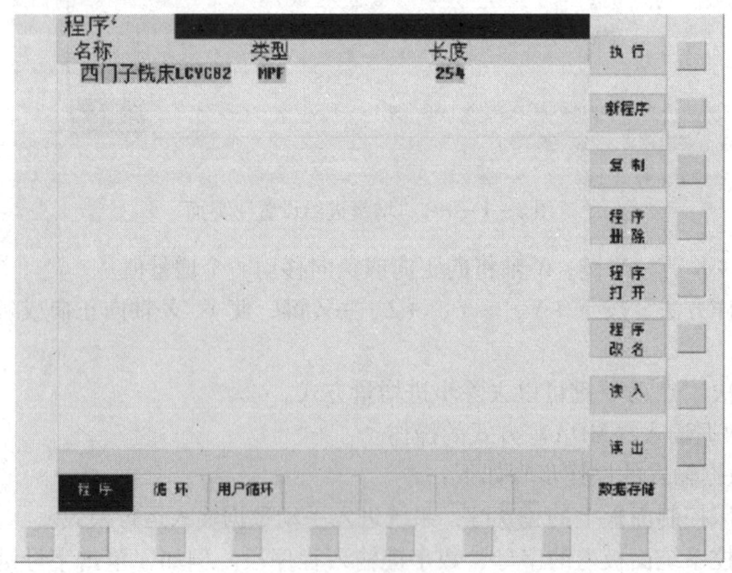

图 8—1—11　“程序列表”界面

(2) 输入新程序

1) 按下图 8—1—11 所示程序列表窗口右侧“新程序”所对应的软键，出现如图 8—1—12 所示对话框。

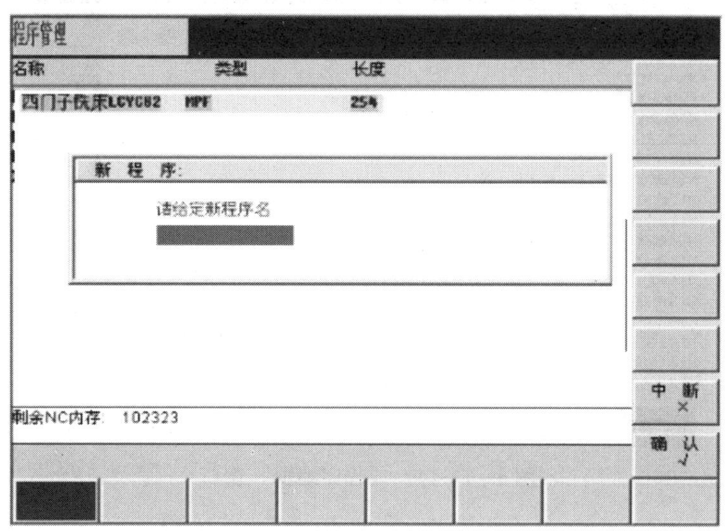

图 8—1—12 “输入新程序名”对话框

2) 使用字母键输入程序名，例如，输入字母“JI”。

3) 按“确认”软键确认输入（如果按“中断”软键，则刚才输入的程序名无效）。

4) 此时，零件程序清单中显示新建立的程序，如图 8—1—13 所示。

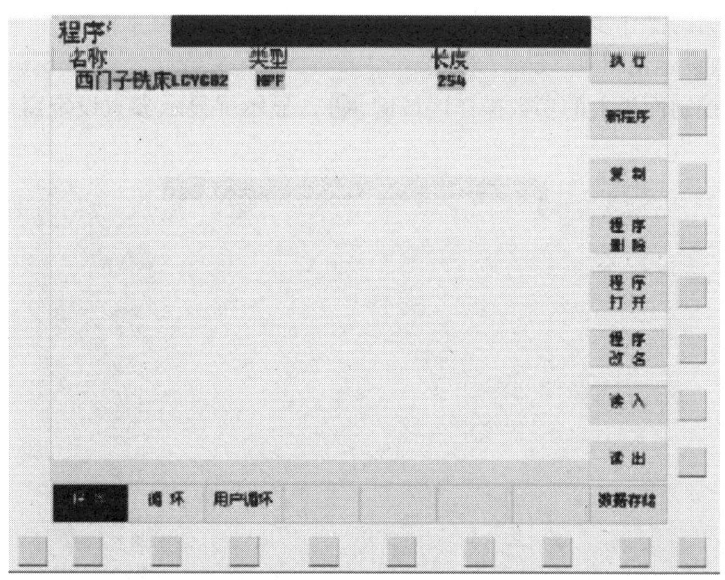

图 8—1—13 “新建程序”界面

(3) 编辑当前程序

当零件程序不处于执行状态时，可以对程序进行编辑。

1）单击程序操作区域键，出现“程序列表”窗口，打开当前程序，如图8—1—14所示。

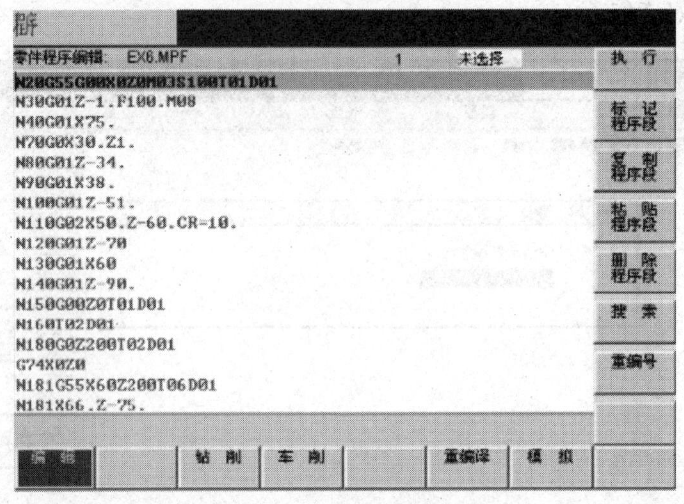

图8—1—14 “程序编辑”窗口

2）按下“编辑”命令下方的软键进入编辑状态。此时，即可使用面板上的光标键和功能键来进行编辑。

3）使用光标键将光标落在需要删除的字符前，按删除键可删除错误的内容，或者将光标移动到需要删除的字符后，按退格删除键进行删除。

（4）设定刀具数据

设定刀具数据的操作步骤如下：

1）进入参数设定窗口

①按下系统控制面板上的参数操作区域键，显示屏显示参数设定窗口，如图8—1—15所示。

图8—1—15 “刀具参数设定”窗口

②按下参数设定窗口右侧或下侧命令对应的软键，可以进入对应的菜单进行设置。用户可以在这里设定刀具参数、零点偏置等参数。

2）设置刀具参数

①按下“刀具表”下方对应的软键，并打开“刀具补偿设置”窗口，窗口显示所使用的刀具清单，如图8—1—16所示。

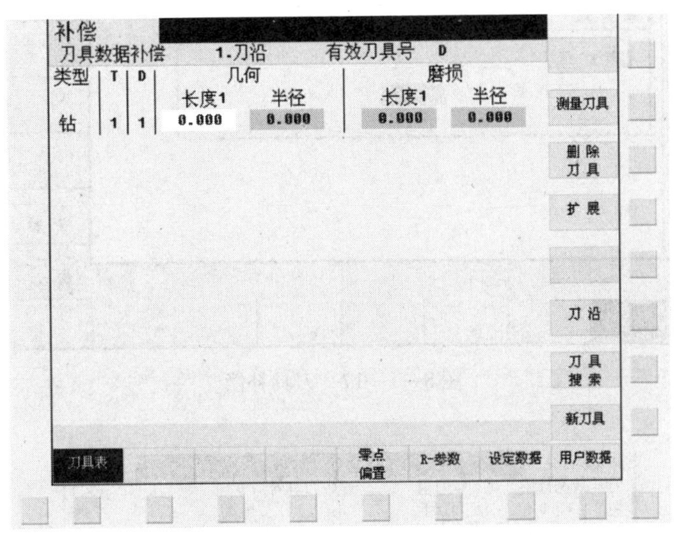

图8—1—16 “刀具补偿设置”窗口

②使用光标键移动光标，将光标定位到需要输入数据的位置，光标所在区域显示为白色高亮。如果刀具清单多于一页，可以使用翻页键翻页。

③按下数控系统面板上的数字键，输入数值。

④按下输入键确认输入。

3）建立新刀具

单击“刀具补偿设置”窗口右侧“新刀具”命令对应的软键，显示屏右侧出现钻削和铣刀两个菜单项，可以设定两种类型刀具的刀具号。

例如，要建立刀具号为6的铣刀，其操作步骤如下：

①单击“刀具补偿设置”窗口右侧“新刀具”命令对应的软键。

②在弹出的菜单项中选择对应的软键，显示屏如图8—1—17所示。

③使用数控系统面板上的数字键，输入数字6。

④单击右下方的“确认”软键，完成建立。这时，刀具清单里会出现新建立的刀具，如图8—1—18所示。

4．机床自动运行操作

数控铣床在完成机床启动、工件安装、程序编辑、刀具安装与数据设定等一系列操作后，便可进入自动运行状态。设置机床自动运行的操作步骤如下：

（1）进入自动运行方式的操作

1）按下系统控制面板上的自动方式键，系统将进入自动运行方式，如图8—1—19所示。

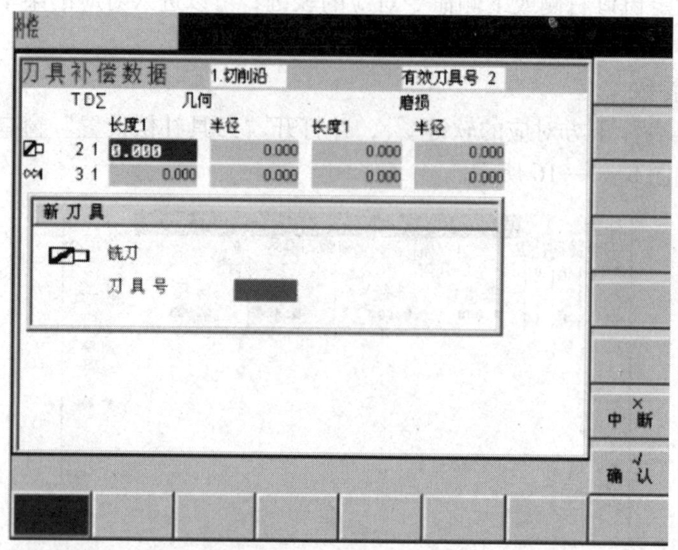

图 8—1—17　刀具补偿

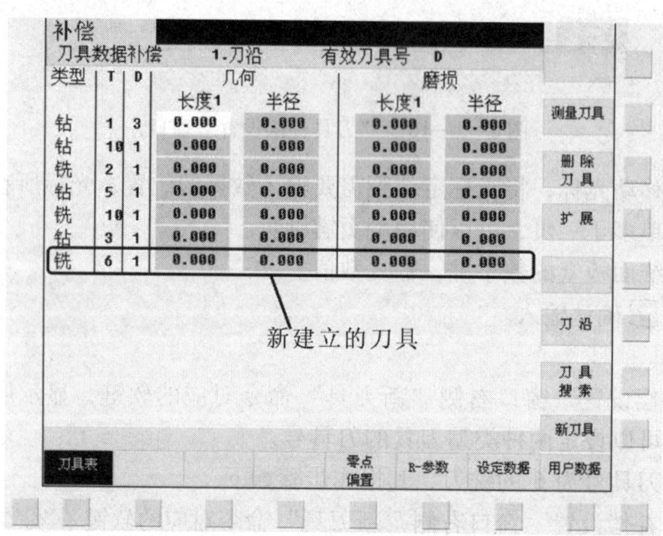

图 8—1—18　建立刀具界面

2）自动方式窗口显示当前的坐标轴位置、主轴值、刀具值以及当前的程序段。

3）选择系统主窗口菜单栏中的“数控加工”→“加工代码”→“读取代码”命令，弹出 Windows 打开文件窗口，在计算机中选择事先编制好的程序文件，选中并按下窗口中的“打开”键将其打开，这时显示窗口会显示该程序的内容，如图 8—1—20 所示。

4）按下数控启动键 [◇]，系统执行程序。

（2）暂停或中断零件程序

1）暂停。按下程序暂停键 [●]，可以暂停正在加工的程序。再按一次该键，系统恢复被暂停的程序，机床继续运行。

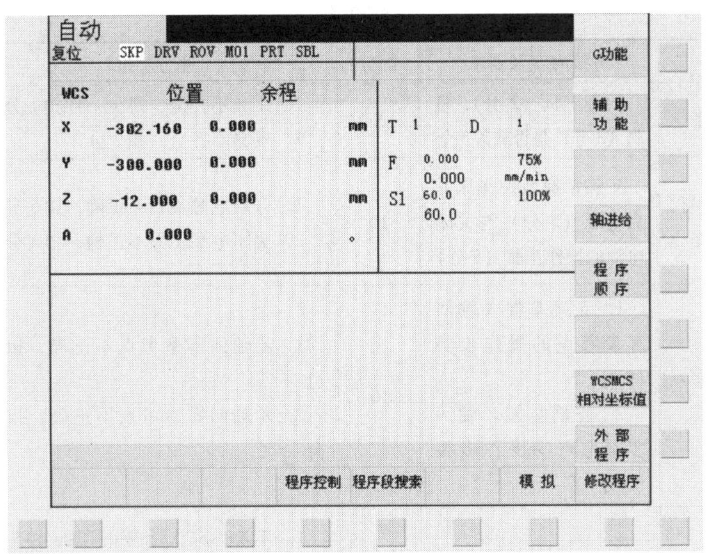

图 8—1—19 系统自动运行界面

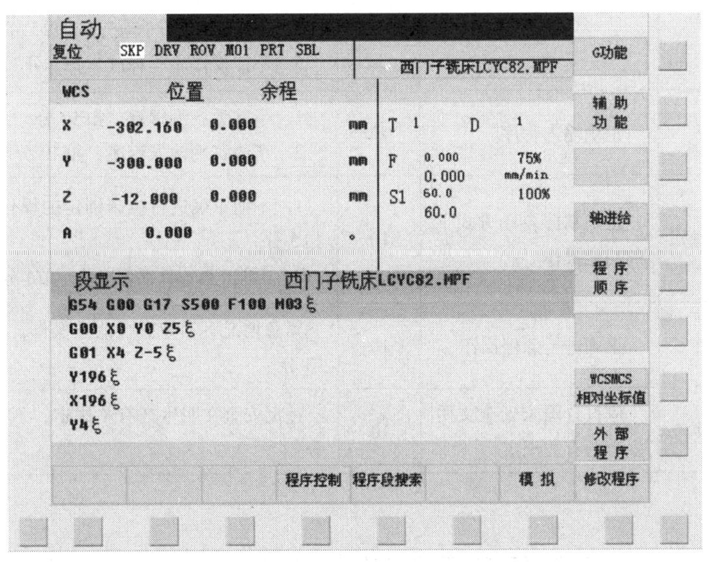

图 8—1—20 系统显示的程序运行界面

2）中断。按下复位键，可以中断程序加工。再按一下数控启动键，程序将从头开始执行。

5. 操作完毕，切断电源，清扫场地

任务测评

完成操作任务后，学生先按照表 8—1—8 进行自我测评，再由指导教师评价审核。

表 8—1—8　　测评表

序号	项目	考核内容及要求	配分	评分标准	扣分	得分
1	任务准备	检查工具（2分）、资料（3分）是否准备齐全	5	1. 工具不齐全，每少一件扣1分 2. 资料不齐全，扣3分		
2	电源开启与关闭操作	正确掌握数控车床开启电源（5分）与关闭电源的操作步骤（5分）	10	1. 开启电源步骤不正确，扣5分 2. 关闭电源步骤不正确，扣5分		
3	机床回参考点操作	1. 正确掌握 *X* 轴回零参考点的操作步骤（5分） 2. 正确掌握 *Z* 轴回零参考点的操作步骤（5分）	10	1. *X* 轴回零参考点不正确，扣5分 2. *Z* 轴回零参考点不正确，扣5分		
4	手动操作	正确掌握手动方式下的功能操作	25	1. 不能正确启动和停止主轴，扣5分 2. 不能正确打开和关闭切削液，扣5分 3. 不能正确操作坐标轴移动，扣5分 4. 不能正确进行手动换刀，扣5分 5. 不能操作超程释放，扣5分		
5	程序输入	正确输入程序	20	1. 不熟悉各编辑键，扣10分 2. 不能正确输入程序，扣10分		
6	自动运行操作	正确掌握自动方式下的功能操作	10	1. 不能正确进行机床锁定的操作，扣5分 2. 不能正确操作循环启动，扣5分		
7	急停操作	正确进行急停操作	10	紧急情况下不能进行急停操作，扣10分		
8	安全文明生产	应符合国家安全文明生产的有关规定	10	违反安全文明生产有关规定，不得分		
指导教师评价					总得分	

思考与练习

一、填空题（将正确答案填在横线上）

1. SIEMENS 802D 立式数控铣床的面板主要由__________、__________和__________等组成。

2. 在 802D 系统面板的功能键中报警应答键是________，插入键是________，删除键是________，结束键是________，替换键是________。

3. 接通加工中心电源前，首先要检查加工中心的__________，然后按照

“____________，____________”的顺序进行通电。

4. 关闭加工中心电源时，必须按照“____________，____________”的顺序来关闭。

二、选择题（将正确答案序号填在括号里）

1. 在下列图标中，属于机床主轴正转键的是（　　）。

A.　　　　B.　　　　C.

2. 在下列图标中，属于机床自动方式键的是（　　）。

A.　　　　B.　　　　C.

3. 数控程序编制功能中常用的退格删除键是（　　）。

A. BACKSAPCE　　　　B. DEL　　　　C. RST

三、简答题

简述数控铣床的开机与返回参考点的步骤。

任务2　数控铣床的电气故障检修

学习目标

1. 学会分析数控铣床电气故障的原因。
2. 能对数控铣床典型的电气故障进行检修。

任务引入

通过前面几个课题的学习，已经了解了数控车床的电气工作原理及故障检修的基本知识。为了更好地提升数控维修专业技能，本任务学习数控铣床的电气故障检修，以西门子611U驱动器的报警信息及处理为例，进一步掌握检修数控铣床常见电气故障的技能。

相关知识

一、611U数字式交流伺服驱动器的状态显示

1. 电源模块的状态显示

611U/Ue系列数字伺服驱动器电源模块（UE或I/R）设有6个状态指示灯（LED），其相对位置及其含义见表8—2—1。

表8—2—1　　电源模块6个状态指示灯的相对位置及含义

状态定义	指示灯颜色	指示灯状态		指示灯颜色	状态定义
V1：DC15V控制电源故障	红	V1－0	0－V2	红	V2：DC5V控制电源故障
V3：电源模块未“使能”	绿	V3－0	0－V4	黄	V4：电源模块已“使能”，直流母线已充电
V5：进线电源故障	红	V5－0	0－V6	红	V6：直流母线电压过高

2．611U 数字伺服驱动单元的状态显示

611U 数字伺服驱动单元的状态通过驱动控制板上的 6 只数码管显示，它可以详细显示驱动器的状态与报警号。6 只数码管显示的基本内容一览表见表 8—2—2。

□ □ □ □ □ □
1 2 3 4 5 6

表 8—2—2　　6 只数码管显示的基本内容一览表

<table>
<tr><th>数码管号</th><th>显示报警号</th><th>报警内容</th><th>数码管号</th><th>显示报警号</th><th>报警内容</th></tr>
<tr><td>1</td><td>显示“E”</td><td>表示驱动器报警</td><td>4</td><td rowspan="3">4、5、6 数码管组成报警号显示</td><td rowspan="3">显示的报警号内容，参见 61lU 驱动器使用说明书</td></tr>
<tr><td>2</td><td>显示“－”或“三”</td><td>显示“－”表示驱动器有一个报警；显示“三”表示驱动器有多个报警，通过按键 P 可以显示其余报警号</td><td>5</td></tr>
<tr><td>3</td><td>显示“A”或“B”</td><td>显示“A”，表示驱动器 A 报警；显示“B”，表示驱动器 B 报警</td><td>6</td></tr>
</table>

3．不能通过数码管显示的报警故障

不能通过数码管显示的报警故障一览表见表 8—2—3。

表 8—2—3　　不能通过数码管显示的报警故障一览表

故障现象	故障原因
6 只数码管无任何显示	1．电源两相以上缺相 2．两相以上电源熔断器熔断 3．电源模块的辅助电源故障 4．电源模块与轴控制单元间的设备总线未连接 5．轴控制板不良
6 只数码管显示“—”	1．驱动器系统软件未安装 2．存储器模块中未带驱动器系统软件
驱动器“使能”后，电动机立即开始高速旋转	1．编码器脉冲数设定错误 2．选择了开环转矩控制方式 3．编码器不良 4．轴控制模块故障
驱动器“使能”后，电动机即开始旋转	1．驱动器参数设定错误 2．数控系统参数设定错误
电动机转速太低（小于 50 r/min）	1．编码器脉冲数设定错误 2．电动机相序错误 3．轴控制模块故障
驱动器“使能”后，电动机出现短时旋转	1．电源模块不良 2．电动机编码器连接错误 3．编码器不良

二、典型故障分析

1. 数控铣床冷却泵不正常工作

数控铣床冷却泵不正常工作故障分析与检修流程图如图 8—2—1 所示。

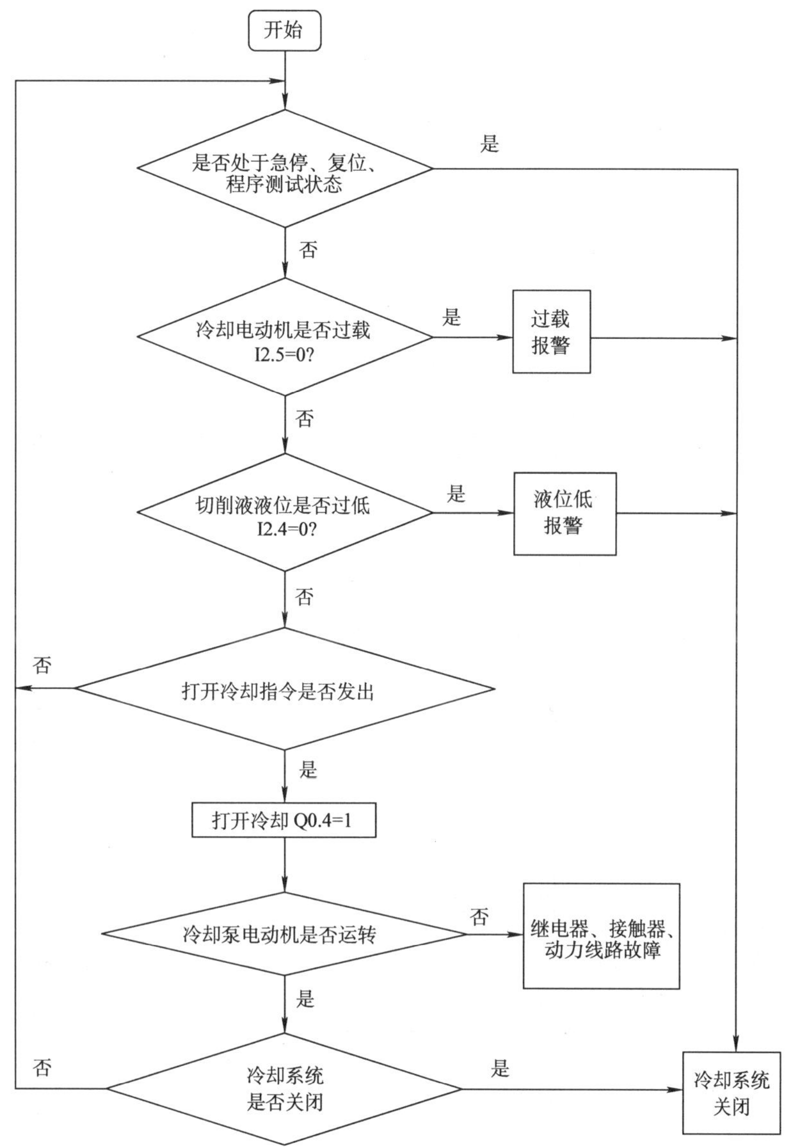

图 8—2—1 数控铣床冷却泵不正常工作故障分析与检修流程图

2. 数控铣床润滑泵不正常工作

数控铣床润滑泵不正常工作故障分析与检修流程图如图 8—2—2 所示。

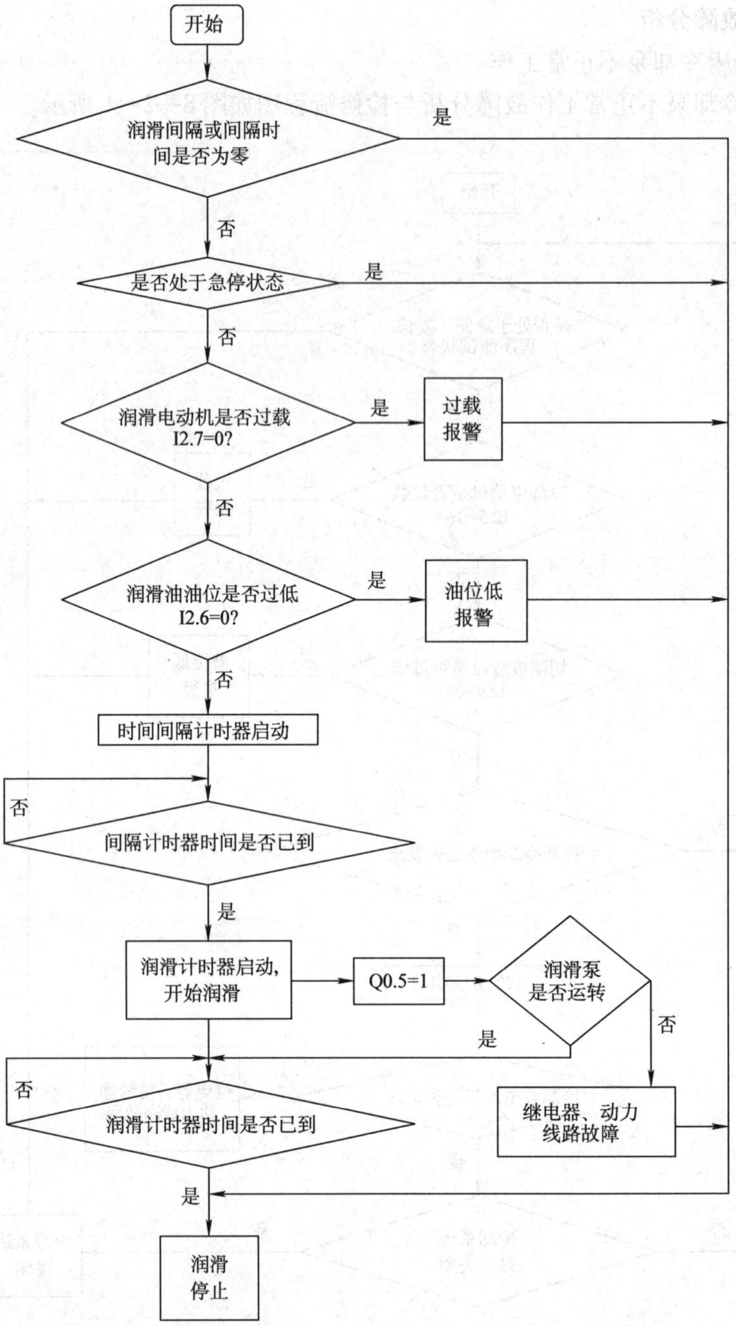

开始

润滑间隔或间隔时间是否为零

是

否

是否处于急停状态

是

否

润滑电动机是否过载 I2.7=0?

是

过载报警

否

润滑油油位是否过低 I2.6=0?

是

油位低报警

否

时间间隔计时器启动

否

间隔计时器时间是否已到

是

润滑计时器启动，开始润滑

Q0.5=1

润滑泵是否运转

否

是

否

润滑计时器时间是否已到

继电器、动力线路故障

是

润滑停止

图 8—2—2 数控铣床润滑泵不正常工作故障分析与检修流程图

要点提示

排除故障时可借助输入/输出状态诊断或梯形图来进行故障诊断。

3．SIEMENS 802D 数控铣床，开机时不定期出现伺服驱动器（611U）报警 B507、B508 故障

故障分析与诊断处理：当出现故障时，首先查阅维修手册可知，611U 伺服驱动报警 B507 和 B508 的含义分别是电动机转子位置检测错误和脉冲编码器“零位”信号出错。这两个报警都与编码器检测信号有关，故障原因可能是编码器不良或接地不良出现干扰引起。其分析与检修流程图如图 8—2—3 所示。

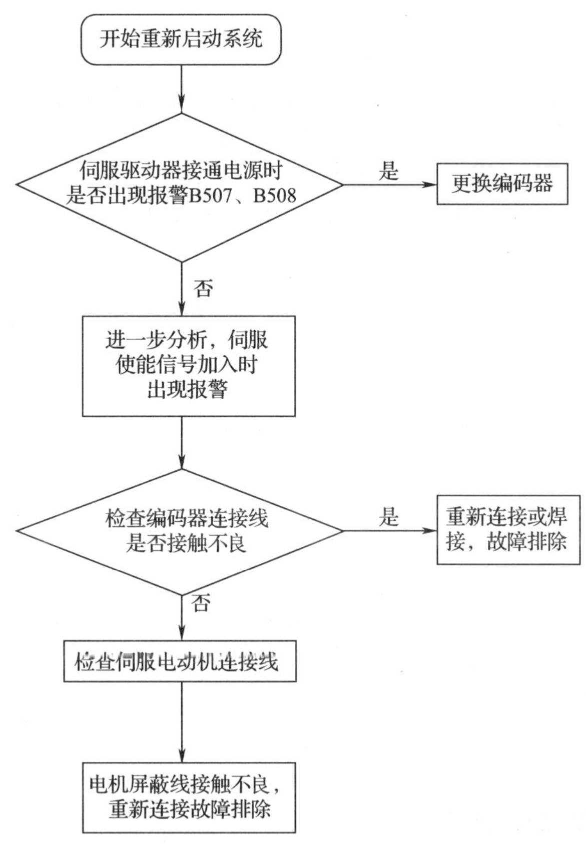

图 8—2—3　611U 服驱动器报警 B507/508 故障分析与检修流程图

4．SIEMENS 802D 数控铣床，开机时出现报警：ALM380500、400015、400000、025201、026102、025202，驱动器显示报警号 ALM599

故障分析与诊断处理：根据系统诊断说明书，以上报警的内容如下：

（1）ALM380500：PROFIBUSDP 驱动器连接出错。

（2）ALM400015：PROFIBUSDPUO 连接出错。

（3）ALM400000：PLC 停止。

（4）ALM025201：驱动器 1 出错。

（5）ALM025202：驱动器 1 出错，通信无法进行。

（6）ALM026102：驱动器不能更新。

（7）ALM599：802D 与驱动器之间的循环数据转换中断。

根据报警内容分析，ALM400015 属于硬件故障报警，如果系统的 I/O 单元工作正常，即使是 ALM40000 出现故障（PLC 停止），系统也不会产生硬件报警。故障原因可能在 I/O 驱动单元，具体检修过程如下。

1）观察机床开机时，伺服驱动器可以显示“RUN”，表明伺服驱动系统可以通过自诊断，驱动器的硬件应无故障。

2）系统初始化完成后，发现驱动器“使能”信号尚未输出，系统就出现报警，并且驱动器也随之报警。

根据以上两点分析，伺服驱动器出现故障的可能性不大，并且由于伺服驱动器的使能信号尚未加入，从而排除了由于电动机励磁产生的干扰，由此判定故障是由系统引起的。

3）观察机床 I/O 单元（PP72/48）指示灯不亮，表明 I/O 单元 24 V 电源有故障，检查 24 V 电源及电路连接，发现 I/O 单元电源连接端子的接触不良，重新连接后 I/O 单元的 POWER、READY 指示灯亮，系统报警消失，机床恢复正常工作。

任务实施

一、任务准备

实施本任务所需要的实训设备及工具材料表见表 8—2—4。

表 8—2—4　　实训设备及工具材料表

序号	设备与工具	设备名称	数量
1	数控铣床	西门子 802D 系统	1 台
2	机床资料	数控铣床电气说明书、数控系统操作说明书、维修说明书	1 套
3	常用电工工具	自定	1 套
4	仪器仪表	自定	1 套

二、数控铣床典型电气线路故障检修

1. 设置故障

故障一：设置数控车床润滑泵不转的故障

故障二：设置数控车床冷却泵不转的故障

故障三：设置 I/O 单元（PP72/48）24 V 电源故障

操作提示

（1）由教师或同组学生人为设置故障，且必须是机床在使用中的常见故障。

（2）设置故障时，必须在停电情况下进行，切忌更改线路和损坏元件等，以确保人身和设备安全。

2. 检修步骤

（1）当机床通电后，在手动方式下，按下手动润滑按钮时，润滑泵不转的故障检修步

骤，可参考图 8—2—2 所示的检修流程图，进行逐一检查，直到找到故障点，并详细填写故障检修记录单（表 8—2—5）。

（2）当机床通电后，在手动方式下，按下手动冷却泵按钮时，冷却泵不运转故障的检修步骤，可参考图 8—2—3 所示的检修流程图，进行逐一检查，直到找到故障点，并详细填写故障检修记录单（表 8—2—6）。

（3）当机床通电后，开机时出现报警：ALM380500、400015、400000、025201、026102、025202 和驱动器显示报警号 ALM599 的故障检修步骤，可参考典型故障分析 4 中的方法进行逐一检查，并详细填写故障检修记录单（表 8—2—7）。

（4）修复故障，并通电试运行。

（5）检修完毕，切断电源，清扫场地。

三、填写故障检修记录单

表 8—2—5　　数控铣床润滑泵不转的故障检修记录单

<table>
<tr><td>维修时间</td><td colspan="2"></td><td>维修人员</td><td></td></tr>
<tr><td>设备名称</td><td colspan="2">数控铣床</td><td>设备型号</td><td></td></tr>
<tr><td>故障现象</td><td colspan="4"></td></tr>
<tr><td rowspan="5">诊断与维修</td><td>可能故障部位</td><td>是否正常</td><td>排除方法</td><td>维修用零配件</td></tr>
<tr><td></td><td></td><td></td><td></td></tr>
<tr><td></td><td></td><td></td><td></td></tr>
<tr><td rowspan="2"></td><td rowspan="2"></td><td rowspan="2"></td><td></td></tr>
<tr><td></td></tr>
<tr><td>维修小结</td><td colspan="4"></td></tr>
<tr><td>修后试车确认
维修结果</td><td colspan="4"></td></tr>
</table>

表 8—2—6　　数控铣床冷却泵不转的故障检修记录单

维修时间		维修人员	
设备名称	数控铣床	设备型号	
故障现象			

续表

	可能故障部位	是否正常	排除方法	维修用零配件
诊断与维修				
维修小结				
修后试运行确认 维修结果				

表 8—2—7　　数控铣床报警故障检修记录单

维修时间		维修人员		
设备名称	数控铣床	设备型号		
故障现象				
诊断与维修	可能故障部位	是否正常	排除方法	维修用零配件
维修小结				
修后试车确认 维修结果				

任务测评

完成任务后，学生先按照表 8—2—8 进行自我测评，再由指导教师评价审核。

表 8—2—8 测评表

序号	项目	考核内容及要求	配分	评分标准	扣分	得分
1	材料准备	检查工具（5 分）、资料（5 分）是否准备齐全	10	1. 工具不齐全，每少一件扣 1 分 2. 资料不齐全，扣 5 分		
2	故障现象勘察	1. 通电前，检查机床外观、电气元件（5 分） 2. 正确通电试运行（5 分） 3. 正确描述故障现象（5 分）	15	1. 不能全面检查机床外观、电气元件，每漏检一处扣 1 分 2. 不能正确通电试运行，扣 5 分 3. 不能正确描述故障现象，扣 5 分		
3	故障原因分析	1. 故障分析思路正确、清晰（5 分） 2. 故障原因分析正确、完整（15 分） 3. 正确查阅资料（5 分）	25	1. 思路不清晰或不正确，扣 5 分 2. 不能正确分析故障原因或分析不完整，每错一处扣 3 分 3. 不能正确查阅资料，扣 5 分		
4	故障处理	1. 对故障部位进行维修（25 分） 2. 试运行，对维修效果进行验证（5 分）	30	1. 工具使用不正确，扣 5 分 2. 停电不验电，扣 5 分 3. 思路不清晰，扣 10 分 4. 工时控制不合理，扣 5 分 5. 不会试运行或维修试运行结果不正确，扣 2 分 6. 查出故障，而不能进行故障修复，扣 3 分		
5	安全文明生产	应符合国家安全文明生产的有关规定	10	违反安全文明生产有关规定，不得分		
6	实操过程记录	填写清晰、准确	10	填写不清晰或不准确，不得分		
指导教师评价					总得分	

知识拓展

数控铣床故障检修实例

【故障实例 1】

故障现象：一台 NCXT2025 数控龙门镗铣床数控采用 FANUC 6M 系统，主轴采用日本 DL－SDZ2F－3FK 直流调速系统，外装欧姆龙 C500 可编程序控制器。机床通电启动时，屏幕显示：

FANUCSYSTEM6MMODELB

SERIESMA3UERS15

NOTREADY

故障分析及处理：NOTREADY 是指控制装置或者伺服系统没准备好。一般情况下，要排除此故障应先检查伺服系统，再检查控制装置。检查控制装置时借助 PLC 编程器，可以达到事半功倍的效果。具体故障处理步骤如下：①对 6M 系统的伺服系统进行全面检查和检测，没有发现明显的异常点；②对控制装置部分进行检查。用万用表交流 250 V 挡测得端子 1 与端子 2 之间的电压为 110 V。按住启动按钮 PB3，测点 3013 与端子 2 之间的电压也为 110 V，而点 3014 与端子 2 之间的电压为 0 V，说明小继电器 MA 的触点没有接通。用万用表直流 50 V 挡测得 3 035 端子与稳压电源端子 4 之间的电压为 12 V，正常对应是 24 V，明显偏低。再测量端子 3 与 4 的直流电压也是 12 V。去掉稳压电源的负载，测其空载电压为 24 V，正常，因而怀疑是电源带负载能力降低所致。用另一块 24 V－5 A 的直流稳压电源替换原来的稳压电源，试机，一切正常。

【故障实例 2】

故障现象：一台 NCXT2025 数控龙门镗铣床数控采用 FANUC 6M 系统，*Y* 轴手动、自动进给负方向正常，而正方向没有进给。

故障分析及处理：①将 PLC 可编程序控制器插在 PLC 编程器接口上，并把编程器上的状态转换开关放在监视（MONITOR）状态，按 CLR 键和 MONTR 键，再按 CLR、OUT 及 1、3、0、2 数字键，显示：0000OUT1302；然后按 MONTR 键，监视它的状态：1302NO，说明 1302 继电器线圈是接通的。

（2）用万用表直流 50 V 挡量 1302 输出端子与稳压电源端子 4 之间的电压为 0 V，1 302 的输出端子与稳压电源端子 3 之间的电压也为 0 V，可见 1 302 的输出继电器已坏。用一只相同型号的继电器替换原来的 PLC 内部输出继电器，一切恢复正常。

思考与练习

1. 611U 驱动器的 6 只数码管无任何显示的故障原因有哪些？
2. 驱动器“使能”后，电动机立即开始高速旋转的故障原因有哪些？

课题九　立式数控加工中心的电气故障检修

任务 1　立式加工中心的基本操作

学习目标

1. 认识立式数控加工中心机床。
2. 了解加工中心电气控制系统的组成。
3. 掌握立式加工中心的基本操作。

任务引入

图 9—1—1 所示是 J1VMC400 立式加工中心。为了迅速及有效地解决 J1VMC400 立式加工中心在运行中出现的电气故障，应掌握机床的操作和电气控制系统。本节主要任务是学习 J1VMC400 立式加工中心的电气原理及基本操作。

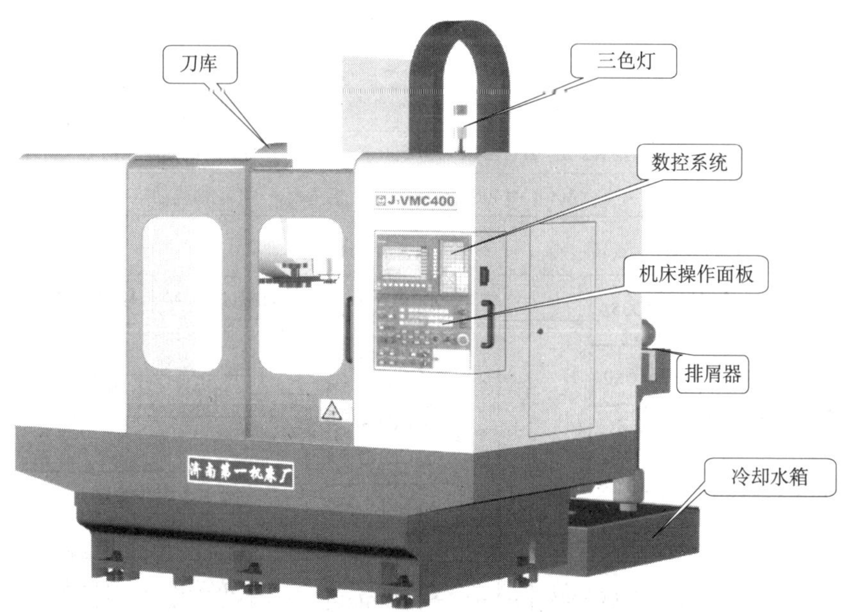

图 9—1—1　J1VMC400 立式加工中心

相关知识

一、J1VMC400 立式加工中心电气组成概述

J1VMC400 立式加工中心为三坐标立式机床，带斗笠式刀库 20 把刀；控制柜采用强电控制柜 + 操作站结构；主轴采用 αi 系列交流伺服主轴电动机 1∶1 传动。

1. 数控系统的组成

J1VMC400 立式加工中心数控系统主要由数控装置、开关电源、伺服电源模块、伺服驱动器、伺服电动机、变频器、主轴伺服电动机、键盘、操作面板、I/O 模块等器件组成，见表 9—1—1。图 9—1—2 所示为 J1VMC400 立式加工中心数控系统配置框图，它表达了各部件之间的连接关系。

表 9—1—1　　J1VMC400 立式加工中心数控系统设计主要器件

序号	名称	规格	主要用途	备注
1	数控装置	FANUC 0i – MC	控制系统	FANUC
2	伺服变压器	3P AC380/200V 26kVA	为伺服电源模块供电	FANUC
3	开关电源	AC220/DC24V 100W	开关量及中间继电器	明玮
4	伺服电源模块	A06B – 6110 – H026	为伺服驱动器提供强电	FANUC
5	伺服驱动器	A06B – 6114 – H208	X、Y 轴电动机伺服驱动器	
		A06B – 6114 – H105	Z 轴电动机伺服驱动器	
6	伺服电动机	A06B – 0227 – B101	X 轴进给电动机	
7	伺服电动机	A06B – 0243 – B101	Y 轴进给电动机	
8	伺服电动机	A06B – 0247 – B401	Z 轴进给电动机	
9	主轴驱动器	A06B – 6111 – H011#H550	主轴电动机伺服驱动器	
10	主轴伺服电动机	A06B – 1406 – B103	主轴电动机	

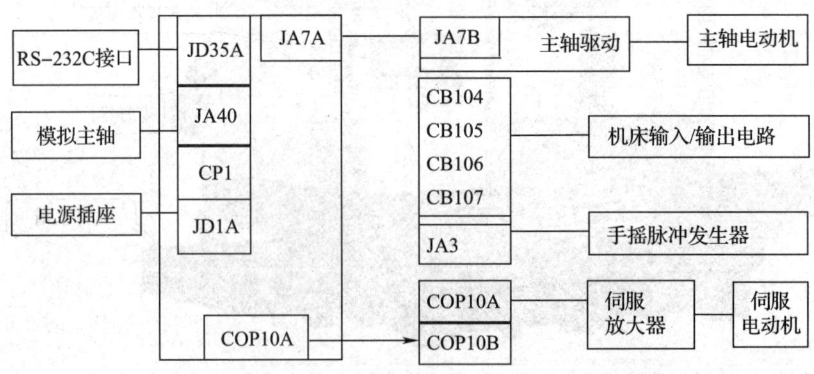

图 9—1—2　J1VMC400 立式加工中心数控系统配置框图

2. 输入输出开关量定义

（1）CB104 插头地址分配表见表 9—1—2。

表 9—1—2　　CB104 插头地址分配表

引脚号	信号 A	定义	信号 B	定义
1	0 V	信号地	+24 V	+24 V 电源
2	X0. 0	刀库向后	X0. 1	机床锁住
3	X0. 2	刀库反转	X0. 3	跳步
4	X0. 4	刀库向前	X0. 5	空运行
5	X0. 6	刀库正转	X0. 7	单段
6	X1. 0	F4（水枪）	X1. 1	超程解除
7	X1. 2	F1（主轴中央出水）	X1. 3	100%
8	X1. 4	主轴定向	X1. 5	
9	X1. 6	主轴速度降低	X1. 7	50%
10	X2. 0	主轴停止	X2. 1	
11	X2. 2	主轴速度设定	X2. 3	25%
12	X2. 4	主轴正转	X2. 5	冷却开/关
13	X2. 6	主轴速度升高	X2. 7	F0
14				
15				
16	Y0. 0	主轴定向	Y0. 1	单段
17	Y0. 2	主轴速度设定	Y0. 3	100%
18	Y0. 4	主轴正转	Y0. 5	F8
19	Y0. 6	轴选 X	Y0. 7	50%
20	Y1. 0	刀库反转	Y1. 1	F7
21	Y1. 2		Y1. 3	25%
22	Y1. 4	刀库正转	Y1. 5	冷却开/关
23	Y1. 6		Y1. 7	F0
24	DOCOM	1L +	DOCOM	1L +
25				

（2）CB105 插头地址分配表见表 9—1—3。

表 9—1—3　　CB105 插头地址分配表

引脚号	信号 A	定义	信号 B	定义
1	0 V	信号地	+24 V	+24 V 电源
2	X3. 0	刀库待位侧确认	X3. 1	刀库定位
3	X3. 2	刀库计数刹车	X3. 3	刀库原位
4	X3. 4	刀库检知	X3. 5	
5	X3. 6		X3. 7	
6	X8. 0	回转轴夹紧确认	X8. 1	回转轴松开确认

续表

引脚号	信号 A	定义	信号 B	定义
7	X8. 2	工件夹紧确认	X8. 3	工件松开确认
8	X8. 4	急停	X8. 5	横移电动机过载
9	X8. 6	刀库电动机过载	X8. 7	刀库主轴侧确认
10	X9. 0	*X* 轴参考点减速	X9. 1	*Y* 轴参考点减速
11	X9. 2	*Z* 轴参考点减速	X9. 3	4 轴参考点减速
12	X9. 4	刀具夹紧确认	X9. 5	刀具松开确认
13	X9. 6	自动门关确认	X9. 7	自动门开确认
14				
15				
16	Y2. 0	刀库正转	Y2. 1	刀库反转
17	Y2. 2		Y2. 3	刀库复位
18	Y2. 4	刀库门关	Y2. 5	刀库门开
19	Y2. 6		Y2. 7	
20	Y3. 0	刀号显示	Y3. 1	刀号显示
21	Y3. 2		Y3. 3	
22	Y3. 4		Y3. 5	
23	Y3. 6		Y3. 7	
24	DOCOM	1L +	DOCOM	1L +
25				

（3）CB106 插头地址分配表见表 9—1—4。

表 9—1—4　　CB106 插头地址分配表

引脚号	信号 A	定义	信号 B	定义
1	0 V	信号地	+24 V	+24 V 电源
2	X4. 0	中央出水电动机保护开关	X4. 1	
3	X4. 2		X4. 3	
4	X4. 4		X4. 5	
5	X4. 6		X4. 7	
6	X5. 0	手轮选择 *X* 轴	X5. 1	手轮选择 *Y* 轴
7	X5. 2	手轮选择 *Z* 轴	X5. 3	手轮选择 *A* 轴
8	X5. 4	×1	X5. 5	×10
9	X5. 6	×100	X5. 7	
10	X6. 0	主轴松刀	X6. 1	气压压力低报警
11	X6. 2	润滑报警	X6. 3	液压压力低报警
12	X6. 4		X6. 5	冷却电动机保护开关

续表

引脚号	信号 A	定义	信号 B	定义
13	X6.6	冲屑电动机保护开关	X6.7	液压电动机保护开关
14				
15				
16	Y4.0		Y4.1	
17	Y4.2		Y4.3	
18	Y4.4		Y4.5	
19	Y4.6		Y4.7	
20	Y5.0		Y5.1	
21	Y5.2		Y5.3	
22	Y5.4		Y5.5	
23	Y5.6		Y5.7	
24	DOCOM	1L +	DOCOM	1L +
25				

（4）CB107 插头地址分配表见表 9—1—5。

表 9—1—5　　CB107 插头地址分配表

引脚号	信号 A	定义	信号 B	定义
1	0 V	信号地	+24 V	+24 V 电源
2	X7.0	进给保持	X7.1	
3	X7.2	循环启动	X7.3	
4	X7.4	程序保护	X7.5	
5	X7.6	进给有效	X7.7	方式 1
6	X10.0	主轴有效	X10.1	方式 2
7	X10.2	轴选 4	X10.3	方式 4
8	X10.4	轴移动 +	X10.5	进给倍率 1
9	X10.6	轴选 *Z*	X10.7	进给倍率 2
10	X11.0	轴移动快移	X11.1	进给倍率 4
11	X11.2	轴选 *Y*	X11.3	进给倍率 8
12	X11.4	轴移动 -	X11.5	程序重启动
13	X11.6	轴选 *X*	X11.7	选择停止
14				
15				
16	Y6.0	轴选 4	Y6.1	选择停止
17	Y6.2	轴选 *Z*	Y6.3	机床锁住
18	Y6.4	轴选 *Y*	Y6.5	跳步

续表

引脚号	信号 A	定义	信号 B	定义
19	Y6.6	循环启动	Y6.7	空运行
20	Y7.0	进给保持	Y7.1	4 参考点
21	Y7.2	机床报警	Y7.3	*Z* 参考点
22	Y7.4	润滑报警	Y7.5	*Y* 参考点
23	Y7.6	程序重启动	Y7.7	*X* 参考点
24	DOCOM	1L +	DOCOM	1L +
25				

二、各控制按钮的功能及使用方法

1. 电源开关

（1）ON（CNC 装置电源接通用）。合上主电源开关后，按下这个按键，接通系统电源。

（2）OFF（CNC 装置电源切断用）。按下这个按键，CNC 装置的控制电源和伺服电源都被切断。断电前，务必先停主轴，再停进给。

2. 进给倍率（0% ~120%）开关

在自动方式下，用进给速度倍率开关，可以对程序指定的进给速度按百分率修调。在螺纹切削中此开关无效，进给倍率是 100%，这个特性用于程序调试。例如，当在程序中指定进给速度为 100 mm/min 时，设定倍率刻度为 50%，则机床按 50 mm/min 速度移动。在手动方式下，倍率开关指定各轴手动连续进给的速度。

3. 参考点返回指示灯

参考点返回指示灯分别表示 *X* 轴、*Y* 轴、*Z* 轴、*A* 轴返回参考点。当刀库回零后且刀库基准不丢失时，刀库原点灯亮。

4. 三色指示灯与报警灯

当三色灯的红灯亮时，表示机床有故障，包括 CNC 系统报警及用户信息栏所显示的 PMC 报警，同时机床报警灯亮，在自动加工时，若有报警，则应首先停进给轴，9 s 后停主轴。当三色灯的黄灯亮时，表示机床正在进行自动加工。当三色灯的绿灯亮时，表示机床处于准备、非加工状态，或表明循环结束。当润滑泵中的润滑油液面过低时，润滑报警灯亮，机床不能执行自动加工。

5. 辅助功能锁住

○ 辅助功能锁

灯亮时：禁止执行指定的 M、S、T 功能，程序仍可运行。

灯灭时：操作正常执行。

6. 单段

○ 单 段

灯亮时：单程序段功能有效，在自动方式下，执行一个程序段后停止。

灯灭时：单程序段功能无效，在自动方式下，连续运行加工程序。

7. 空运行

○ 空运行

灯亮时：空运行功能有效，在自动方式下，程序中的 F 代码指定的速度无效，各几何轴以“进给倍率”开关指定的速度运行。若加工时，G01 运行速度不对，则检查该开关。

灯灭时：程序中的F代码指定的速度有效。

8. 程序跳

○ 程序跳

灯亮时：在运行程序时，若遇到程序段开头有“/”符号，则跳过该程序段，去执行开头无“/”符号的程序段。

灯灭时：“/”符号无效。

9. 机床锁住

○ 机床锁

灯亮时：各几何轴不能移动，程序仍可运行。

灯灭时：操作正常执行。

10. 选择停

○ 选择停

灯亮时：当程序运行到M01时，暂停执行，指示灯闪烁。

灯灭时：M01代码无效。

11. 方式选择

［编辑］用途：编辑程序。

［自动］用途：连续加工零件。

［MDI］用途：直接用键盘将一段或几段程序输入到MDI寄存器中，然后启动机床，运行程序。运行完后，冲掉程序段，其操作方法与自动循环相似。

［手轮］用途：用手摇脉冲发生器移动各几何轴。

［手动］用途：各几何轴手动慢进给，速度取决于“进给倍率”开关。

［ZRN］用途：使各几何轴返回参考位置，建立机床坐标系。本机床各轴均为正向返回参考点。

12. 快移倍率

在低速0%、25%、50%、100%范围内调整快速移动速度。

13. 手动轴选择

在手动移动机床或手动回参考点之前，应首先选择几何轴 X、Y、Z 中的任一轴，然后再按轴移动键：

14. 手轮轴选择

在用手轮移动机床之前，应首先在手轮盒上选择几何轴 X、Y、Z 中的任一轴以及手轮倍率×1、×10、×100，然后再摇动手轮。

15. 主轴

［升速］　［设定］　［降速］

对S代码指定的主轴转速进行修调，有以下8挡倍率：50%、60%、70%、80%、90%、100%、110%、120%。

［正转］　［停止］　［反转］

在手动方式下，按［正转］按钮或［反转］按钮，主轴以S代码指定的转速连续运转。按［停止］按钮，主轴立即停止。

16. 轴移动

［轴+］　［轴-］　［快速］

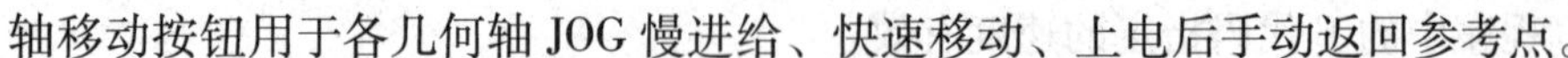
轴移动按钮用于各几何轴 JOG 慢进给、快速移动、上电后手动返回参考点。

17. 冷却

按下该按钮后再松开，主轴周边出切削液。若原来为出切削液，则按下该按钮后会停出切削液。

18. 主轴刀具松开/锁紧

在手动方式下，按第一次，主轴刀具松开，灯亮；按第二次主轴刀具锁紧，灯灭；不到位，指示灯闪烁。初始状态为锁紧。

19. 进给保持

在自动运行状态下，暂停各几何轴的进给，且指示灯亮，以便观察工件，再按下“循环启动”按钮，程序继续运行。在这种情况下，当前段的 M、S、T 功能仍有效。

20. 主轴准停

在手动方式下，按下［主轴准停］按钮，主轴以 100 r/min 的速度准停，主轴停止后，保持在该位置上且指示灯亮。未完成，指示灯闪烁。

21. 刀库正转

在手动方式下，按下［刀库正转］按钮，刀库正转；点一下，刀库转一位，若连续按，则刀库连续转，松手后，刀库就近停止。

22. 刀库反转

在手动方式下，按下［刀库反转］按钮，刀库反转；点一下，刀库转一位，若连续按，则刀库连续转，松手后，刀库就近停止。若将刀库操作盒的选择旋钮置于［自动］位置，则这两个按钮均无效。

23. 超程解除

当机床几何轴超程时，同时按下［超程解除］按钮和［手轮方式］按钮，两指示灯同时亮后，用手摇脉冲发生器及相应按钮反向摇动，退出几何轴超程状态；然后，更换［方式选择］按钮，取消超程解除状态，灯灭。

24. 循环启动

在自动方式或 MDI 方式下，按下［循环启动］按钮，程序自动运行且指示灯亮。

25. 紧急停止（红色）

该按钮在出现异常情况下，可使 CNC 停止工作。并且从 PMC 逻辑及强电线路两个方面，断掉液压电动机、冷却电动机、刀库电动机的电源。

26. 刀号显示器

显示主轴上的刀具号，若换刀过程有报警或人工干预，则显示的刀号可能与实际刀号不一致。装刀要从刀库上装，尽量不要从主轴上装，以免刀号混乱。

任务实施

一、任务准备

实施本任务所需要的实训设备及工具材料表见表9—1—6。

表9—1—6　　实训设备及工具材料表

序号	设备与工具	序号与名称	数量
1	立式加工中心	FANUC 0i - MC 系统	1台
2	机床资料	机床电气说明书、数控系统操作说明书	1套
3	常用电工工具	自定	1套

二、加工中心的基本操作

1. 机床电源的接通与关闭

具体操作步骤如下：

（1）接通电源。与数控车床、铣床类似，加工中心电源的接通要首先检查机床的外部情况、冷却润滑气源等无误后，按照先机床后系统的顺序进行，电源接通后对显示器显示内容作进一步检查，然后方可进行下一步的操作。

（2）机床电源的关闭。加工中心由于外部辅助装置较多，如刀库、排屑器等，在关闭机床电源时，按照先系统后机床的顺序关机前，必须确认机床处于非运行状态。

2. 手动返回参考点的操作

具体操作步骤如下：

（1）按一下 ZRN 键。

（2）选择坐标轴（X、Y、Z）。

（3）按正方向键使选择轴返回参考点。返回参考点后，相应轴返回参考点灯亮。

（4）重复上述（2）（3）可完成机床各轴的回零。

（5）机床刀库回零方法如下：在回零方式下，按手动刀库正（反）转键将刀库旋转到1号刀，刀库原点指示灯亮，刀库回零完成。该机床只有在 X、Y、Z 及刀库分别回原点后，才允许自动执行加工程序。

3. 手动进给的操作

（1）按一下“手动”键。

（2）选择坐标轴（X、Y、Z）。

（3）选择适当的进给速度倍率。

（4）按方向键即可实现相应轴的手动连续进给，若须手动快速进给，可同时按下快速键。

4. 手轮进给的操作

（1）按一下“手轮”键。

（2）选择坐标轴（X、Y、Z）。

（3）选择手轮进给速度倍率（×1、×10、×100）。

（4）转动手轮，选定轴则按相应的速率及方向发生移动。

5. 刀具数据的设定与补偿

当加工中心在加工工件时，必须对刀具的长度、半径等数值进行设置与补偿。刀具长度、半径等数据，既可以通过机外对刀的方法获得，也可依据工艺卡上刀具表中的数据获得，刀具磨损后的补偿可以从工件实际加工误差测量之中获得。以下仅介绍其输入和修改方法。

（1）刀具偏置量输入（绝对值输入）

1）OFFSET 键。

2）OFFSET 键选择刀具偏置界面如图 9—1—3 所示。

OFFSET		O0001 N00000		
NO.	GEOM(H)	WEAR(H)	GEOM(D)	WEAR(D)
001		0.000	0.000	0.000
002	−1.000	0.000	0.000	0.000
003	0.000	0.000	0.000	0.000
004	20.000	0.000	0.000	0.000
005	0.000	0.000	0.000	0.000
006	0.000	0.000	0.000	0.000
007	0.000	0.000	0.000	0.000
008	0.000	0.000	0.000	0.000
ACTUAL POSITION (RELATIVE)				
X	0.000	Y	0.000	
Z	0.000			
>_				
MDI **** *** ***		16:05:59		
[OFFSET]	[SETING]	[WORK]	[ ]	[(OPRT)]

图 9—1—3　OFFSET 键选择刀具偏置界面

3）择要设置的补偿号。

4）用数据输入键输入补偿量。

5）用 INPUT 键输入并显示补偿量。

【例】 在刀具补偿号为 No. 008 的 *X* 轴上，输入补偿值 11. 213 时的显示界面如图 9—1—4 所示。

（2）刀具补偿量的修改（增量值输入）

1）将光标移向要变更的数据。

2）用数据输入键输入要增加的量。

3）按 INPUT 键。现在的补偿量加上或减去增量值，其结果作为补偿量显示。

【例】 若当前设定的补偿值为 3. 125，输入量为 –1. 1，则新设定的补偿值为 2. 025。

OFFSET O0001 N00000

NO.	GEOM(H)	WEAR(H)	GEOM(D)	WEAR(D)
001		0.000	0.000	0.000
002	−1.000	0.000	0.000	0.000
003	0.000	0.000	0.000	0.000
004	20.000	0.000	0.000	0.000
005	0.000	0.000	0.000	0.000
006	0.000	0.000	0.000	0.000
007	0.000	0.000	0.000	0.000
008	11.213	0.000	0.000	0.000

ACTUAL POSITION(RELATIVE)

X 0.000 Y 0.000

Z 0.000

>_

MDI **** *** *** 01:012:23

[OFFSET] [SETING] [WORK] [ ] [(OPRT)]

图 9—1—4 输入补偿值 11.213 时的显示界面

6. 自动运行方式

加工中心在完成机床启动、工件安装、程序编辑、刀具安装测量、刀偏设置、工件坐标系等一系列操作后，便可进入自动加工状态，从而完成工件最终的实际切削加工。当循环运行启动时，还可以利用机床的相关功能，对加工程序、数据设置等进行进一步全面的检查校验，以确保自动加工时零件的质量和机床的安全运行。

(1) 自动运行的启动

机床在完成回参考点功能后，可进入自动加工状态，其方法如下：

1) 按“编辑”键。

2) 检索出要执行的加工程序，并按“复位”键使光标位于程序的开始位置。

3) 按“自动”键。

4) 按“循环启动”键，机床进入自动循环运行状态，循环启动指示灯亮。

在自动加工过程中，系统按以下顺序执行程序：

①在确定的程序中读取一个程序段的指令。

②读已读取的程序段指令。

③开始执行指令。

④读下一个程序段指令。

⑤一程序段执行一结束，由于经过缓冲，立刻开始执行下一程序段。

⑥循环往复直至全部程序段执行完毕。

(2) 自动运行中的操作

在自动方式下，对于 J1HMC50 卧式加工中心有单程序段运行、跳步运行、空运行、选择停、机床锁定、进给速度倍率调整等操作，其操作过程与前面所讲数控车床相同，这里不再详述。

（3）自动运行的停止

在自动运行过程中，除程序指令中的暂停（M00）、选择停（M01）、程序结束（M02、M30）等指令可以使自动运行停止之外，操作者还可以利用进给保持按钮、急停按钮及复位键中断或停止机床的自动运行。其使用方法可参照操作面板上按钮的用途。

（4）自动运行的再启动

在自动运行的过程中，由于刀具磨损和出现其他故障而引起的运行中断，在更换刀具或排除故障后，经常需要从程序运行断点开始继续运行程序自动加工。由故障而引起的停车的情况较为复杂，这里仅介绍因刀具损坏引起停车后的再启动步骤。

1）按下进给保持按钮（运行停止）。

2）使刀具退出换新的刀具，如有需要可变更刀具补偿量。

3）接通机床操作面板上的程序再启动按钮。

4）按功能键 PROG 显示要用的程序。

5）找到程序头。

6）输入要重新启动的程序段顺序号，然后按［P 型］键。

7）检索顺序号，并在显示器上出现程序再启动界面，如图 9—1—5 所示。

```
PROGRAM RESTART                                  O0001      N00100

   DESTINATI  ON            M          1          2
     X 51.000                          1          2
     Y 34.012                          1          2
     Z 23.323                          1          2
                                       1………………
     DISTANCE TO GO                 ……………………………
   1 X1.357                         T………   ………
   2 Y3.472                         S……
   3 Z7.583
                                                S 0        T0100
   MEM  …  …  …
   [ RSIR ]     [        ]     [ FL.SDL ]     [        ]     [ (OPRT) ]
```

图 9—1—5　程序再启动界面

①DESTINATION：显示程序要重新启动的位置。

②DISTANCETOGO：显示从当前刀具位置到加工重新启动位置之间的距离。

③在每一轴左边的数字显示了轴的顺序（根据参数设置决定），按这一顺序刀具移动到重新启动位置。

④要重新启动程序的坐标和移动的距离可最多显示 4 轴（程序重新启动屏幕只显示 CNC 控制轴的数据，而不显示 PMC 或 I/OLINK 控制轴）。

a. M——14 个最近指定的 M 代码。

b. T——两个最近指定的 T 代码。

c. S——最近指定的 S 代码。

d. B——最近指定的 B 代码。

代码是按照指定的顺序显示的，所有代码用程序重新启动或复位状态的循环启动消除。

8）关闭程序重新启动开关，这时在 DISTANCETOGO 项目中，各轴名称之前的数字启动闪烁。

9）检查将要执行的 M、S、T 和 B 代码界面，如果发现了这些代码，进入 MDI 方式执行 M、S、T 和 B 功能，执行后恢复到以前的方式中，这些代码并不显示在程序的重新启动界面上。

10）检查在 DISTANCETOGO 中显示的距离是否正确，同时检查在刀具移动到程序重新启动位置时，是否可能与工件或其他物体发生干涉，如果存在这种可能，可将刀具手动移动到不与任何障碍物发生干涉，亦可以移动到程序重新启动点的某个位置。

11）按下循环启动按钮，刀具按照参数 7310 号中指定的顺序沿这些轴以空运行的速度移动到程序的重新启动位置，然后重新开始加工。

7. 手动数据输入（MDI）操作

在手动数据输入（MDI）方式下，程序界面最多可建立 10 行程序，它与普通程序的格式一样，MDI 程序的运行可实现简单的测试操作。以下以输入并执行 M03 G00 G90 X10.000 Z5.000 S200 为例说明其操作方法与步骤。

（1）按 MDI 键选择手动数据输入（MDI）方式。

（2）按 PRGRM 键。

（3）按［MDI］软键，出现如图 9—1—6 所示界面。自动进入程序号 O0000。

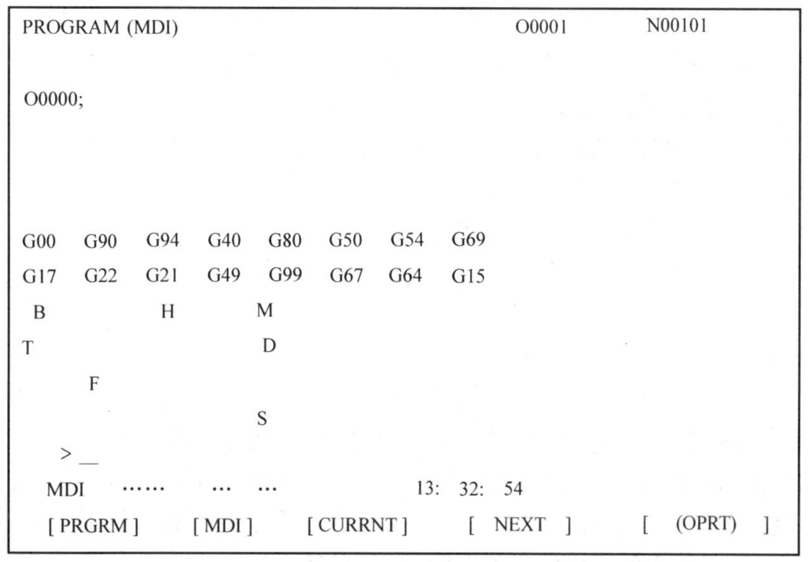

图 9—1—6 手动数据输入（MDI）界面

（4）用数据输入键输入 M03。

（5）按 INPUT 键，M03 被输入并显示。在按 INPUT 键之前，如发现输入数据错误，可按 CAN 键取消并重新输入正确数据。

（6）输入 G00 G90 X10.000 Z5.000 S200。

（7）按 INPUT 键，G00 G90 X10.000 Z5.000 S200 被输入并显示，如图 9—1—7 所示。

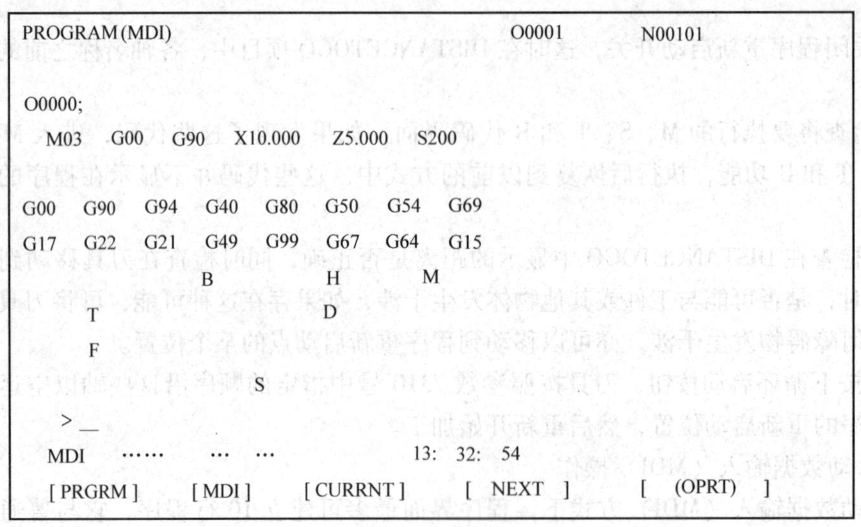

图 9—1—7　手动输入数据界面

（8）按下控制面板上的循环启动键，机床主轴以 200 r/min 的速度正向运转，同时快速定位到 X10.000 Z5.000 点。

8. 工作参数的设定

为了最大限度地满足用户的需求，数控系统供应商在设计系统时，设置了许多工作参数，方便机床的调试、维修及使用。工作参数设定的正确与否可直接影响机床的精度及功能。大多数的工作参数已由机床制造商设定完成，最终用户不得随意修改。

在机床厂提供给用户的技术文件中，有一份文件为《电气原理图及参数表》，在该文件中对最终用户可以修改的参数做了详细的说明。这里仅介绍用户数据的设定。

（1）选择 MDI 工作方式或急停状态。

（2）用以下步骤使参数处于可写入状态。

1）按功能键 OFFSET SETTING 一次或几次，可显示如图 9—1—8 所示设定界面（显示设定界面第一页）。

2）将光标移至“PARAMETER WRITE”处。

3）设定“PARAMETER WRITE = 1”，按［ON：1］键或输入 1，再按［输入］键，这样参数成为可写入状态。同时，CNC 发生 P/S100 报警（允许参数写入）。

4）按功能键 SYSTEM 几次或按功能键 SYSTEM 一次后，再按［参数］键，显示参数界面。显示包括想要设定的参数所在的页面，光标放在想设定的参数的位置，输入数据，然后按［输入］键，输入的数据将被设定到光标指示的参数中。

9. 操作完毕，切断电源，清扫场地

```
SETTING(HANDY)                                         O0001      N00100
PARAMETER WRITE          =   0       (0: 可        1: 不可 )
CHECK                    =   0       (0:OFF        1:ON)
PUNCH CODE               =   0       (0:EIA        1:ISO)
INPUT UNIT               =   0       (0: mm        1:INCH)
I/O    CHANNEL           =   0       (0-2:CHANNEL)



>
MDI      STOP      ……      …  …           13:21:02
 [ NO. 搜索 ]     [ ON:1 ]     [ OFF:0 ]      [ + 输入 ]      [ 输入 ]
```

图 9—1—8 OFFSET SETTING 设定界面

任务测评

完成操作任务后，学生先按照表 9—1—7 进行自我测评，再由指导教师评价审核。

表 9—1—7 **测评表**

序号	项目	考核内容及要求	配分	评分标准	扣分	得分
1	任务准备	检查工具（2 分）、资料（3 分）是否准备齐全	5	1. 工具不齐全，每少一件扣 1 分 2. 资料不齐全，扣 3 分		
2	电源开启与关闭操作	正确掌握数控车床开启与关闭电源的操作步骤	10	1. 开启电源步骤不正确，扣 5 分 2. 关闭电源步骤不正确，扣 5 分		
3	机床回零点的操作	1. 正确掌握 *X* 轴回零点的操作步骤 2. 正确掌握 *Z* 轴回零点的操作步骤	10	1. *X* 轴回零参考点不正确，扣 5 分 2. *Z* 轴回零参考点不正确，扣 5 分		
4	手动操作	正确掌握手动方式下的功能操作	25	1. 不能正确启动和停止主轴，扣 5 分 2. 不能正确打开和关闭切削液，扣 5 分 3. 不能正确操作坐标轴移动，扣 5 分 4. 不能正确进行手动换刀，扣 5 分 5. 不能操作超程释放，扣 5 分		
5	程序输入	正确输入程序	20	1. 不熟悉各编辑键，扣 10 分 2. 不能正确输入程序，扣 10 分		
6	自动运行操作	正确掌握自动方式下的功能操作	10	1. 不能正确进行机床锁定的操作，扣 5 分 2. 不能正确操作循环启动，扣 5 分		

续表

序号	项目	考核内容及要求	配分	评分标准	扣分	得分
7	工作参数的设定	正确进行参数设定操作	10	不能进行参数设定操作，扣10分		
8	安全文明生产	应符合国家安全文明生产的有关规定	10	违反安全文明生产有关规定，不得分		
指导教师评价					总得分	

思考与练习

一、填空题（将正确答案填在横线上）

1. J1VMC400立式加工中心数控系统主要由________、________、________、______、________、__________、_________与操作面板、I/O模块等器件组成。

2. J1VMC400立式加工中心为立式机床，刀库形式为________________。

3. CNC装置电源切断前，应停_________和_________________，然后再切断CNC装置的控制电源和伺服电源。

4. J1VMC400立式加工中心的三色灯的黄灯亮时，表示机床处于_________状态；当三色灯的绿灯亮时，表示机床处于_________状态。

二、简答题

1. 简述立式加工中心电源接通与断开的步骤。

2. 简述FANUC0i－MC立式加工中心显示参数界面步骤。

任务2　立式加工中心的电气故障检修

学习目标

1. 了解带刀库的自动换刀系统。
2. 熟悉刀库自动换刀的工作原理。
3. 掌握刀库换刀系统常见故障的诊断与处理方法。
4. 能够正确识读电气控制线路。
5. 能够根据线路进行简单故障的分析与检修。

任务引入

通过前面几个课题的学习，已经对数控车床、数控铣床各电气组成部分的电气故障检修方法有了一个全面的了解，数控加工中心与数控车床、数控铣床的电气故障检修方法基本相同，所不同的是，数控加工中心增加了带刀库的自动换刀系统。本任务就来学习数控加工中心刀库系统的基本知识与刀库系统常见故障的分析与检修方法。

相关知识

一、带刀库的自动换刀系统

带刀库的自动换刀系统由刀库和刀具交换装置组成。刀库可以存放数量很多的刀具，因而能够进行复杂零件的多工序加工，它既可以安装在主轴箱的侧面或上方，也可作为单独部件安装到机床以外，并由搬运装置运送刀具。使用时，首先把加工过程中需要使用的全部刀具分别安装在标准刀柄上，然后在机外进行尺寸预调整后，按一定的方式放入刀库中去。换刀时，先在刀库中进行选刀，并由刀具交换装置从刀库和主轴上取出刀具，在进行交换刀具之后，将新刀具装入主轴，并把旧刀具放回刀库。

1. 刀库

刀库主要是提供储存加工刀具及辅助工具的地方，并能依照程序的控制，正确选择刀具加以定位，并配合自动换刀装置完成换刀工作。

根据容量、外形和取刀方式的不同，刀库分为圆盘式刀库、链条式刀库和斗笠式刀库等，表 9—2—1 所示为常见的刀库类型与特点。

表 9—2—1　　常见的刀库类型与特点

<table>
<tr><th>类型</th><th>结构形状</th><th>特点与应用</th></tr>
<tr><td>圆盘式刀库</td><td></td><td>结构简单，容量一般为 15～30 把刀，价格低，装配、调试方便，维护简单
进行刀具交换时，须搭配自动换刀机构（ATC）。通常应用在小型立式综合加工机床上</td></tr>
<tr><td>链条式刀库</td><td></td><td rowspan="2">采用电动机加机械凸轮结构，结构简单、紧凑；动作可靠；价格较高；刀库容量大，一般为 30～120 把刀，多采用链式刀库。刀座固定在环形链节上，有单排链和折叠回绕链，链环的形状可随机床布局制成各种形式。适用于刀库量容在 30 把以上的大型加工中心</td></tr>
<tr><td>加长链条式刀库</td><td></td></tr>
</table>

续表

类型	结构形状	特点与应用
斗笠式刀库		体积小、安装方便，刀库容量一般为 16 ~ 24 把刀。在立式数控加工中心应用较多

2．刀库的选刀方式与刀具识别

按照数控装置的刀具选择指令，从刀库中挑选各工序所需要的刀具的操作，称为自动换刀。目前，在刀库中选择刀具通常有顺序方式和任选方式两种。

（1）顺序选刀方式

刀具的顺序选刀方式是指将刀具按加工工序的顺序，依次放入刀库的每一个刀座内。每次换刀时，刀库按顺序转动一个刀座的位置，并取出所需要的刀具。已经使用过的刀具既可以放回原来的刀座内，也可以按顺序放入下一个刀座内。当更换不同工件时，须重新排列刀库中的刀具顺序。刀库中的刀具在不同的工序中不能重复使用，相应地增加了刀具的数量和刀具的容量，降低了刀具和刀库的利用率。此外，装刀时，必须十分谨慎，如果刀具不按顺序装在刀库，将会造成严重事故。

由于顺序选刀方式不需要刀具识别装置，而且驱动控制也较简单，可以直接由刀库的分度来实现。因此，刀具的顺序选择方式具有结构简单、工作可靠等优点。

（2）任意选刀方式

采用任意选刀方式的自动换刀系统中必须有刀具识别装置。这种方式是根据程序指令的要求来选择所需要的刀具，刀具在刀库中不必按照工件的加工顺序排列，可任意存放。每把刀具（或刀座）都编上代码，自动换刀时，刀库旋转，每把刀具（或刀座）都经过“刀具识别装置”接收识别。当某把刀具的代码与数控指令的代码相符合时，该把刀具被选中，并将刀具送到换刀位置，等待机械手来抓取。刀库中刀具的排列顺序与工件加工顺序无关，相同的刀具可重复使用。因此，刀具数量比顺序选择法的刀具可少一些，刀库也相应的小一些。

任意选刀方式须对刀具进行编码识别，编码方式主要有以下三种。

1）刀具编码方式

这种编码方式采用特殊结构的刀柄，并对每把刀具进行编码。换刀时，通过编码识别装置，根据数控系统发出的换刀指令代码，在刀库中寻找所需要的刀具。这种方式装刀、换刀方便，刀库容量减小，并且可避免因刀具顺序的差错所造成的事故。

2）刀座编码方式

这种编码方式对刀库的刀座进行编码，并将与刀座编码相对应的刀具一一放入指定的刀座中，然后根据刀座编码选取刀具。由于这种编码方式取消了刀柄中的编码环，使刀柄结构大为简化。在自动换刀过程中，必须将用过的刀具放回原来的刀座中，增加了换刀的动作。刀座编码的突出优点是刀具在加工过程中可以重复使用。

3）编码附件方式

编码附件方式可分为编码钥匙、编码卡片、编码杆和编码盘等。应用最多的是编码钥匙。这种方式是先给刀具都缚上一把表示该刀具号的编码钥匙，当把该刀具放入刀库中时，识别装置可以通过识别刀具上的号码来选取该钥匙旁边的刀具。当从刀座中取出刀具时，刀座中的编码钥匙也取出，刀库中原来编码随之消失。因此，这种方式具有更大的灵活性。采用这种编码方式用过的刀具不必放回原来的刀座。

3. 刀具交换装置

刀具交换装置是用来实现刀库和机床主轴之间的传递与装卸刀具的装置。一般常用的有如下两种。

（1）利用刀库与机床主轴的相对运动实现刀具交换

通过刀库和主轴箱的配合动作来完成换刀，适用于刀库中刀具位置与主轴上刀具位置一致的情况。一般是采用把盘式刀库设置在主轴箱可以运动到的位置或将整个刀库能移动到主轴箱可以到达的位置。换刀时，主轴运动到刀库上的换刀位置，由主轴直接取走或放回刀具。多用于采用 40 号以下刀柄的中小型加工中心。

（2）采用机械手进行刀具交换

由刀库选刀，再由机械手完成换刀动作。这种机械手换刀灵活、动作快，而且结构简单，因此加工中心普遍采用的这种形式。

二、刀库自动换刀原理

带刀库的自动换刀系统由刀库和刀具交换装置组成，是加工中心的很重要的组成部分。加工中心是一种备有刀库并能自动更换刀具并对工件进行多工序加工的数控机床。工件经一次装夹后，数控系统能控制机床连续完成多工步的加工，工序高度集中。整个换刀过程较为复杂，首先把加工过程中需要使用的全部刀具分别安装在标准刀柄上，然后在机外进行尺寸预调整后，再按一定的方式将其放入刀库中去。换刀时，先在刀库中进行选刀，并由刀具交换装置从刀库和主轴上取出刀具，进行交换刀具之后，再将新刀具装入主轴，并把旧刀具放回刀库。

在数控机床的自动换刀装置中，实现刀具交换的方式有多种，常采用的刀具交换方式有无机械手换刀和机械手换刀两种。

1. 无机械手换刀

无机械手换刀装置一般采用把刀库放在主轴箱可以运动到的位置，同时刀库中刀具的存放方向一般与主轴上的装刀方向一致。换刀时，利用主轴直接取走或放回刀具。整个换刀控制原理及换刀的动作过程分别如图 9—2—1、图 9—2—2 所示。CNC 发出换刀指令──→气缸推动刀库在导轨上水平移动，刀库空缺刀位插入主轴上刀柄凹槽处，刀柄夹紧──→主轴刀具松开──→主轴箱上移，完成拔刀过程──→刀库回转选刀到位──→主轴箱下移，完成新刀具夹紧──→刀库恢复原位，完成一次换刀。

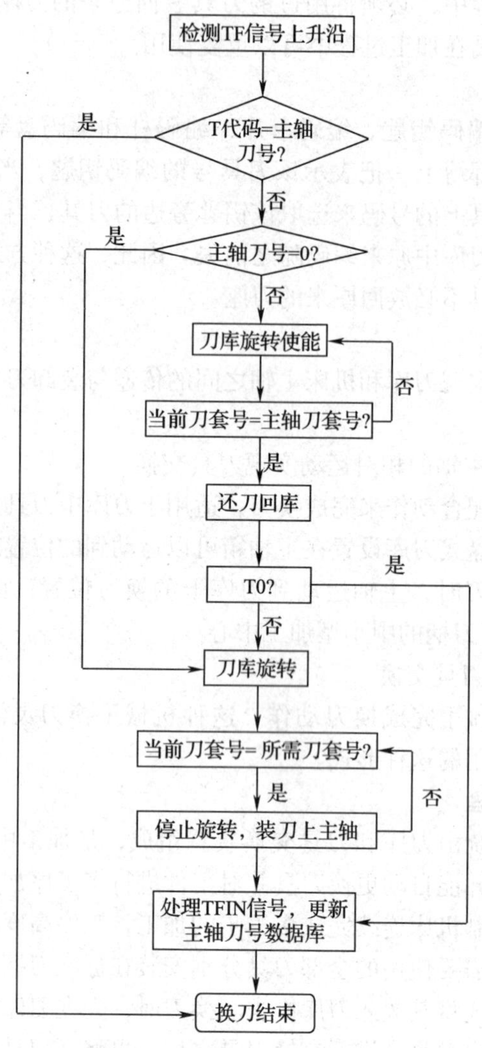

图 9—2—1　无机械手换刀的控制原理图

2. 机械手换刀

采用机械手进行刀具交换的方式应用最为广泛。以下重点介绍采用机械手换刀的圆盘式刀库系统。图 9—2—3 所示是机械手换刀的控制原理图。机械手换刀的动作过程示意图如图 9—2—4 所示，当主轴处在准停位置时，CNC 发出换刀指令⟶刀库的刀套翻下⟶下降到位⟶机械手转动⟶转动减速到位⟶机械手抓刀（两手分别抓住刀库上和主轴上的刀柄）⟶主轴刀具自动松开到位⟶机械手下降并到位⟶机械手同时将主轴和刀库中的刀具拔出⟶机械手带着两把刀具转动⟶转动减速到位⟶新旧刀具完成交换⟶机械手上移并到位⟶主轴插入新刀具，同时将旧刀具插入刀库⟶刀套翻上⟶主轴夹紧并到位⟶机械手旋转⟶回到原始位置⟶换刀结束。

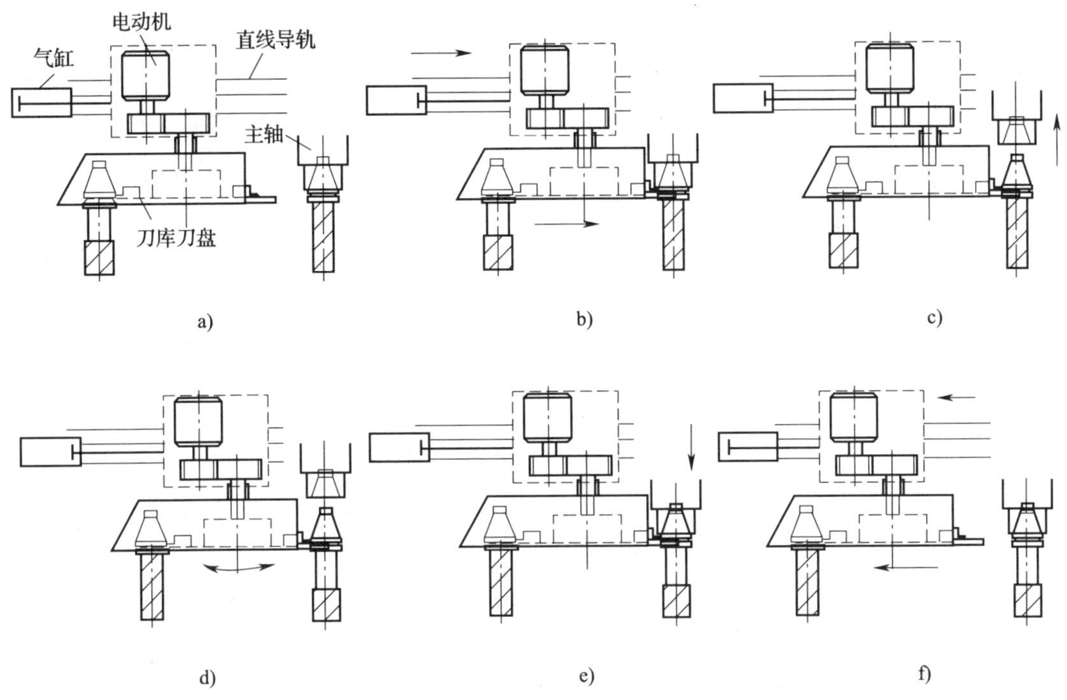

图 9—2—2 无机械手换刀的动作过程示意图

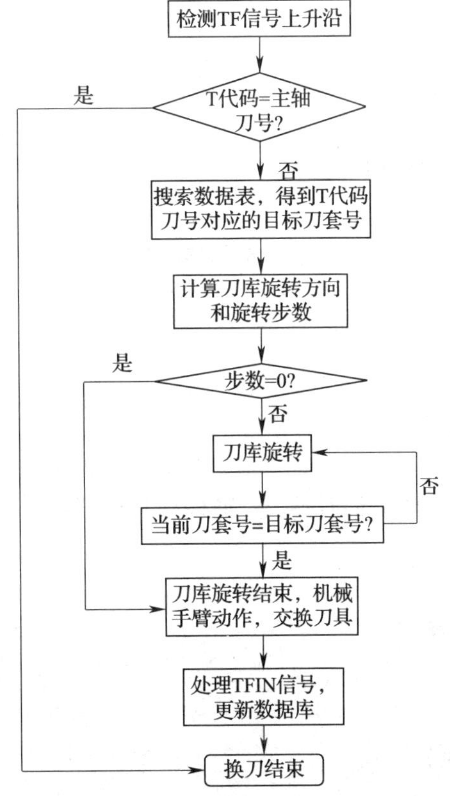

图 9—2—3 机械手换刀的控制原理图

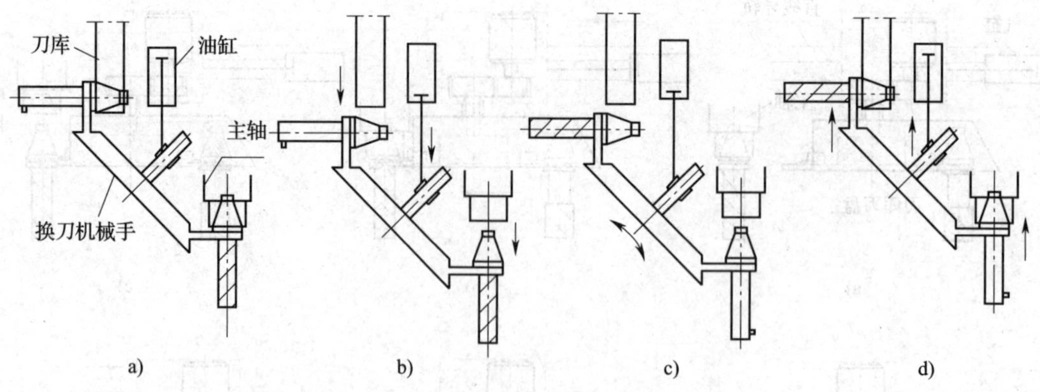

图 9—2—4　机械手换刀的动作过程示意图

3．采用斗笠式刀库的 J1VMC400 立式加工中心固定换刀方式的工作步骤及过程

（1）固定换刀方式的工作步骤如下（图 9—2—5）：

1）判断主轴上刀号是否与指令刀号相同。

2）如相同不执行换刀动作。

3）判断主轴上是否有刀。

4）如主轴上无刀，直接执行取刀。

5）如主轴上有刀，则先将主轴上的刀具放回刀库。

6）判断是否指令刀号为 0，即 T00。

7）如指令刀号为 0，仅执行放刀动作，换刀结束。

8）换新刀。

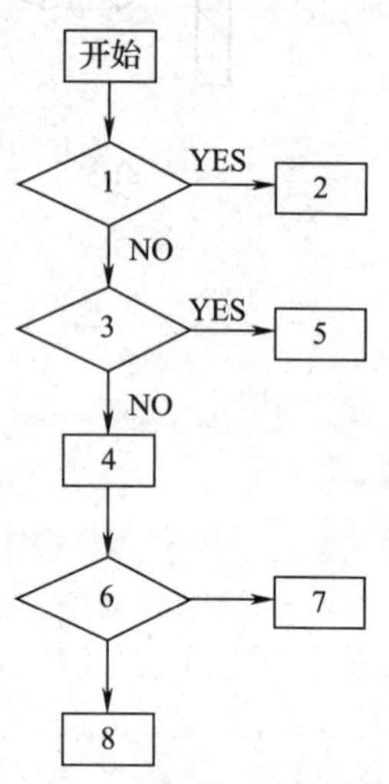

图 9—2—5　固定换刀方式的工作步骤

（2）固定换刀方式换刀过程如下：

1）主轴无刀情况下

①主轴定向，刀库旋转寻找指令刀号，*Z* 轴移动到参考点。

②刀库前进，主轴松刀。

③*Z* 轴移动到换刀点。

④主轴夹刀。

⑤刀库后退。（换刀结束）

2）主轴有刀情况下

①主轴定向，刀库旋转寻找主轴刀号，*Z* 轴移动到换刀点。

②刀库前进，主轴松刀。

③*Z* 轴移动到参考点。

④刀库旋转寻找指令刀号。

⑤*Z* 轴移动到换刀点。

⑥主轴夹刀。

⑦刀库后退。（换刀结束）

三、自动换刀系统常见故障诊断与处理（表9—2—2）

表9—2—2　　自动换刀系统常见故障诊断与处理表

故障现象	故障原因	诊断与处理
刀库不能转动	连接电动机轴与蜗杆轴的联轴器松动	重新调整与紧固
	PLC无控制输出，可能是接口板中的继电器失效	检查与更换继电器
	机械连接过紧	检查与重新调整
	电网电压过低	调整或加装稳压器
刀库转不到位	电动机转动故障	检查与更换电动机
	传动机构误差	调整传动机构
刀套不能夹紧刀具	刀套上的调整螺钉松动	重新调整螺钉
	弹簧太松，造成夹紧力不足	更换弹簧或重新调整螺母
	刀具超重	更换刀具
刀套上下不到位	由于装置调整不当或加工误差过大而造成拨叉位置不正确	重新对装置进行调整
	由于限位开关安装不正确或调整不当而造成反馈信号错误	调整或重新安装限位开关
刀具夹紧后松不开	松锁的弹簧压合过紧，卡爪缩不回	调松螺母，使最大载荷不超过额定数值
刀具交换时掉刀	换刀时，主轴箱没有回到换刀点或换刀点漂移；机械手抓刀时没有到位就开始拔刀，都会导致换刀时掉刀	重新移动主轴箱，使其回到换刀点位置或重新设定换刀点

四、典型故障分析

1. J1VMC400加工中心换刀动作不正常

JIVMC400加工中心换刀动作不正常故障检修流程图如图9—2—6所示。

2. 斗笠式刀库自动M10或手动刀库前进不执行

（1）斗笠式刀库，刀库前进条件。

1）自动方式下

①主轴上未装刀具时，Z轴必须在Z轴参考点。

②主轴上装有刀具时，Z轴必须在Z轴换刀点（刀库当前位置必须无刀具）。

2）手动方式下

①刀库前进除以上条件外，主轴在无刀的情况下，Z轴高于换刀点20 mm时也允许刀库前进（刀库当前位置必须无刀具）。

②装有刀具检知信号的刀库，如果刀库换刀位置有刀具，Z轴必须在Z轴参考点，刀库才能前进。

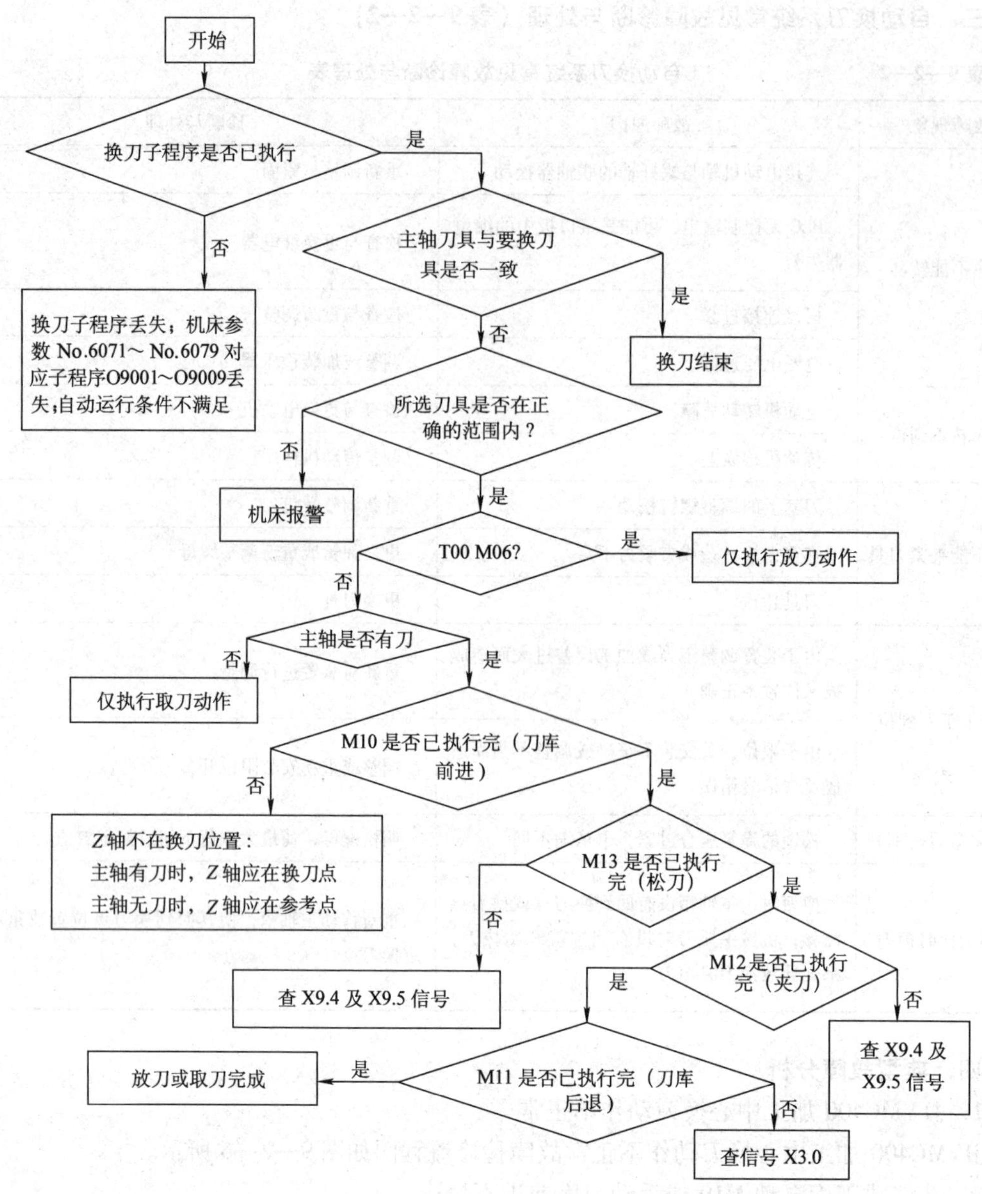

图 9—2—6　J1VMC400 加工中心换刀动作不正常故障的检修流程图

③主轴定向。

当不具备以上条件时，不允许刀库前进。因此，若刀库前进输出为零，相应的继电器不工作。

（2）如果以上条件已经满足，刀库前进输出为 1，相应的继电器不工作，此时刀库仍不前进，需要进一步判断继电器控制回路是否正常；24 V 控制电压是否正常；继电器是否损坏。

（3）如果继电器已经工作，但刀库仍不前进，则需要作进一步判断。

1）气动控制的要检查电磁阀是否工作正常；管路是否泄漏、接法是否正确。

2）普通三相交流电动机控制的要检查交流接触器控制回路是否正常；110 V 控制电压是否正常；380 V 是否正常；相序是否正确；交流接触器是否正常。

任务实施

一、任务准备

实施本任务所需要的实训设备及工具材料表见表 9—2—3。

表 9—2—3 实训设备及工具材料表

序号	名称	型号与名称	数量
1	数控加工中心	J1VMC400 立式加工中心	1 台
2	电工常用工具	自定	1 套
3	仪器仪表	自定	1 块
4	机床说明书		1 本

二、刀库换刀系统的电气线路检修

1. 设置故障

设置数控加工中心换刀不正常的故障。

（1）由教师或同组学生人为设置故障，且必须是机床在使用中的常见故障。

（2）设置故障时，必须在停电情况下进行，切忌更改线路和损坏元件等，以确保人身和设备安全。

2. 检修步骤

（1）在教师的指导下，参考图 9—2—6 所示的检修流程图，进行逐一的检查，直到找到故障点，并详细填写故障检修记录单（表 9—2—4）。

（2）修复故障，并通电试车。

（3）检修完毕，切断电源，清扫场地。

1）操作时，应切断机床电源，并将拆下导线进行绝缘处理；排除故障时，应注意断电、验电，以确保安全。

2）应在指导教师的监督下进行试车操作，并确保设备正常。

三、填写故障检修记录单

表 9—2—4　　数控加工中心换刀不正常的故障检修记录单

维修时间				
设备名称	加工中心		设备型号	
故障现象				
诊断与维修	可能故障部位	是否正常	排除方法	维修用零配件
维修小结				
修后试车确认 维修结果				

四、评分标准

完成任务后，学生先按照表 9—2—5 进行自我测评，再由指导教师评价审核。

表 9—2—5　　评分标准

序号	项目	考核内容及要求	配分	评分标准	扣分	得分
1	材料准备	检查工具（5 分）、资料（5 分）是否准备齐全	10	1．工具不齐全，每少一件扣 1 分 2．资料不齐全，扣 5 分		
2	故障现象勘察	1．通电前，检查机床外观、电气元件（5 分） 2．正确通电试运行（5 分） 3．正确描述故障现象（5 分）	15	1．不能全面检查机床外观、电气元件，每漏检一处扣 1 分 2．不能正确通电试运行，扣 5 分 3．不能正确描述故障现象，扣 5 分		
3	故障原因分析	1．故障分析思路正确、清晰（5 分） 2．故障原因分析正确、完整（15 分） 3．正确查阅资料（5 分）	25	1．思路不清晰或不正确，扣 5 分 2．不能正确分析故障原因或分析不完整，每错一处扣 3 分 3．不能正确查阅资料，扣 5 分		

续表

序号	项目	考核内容及要求	配分	评分标准	扣分	得分
4	故障处理	1. 对故障部位进行维修（25分） 2. 试运行，对维修效果进行验证（5分）	30	1. 工具使用不正确，扣5分 2. 停电不验电，扣5分 3. 思路不清晰，扣10分 4. 工时控制不合理，扣5分 5. 不会试运行或维修试运行结果不正确，扣2分 6. 查出故障，而不能进行故障修复，扣3分		
5	安全文明生产	应符合国家安全文明生产的有关规定	10	违反安全文明生产有关规定，不得分		
6	实操过程记录	填写清晰、准确	10	填写不清晰或不准确，不得分		
指导教师评价					总得分	

知识拓展

常见刀库故障的维修实例

【故障实例1】

故障现象：自动换刀时刀链运转不到位。当进行到自动换刀程序时，刀库开始运转，但是所需要换的刀具没有传动到位，刀库就停止运转，3 min后机床自动报警。

故障分析及处理：TH42160龙门加工中心采用的链式刀库，其配套的CNC系统为SIEMENS 840D。由上述故障查报警可知是由于换刀时间超出。此时，在MDI方式下，无论用手动输入刀库顺时针旋转还是逆时针旋转动作指令，刀库均不动作。检查电气控制系统，没有发现什么异常；PLC输出指示器上的发光二极管燃亮，表明PLC有输出，估计问题应该发生在机械传动方面，故障可能出在减速器上。为此，拆除了防护罩，卸下了伺服电动机，拆开减速器，发现减速器内一传动轴上的连接键脱落，致使动力传动路线中断，刀库无法旋转。修复减速器后，故障排除。

【故障实例2】

故障现象：一台THK46100卧式加工中心，采用FANUC0 - Mate数控系统。在自动方式加工过程中，出现“1019RELAYOVERLOAD”报警。

故障分析与处理：查阅外部报警信息表提示为断路器跳闸。打开电气柜发现QF2断路器已跳闸，以为是电压瞬间波动过大所致。重新合上断路器后报警消除。试加工后，再次跳闸。经查，发现切削液电动机启动瞬间猛烈跳动，10 s 左右又跳闸。检查电动机已损坏，更换后，机床恢复正常。

【故障实例 3】

故障现象：某加工中心采用凸轮机械手换刀。在换刀过程中，动作中断，并发出 2035 号报警，显示机械手伸出故障。

故障分析及处理：根据报警内容可知，机床是因为无法执行下一步“从主轴和刀库中拔出刀具”，而使换刀过程中断并报警。

1. 机械手未能伸出完成从主轴和刀库中拔刀动作，产生故障的原因如下。

（1）“松刀”感应开关失灵。在换刀过程中，各动作的完成信号均由感应开关发出，只有上一动作完成后才能进行下一动作。第 3 步为“主轴松刀”，如果感应开关未发信号，则机械手“拔刀”就不会动作。检查两感应开关，信号正常。

（2）“松刀”电磁阀失灵。主轴的“松刀”是由电磁阀接通液压缸来完成的。如电磁阀失灵，则液压缸未进油，刀具就“松”不了。检查主轴的“松刀”电磁阀，动作均正常。

（3）“松刀”液压缸因液压系统压力不够或漏油而不动作或行程不到位。检查刀库松刀液压缸，动作正常，行程到位；打开主轴箱后罩，检查主轴松刀液压缸，发现已到达松刀位置，油压也正常，液压缸无漏油现象。

（4）机械手系统有问题，建立不起“拔刀”条件。其原因可能是电动机控制电路有问题。检查电动机控制电路系统正常。

（5）刀具是靠碟形弹簧通过拉杆和弹簧卡头将刀具柄尾端的拉钉拉紧的。松刀时，液压缸的活塞杆顶压顶杆，顶杆通过空心螺钉推动拉杆，一方面使弹簧卡共松开刀具的拉钉，另一方面又顶动拉钉，使刀具右移而在主轴锥孔中变“松”。

2. 主轴系统不松刀的原因估计有以下几点：

（1）刀具尾部拉钉的长度不够，致使液压缸虽已运动到位，而仍未将刀具顶“松”。

（2）拉杆尾部空心螺钉位置起了变化，使液压缸行程满足不了“松刀”的要求。

（3）顶杆出了问题，已变形或磨损。

（4）弹簧卡头出故障，不能张开。

（5）主轴装配调整时，刀具移动量调得太小，致使在使用过程中一些综合因素导致不能满足“松刀”条件。

处理方法：拆下“松刀”液压缸，检查发现这一故障是因为制造装配时，空心螺钉的伸出量调整得太小，故“松刀”液压缸行程到位，而刀具在主轴锥孔中“压出”不够，致使刀具无法取出。调整空心螺钉的“伸出量”，保证在主轴“松刀”液压缸行程到位后，刀柄在主轴锥孔中的压出量为 0.4 ~0.5 mm。经以上调整后，故障排除。

【故障实例 4】

故障现象：JCS－018A 立式加工中心机械手失灵；手臂旋转速度快慢不均，气液转换器失油频率加快，机械手旋转不到位，手臂升降不动作或手臂复位不灵。调整 SC－15 节流阀配合手动调整，只能维持短时间正常运行，且排气声音逐渐浑浊，不像正常动作时清晰，直至不能换刀。

故障分析及处理：①手臂旋转75°主轴和刀套上的刀具，必须到位抓牢，才能下降脱刀。动作到位后旋转180°，换刀位置上升分别插刀，手臂再复位，刀套上。手臂75°、180°旋转，其动力传递是压缩空气源推动气液转换器转换成液压由电控程序指令控制，其旋转速度由SC－15节流阀调整，换向由5ED－IONISF电磁阀控制。一般情况下，这些元器件的寿命很长，可以排除这类元器件存在的问题。②因刀套上下和手臂上下是独立的气源推动，排气也是独立的消声排气口，所以不受手臂旋转力传递的影响，但旋转不到位时，手臂是不可能升降的。根据这一原理，着重检查手臂旋转系统执行元器件成为必要的工作。③观察75°、180°手臂旋转或不旋转时液压缸伸缩对应气液转换各油标升降、高低情况，发觉左右配对的气液转换器，左边呈上限右边就呈下极限，反之亦然，且公用的排气口有较大量油液排出。分析气液转换器、尼龙管道均属密闭安装，所以，此故障原因应在执引器件液压缸上。④拆卸机械手液压缸，解体检查，发现活塞支撑环的形圈均有直线性磨损，且已不能密封。液压缸内壁粗糙，环状刀纹明显，精度太差。更换上北京精密机床厂生产的80缸筒，重装调整后故障消失。

【故障实例5】

故障现象：某配套FANUCil系统的BX－110P加工中心，在JOC状态下，机械手在取送刀具时，不能缩爪。机床在JOC状态下加工工件时，机械手将刀具从主刀库中取出送入送刀盒中，不能缩爪，但不报警；将方式选择到ATC状态，手动操作都正常。

故障分析及处理：经查看梯形图，原来是因为限位开关IS916没有压合。调整限位开关位置后，机床恢复正常。但过一段时间后，再次出现此故障，检查IS916并没松动，但没有压合，由此怀疑机械手的液压缸拉杆没伸到位。经检查发现，液压缸拉杆顶端锁紧螺母的紧定螺钉松动，致使液压缸伸缩的行程发生了变化。调整了锁紧螺母并拧紧紧定螺钉后，此故障消失。

思考与练习

一、填空题（将正确答案填在横线上）

1. 带刀库的自动换刀系统由__________和__________组成。

2. 根据容量、外形和取刀方式的不同，刀库分为__________、__________和__________刀库等。

3. 在数控机床中，刀库选择刀具方式通常有__________和__________两种。

4. 任意选刀方式下，刀具编码方式主要有__________、__________、__________三种。

5. 刀具交换装置是用来实现__________和__________之间的传递与装卸刀具的装置。一般常用的有__________、__________两种。

二、判断题（将判断结果填入括号中，正确的填“√”，错误的填“×”）

1. 数控车床的回转电动刀架适用于轴类、盘类零件的加工。（　　）

2. 刀库是自动换刀装置最主要的部件之一，圆盘式刀库因其结构简单、取刀方便而应用最为广泛。（　　）

3. 顺序选刀方式具有无须刀具识别装置、驱动控制简单的特点。（ ）
4. 转塔式的自动换刀装置是数控车床上使用最普遍、最简单的自动换刀装置。（ ）
5. 圆盘式刀库结构简单；容量一般为15~30把刀；装配、调试方便。（ ）
6. 刀库容量大，一般为30~120把，多采用链式刀库。（ ）
7. 刀具交换装置是用来实现刀库和机床主轴之间的传递与装卸刀具的装置。（ ）

三、简答题

1. 刀库的作用是什么？有哪些形式？
2. 数控机床刀具的选刀方式有哪几种？
3. 简述机械手换刀方式的动作过程。
4. 简述固定换刀方式的动作过程（斗笠式刀库）。

课题十　卧式数控加工中心的电气故障检修

任务　卧式数控加工中心刀库换刀系统电气线路检修

学习目标

1. 认识卧式数控加工中心机床。
2. 了解加工中心电气控制系统的组成。
3. 能够熟练地对卧式加工中心换刀系统进行故障分析与检修。

任务引入

卧式加工中心的坐标系与立式加工中心坐标系即 X、Y、Z 三轴在空间上是不同的。与立式加工中心相比，卧式加工中心的功能多，在立式加工中心上加工不了的工件，在卧式加工中心上一般都能加工。图 10—1 所示是 J1HMC40 卧式加工中心外形图，为了迅速及有效地解决 J1HMC40 卧式加工中心在运行中出现的电气故障，需要掌握下列知识与技能：

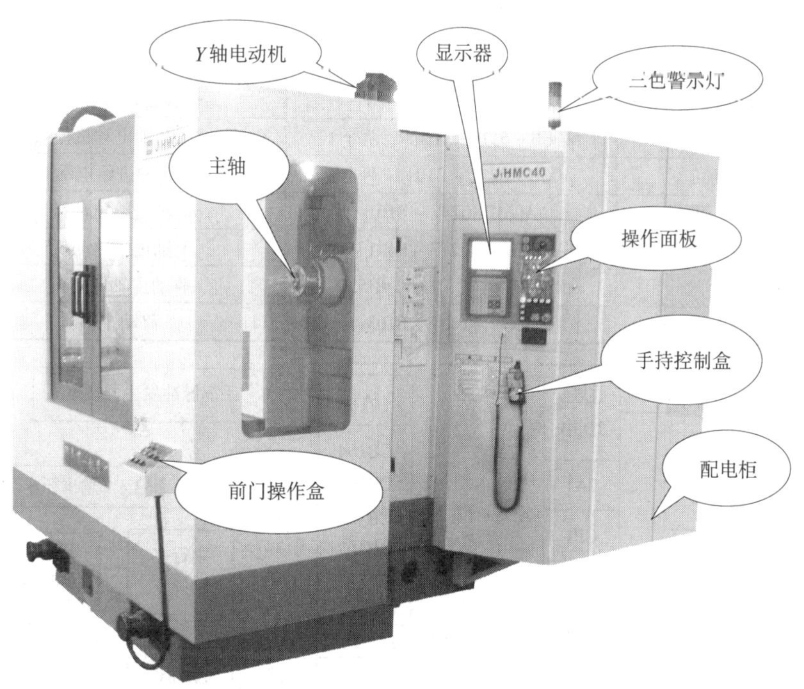

图 10—1　J1HMC40 卧式加工中心外形图

（1）J1HMC40 卧式加工中心的基本组成。

（2）J1HMC40 卧式加工中心常用刀库的形式及换刀原理。

（3）J1HMC40 卧式加工中心的典型故障分析与排除。

相关知识

卧式加工中心虽然型号繁多，系统也多种多样，但其电气原理和工作内容是相同的。下面以配置 FANUC 0i－MB 系统的 J1HMC40 卧式加工中心为例，对机床进行简单介绍。

一、J1HMC40 卧式加工中心电气组成概述

J1HMC40 卧式加工中心为四坐标卧式机床，带圆盘式刀库 30 把刀；控制柜采用强电控制柜＋操作站结构；主轴采用 αi 系列交流伺服主轴电机 1∶1 传动。

1．数控系统的组成

J1HMC40 卧式加工中心数控系统主要由数控装置、开关电源、伺服电源模块、伺服驱动器、伺服电动机、变频器、主轴伺服电动机、键盘、操作面板、I/O 模块等器件组成，见表 10—1。图 10—2 所示为 J1VMC40M 卧式加工中心数控系统配置框图，它表达了各部件之间的连接关系。

表 10—1　　J1HMC40 卧式加工中心数控系统设计主要器件

序号	名称	规格	主要用途	备注
1	数控装置	FANUC 0i－MB	控制系统	FANUC
2	操作面板	A02B－0236－C231	操作机床	FANUC
3	伺服变压器	三相交流 380/200 V 26 kW	为伺服电源模块供电	FANUC
4	开关电源	AC220/DC24 V 100 W	开关量及中间继电器	明玮
5	伺服电源模块	A06B－6110－H026	为伺服驱动器提供强电	FANUC
6	伺服驱动器	A06B－6114－H208（两个）	*X*、*Y*、*Z*、*B* 轴电动机伺服驱动器	
7	伺服电动机	A06B－0227－B101（两个）	*X*、*B* 轴进给电动机	
8	伺服电动机	A06B－0247－B101	*Z* 轴进给电动机	
9	伺服电动机	A06B－0247－B401	*Y* 轴进给电动机	FANUC
10	主轴驱动器	A06B－6111－H011#H550	驱动主轴电动机	FANUC
11	主轴伺服电动机	A06B－1407－B103	驱动主轴	FANUC

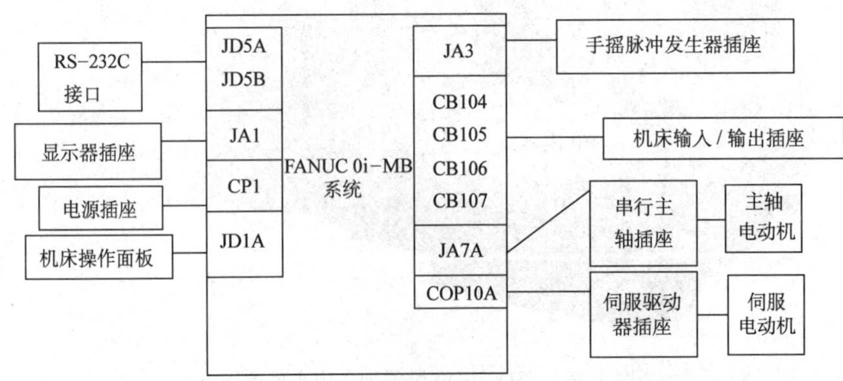

图 10—2　J1HMC40 卧式加工中心数控系统配置框图

2. 输入输出开关量定义

表 10—2、表 10—3、表 10—4 为 J1HMC40 卧式加工中心数控系统对输入输出开关量的定义。

表 10—2　　CB104 插头地址分配表

引脚号	信号 A	定义	信号 B	定义
1	0 V	信号地	+24 V	+24 V 电源
2	X0. 0	回刀限位开关	X0. 1	倒刀限位开关
3	X0. 2	启动门开/闭	X0. 3	螺旋排屑器按钮
4	X0. 4	气压压力低	X0. 5	液压压力低
5	X0. 6	润滑液位低	X0. 7	前门连锁
6	X1. 0	工作台锁紧确认	X1. 1	工作台松开确认
7	X1. 2	冲屑装置	X1. 3	刀库正转
8	X1. 4	刀库反转	X1. 5	刀库手动
9	X1. 6	刀库自动	X1. 7	原点设定
10	X2. 0	手轮倍率 X1	X2. 1	手轮倍率 X10
11	X2. 2	手轮倍率 X100	X2. 3	手轮轴选择 *X*
12	X2. 4	手轮轴选择 *Y*	X2. 5	手轮轴选择 *Z*
13	X2. 6	手轮轴选择 *B*	X2. 7	
14				
15				
16	Y0. 0	机床报警	Y0. 1	机床正常/循环结束
17	Y0. 2	程序运行	Y0. 3	主轴中央吹气
18	Y0. 4	主轴中央出水	Y0. 5	主轴周边出水
19	Y0. 6	冲屑装置	Y0. 7	主轴松刀
20	Y1. 0	超程解除	Y1. 1	冷却泵 M2
21	Y1. 2	ATC 电动机旋转	Y1. 3	冷却泵 M7
22	Y1. 4	冷却泵 M8	Y1. 5	螺旋排屑器
23	Y1. 6	*Y* 轴刹车解除	Y1. 7	
24	DOCOM	1L +	DOCOM	1L +
25				

表 10—3　　CB105 插头地址分配表

引脚号	信号 A	定义	信号 B	定义
1	0 V	信号地	+24 V	+24 V 电源
2	X3. 0	刀库计数	X3. 1	ATC 刹车确认
3	X3. 2	ATC 扣刀点确认	X3. 3	ATC 原点确认
4	X3. 4	刀库原点	X3. 5	主轴刀具夹紧
5	X3. 6	主轴刀具松开	X3. 7	*Y* 轴原点确认
6	X8. 0	ATC 电动机过载	X8. 1	刀库电动机过载
7	X8. 2	循环启动（前门）	X8. 3	进给保持（前门）
8	X8. 4	急停	X8. 5	*Z* 轴原点确认

续表

引脚号	信号 A	定义	信号 B	定义
9	X8.6	刀库气动门开	X8.7	刀库气动门关
10	X9.0	*X* 轴参考点减速	X9.1	*Y* 轴参考点减速
11	X9.2	*Z* 轴参考点减速	X9.3	*B* 轴参考点减速
12	X9.4	冷却电动机过载	X9.5	液压电动机过载
13	X9.6	主电动机风扇过载	X9.7	排屑器电动机过载
14				
15				
16	Y2.0	刀库正转	Y2.1	刀库反转
17	Y2.2	刀库倒刀	Y2.3	刀库复位
18	Y2.4	刀库门关	Y2.5	刀库门开
19	Y2.6	NC 工作台夹紧	Y2.7	NC 工作台松开
20～23	Y3.0～Y3.6	刀号显示	Y3.1～Y3.7	刀号显示
24 25	DOCOM	1L+	DOCOM	1L+

表 10—4　　CB106 插头地址分配表

引脚号	信号 A	定义	信号 B	定义
1	0 V	信号地	+24 V	+24 V 电源
2	X4.0		X4.1	
3	X4.2		X4.3	
4	X4.4		X4.5	
5	X4.6		X4.7	
6	X5.0		X5.1	
7	X5.2		X5.3	
8	X5.4		X5.5	
9	X5.6		X5.7	
10	X6.0		X6.1	
11	X6.2		X6.3	
12	X6.4		X6.5	
13	X6.6		X6.7	
14				
15				
16	Y4.0	循环启动灯（前门）	Y4.1	进给保持灯（前门）
17	Y4.2	螺旋排屑器灯	Y4.3	冲屑装置灯
18	Y4.4	刀库原点灯	Y4.5	按钮有效灯
19	Y4.6		Y4.7	
20	Y5.0		Y5.1	
21	Y5.2		Y5.3	
22	Y5.4		Y5.5	
23	Y5.6		Y5.7	
24 25	DOCOM	1L+	DOCOM	1L+

二、刀库电气线路分析

前面几个课题已经介绍了几种机床的电路图，这里只介绍卧式加工中心与其他机床的不同部分。J1HMC40 卧式加工中心，采用带 ATC 换刀手的圆盘式刀库，部分机床具有双工作台，两工作台可以实现自动交换，其中一个工作台在加工区内时，另一个可以装卡工件，提高了机床的加工效率。图 10—3 ~ 图 10—4 所示分别为卧式加工中心这两部分的输出/输入电路图。而对于相应的强电电路未作描述。

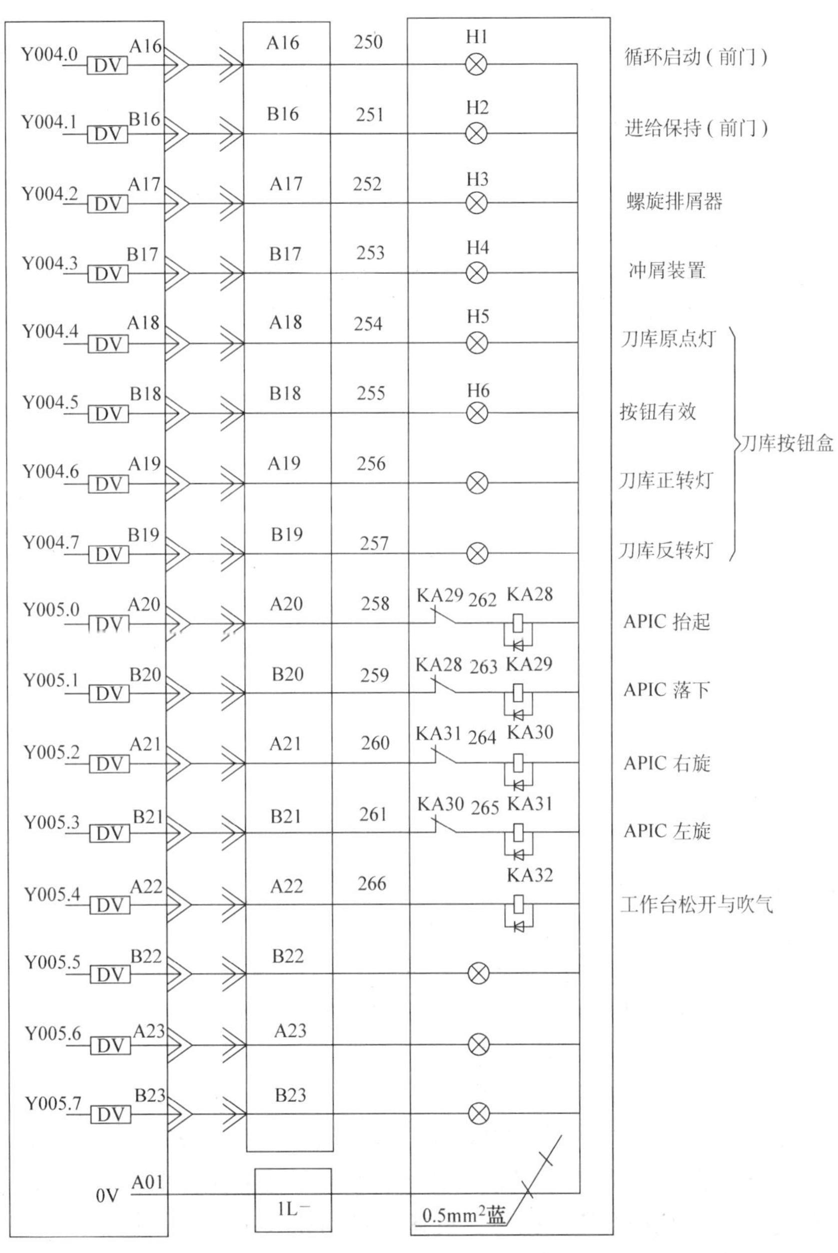

图 10—3　J1HMC40 卧式加工中心输出/输入电路图（一）

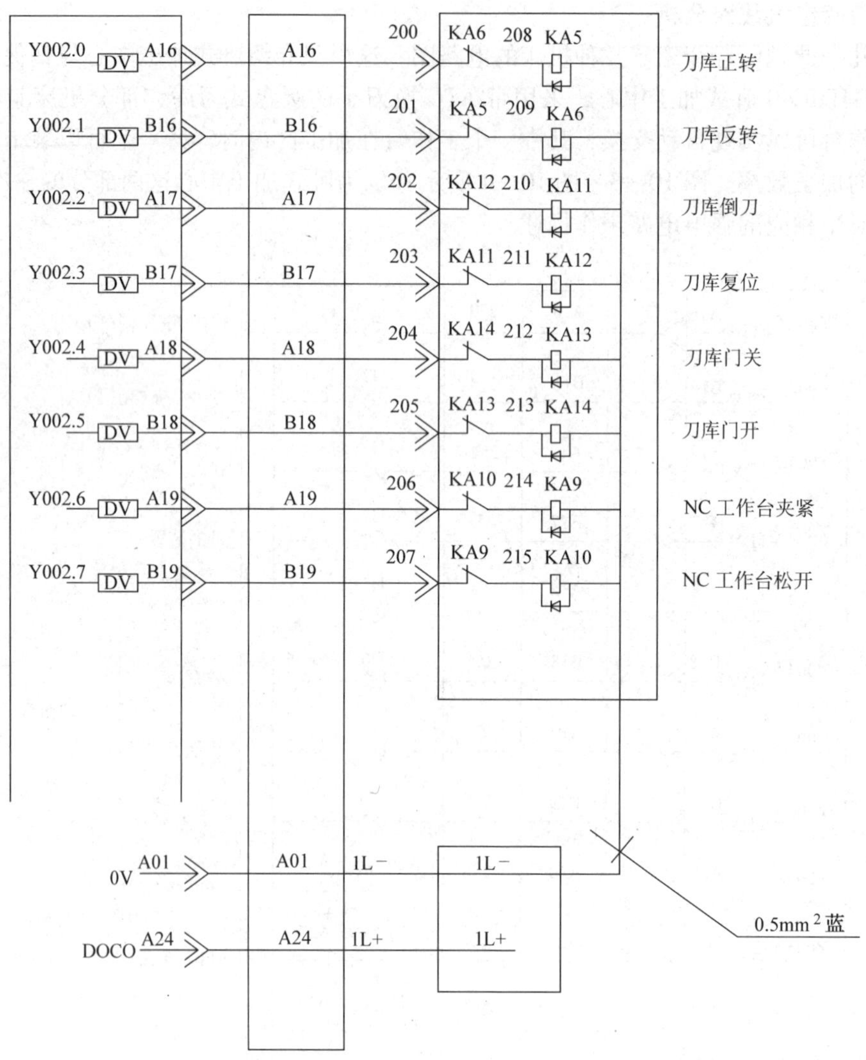

图 10—4　J1HMC40 卧式加工中心输出/输入电路图（二）

对于具备交换工作台的卧式加工中心，其动作过程如下：在手动方式下，按下工作台交换抬起指令 X5. 4（手动抬起），如各条件具备（工作台 1 与工作台 2 在原位，即 X5. 6、X5. 7 均为“1”信号），工作台会自动抬起；如上述条件不具备，机床会发出工作台不再交换位置信息，该信息复位可取消，工作台抬起并确认（APIC 抬起到位 X5. 0 信号为“1”）后，按下 APIC 转位按钮 X5. 5，工作台会在液压缸的带动下旋转 180°，旋转方向视工作台原来状态而定，如旋转前 APIC 右旋到位 X5. 2 信号为“1”，则 APIC 执行左旋动作，如旋转前 APIC 左旋到位 X5. 3 信号为“1”，则 APIC 执行右旋动作，不论左旋还是右旋，只有相应到位信号 X5. 3 或 X5. 2 变为“1”后，旋转动作才告结束，才能执行手动工作台落下操作。

在自动方式下，自动执行 M60 指令，机床会自动完成工作台交换指令。在这里，M60 不是一个普通的 M 代码，机床通过 M60 指令，调用用户宏程序，完成工作台交换指令。具体过程如下：机床执行 M60 指令后，首先判断机床 X 轴是否在交换工作台位置（即 X5. 6 是否为“1”），如不为“1”，则自动运行到交换位置，然后 *B* 轴回零，再次执行 APIC 抬起指令（抬起前信号 X5.7 必须为“1”，否则机床会因为程序无法自动执行而报警），抬起到位后（信号 X5.0 为“1”），执行旋转指令（左旋或右旋），旋转到位后（X5.3 或 X5.2 信号为“1”），执行 APIC 落下指令，落下到位后（信号 X5.1 为“1”），M60 调用的用户宏程序结束，机床工作台交换动作完成。如机床在执行 M60 调用的用户宏程序过程中报警，或者程序无法继续执行，可检查相应到位信号或电磁阀是否动作，以此来找出故障原因。

这里介绍的只是液压缸作动力的回转式交换工作台的工作过程，在工业现场中，工作台的交换形式还有多种，在此不再赘述。

三、配置 FANUC 系统的加工中心刀库

配置 FANUC 系统的加工中心刀库的电动机采用 I/O LINK 轴控制方式。I/O LINK 或 PMC 轴控制方式是 FANUC 公司为了弥补 NC 控制轴数受限制，而机床设备又必须由系统控制的情况，专门用于控制机床辅助设备的一种控制方式。其控制对象必须是不参与插补的控制轴，如分度工作台、刀库、机械手等。

I/O LINK 或 PMC 轴有一种专门针对刀库的工作方式，通过参数可设定刀库容量、步距。手动操作时，电动机走整数步距；自动操作时，实现最优路径选刀。I/OLINK 或 PMC 轴相当于 PC 的一个站点，就像 PC 输入/输出单元一样需要定义其地址。一旦设定好其地址，其与 PC 之间的通信接口就固定了。这些接口与 NC 轴接口类似，不同之处在于：像操作方式、速度修调一类的接口信号，NC 轴不需要单独处理，PC 处理结果直接送到 PC - NC 接口，且对所有 NC 轴都有效；I/O LINK 或 PMC 轴则需要单独送到相应的接口上。另外，在自动方式，定位位置、启动等信号也需要通过 PC 程序送到相应接口。由于采用刀库工作方式，定位位置对应的就是目标刀号。手动旋转刀库时接口处理与 NC 轴相同，不同之处在于：NC 轴按钮抬起即停，而刀库要到刀位再停，即走整数倍步距。

四、典型故障的分析

故障一：J1HMC40 卧式加工中心换刀不正常

故障分析与处理：机床发出换刀指令后，机床出现换刀不正常的故障现象。首先应查看机床及换刀系统，其次明确换刀的流程与动作过程。当系统发出换刀指令时，先判断主轴上刀号是否和指令刀号相同⟶如相同不执行换刀⟶判断主轴是否是大刀⟶如果是大刀，刀库先选大刀⟶进行换刀动作⟶判断主轴上刀号是否与指令刀号相同⟶如相同，换刀结束⟶如不相同，选择目标刀号⟶进行换刀动作⟶换刀结束。通过上述换刀的过程逐步分析，确定出故障检修流程图，如图 10—5 所示。

故障二：某加工中心配套 SIEMENS 840D 系统，在自动换刀时刀链运转不到位，刀库就停止运转，机床自动报警

在分析带刀库的自动换刀系统存在换刀故障时，应明确换刀的过程，并重点检查刀库功能是否正常；换刀机械手功能是否正常；主轴拉刀机构功能是否正常共三个方面。

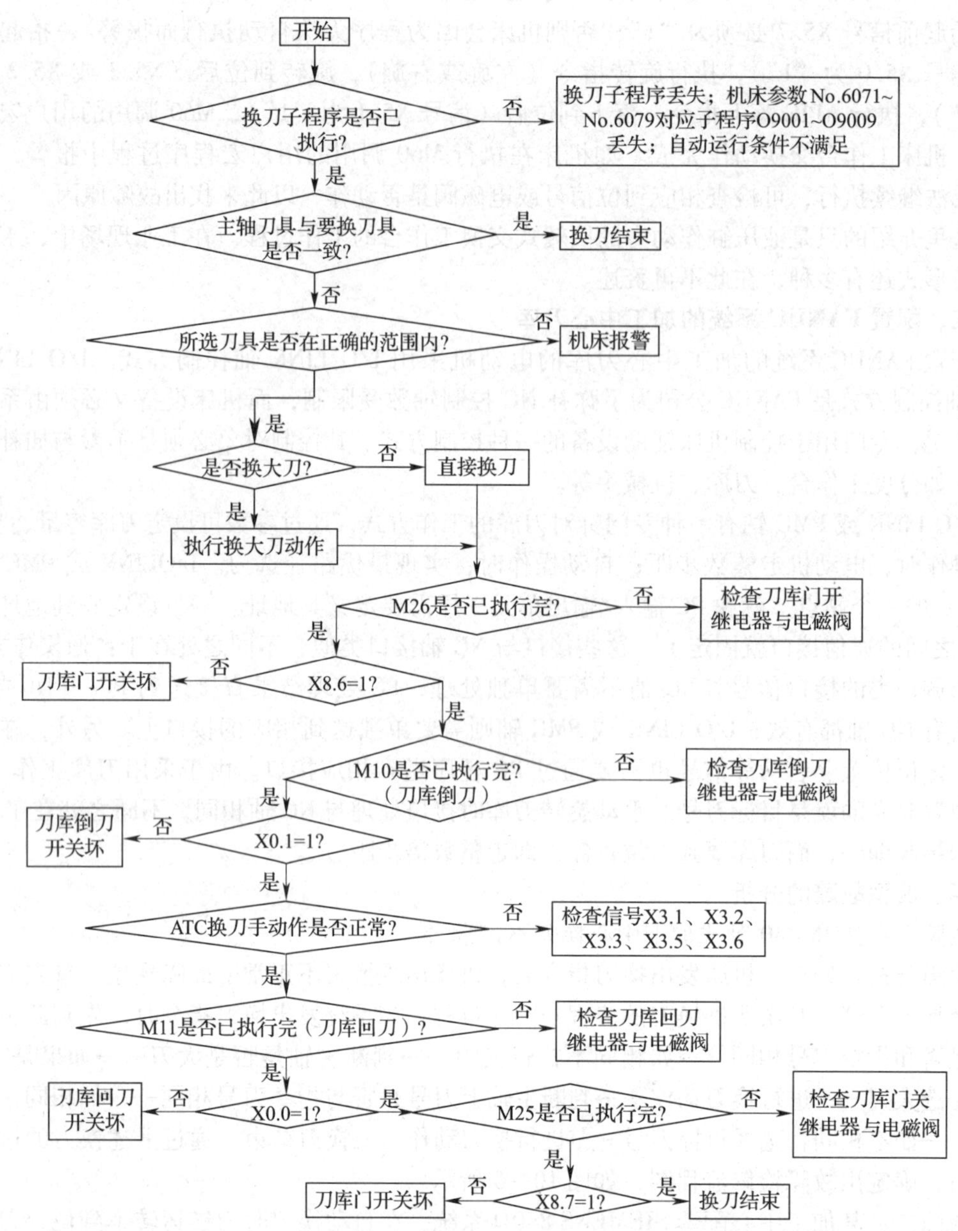

图 10—5　J1HMC40 加工中心换刀不正常的故障检修流程图

故障分析与处理：机床在自动换刀时刀链运转不到位，刀库就停止运转，机床自动报警。根据报警信息可知是刀库伺服电动机过载故障，结合表 9—2—2 中的故障原因，确定故障主要发生在电气方面还是机械方面。电气方面主要有电源、伺服电动机控制线路、伺服电动机方面等；机械传动方面主要有刀库链、减速器及润滑方面等。根据分析的故障原因，采用正确的检查方法，先对电气方面的输入电源、控制线路等进行逐一检查。然后，对机械方面进行检查，检查刀库链或减速器内有无异物卡住、刀库链上的刀具是否太重和润滑是否不良等。最后，检查伺服电动机是否正常。卸下伺服电动机，发现伺服电动机内部有许多切削液，致使线圈短路。经观察发现，原因是电动机与减速器连接处的密封圈磨损，从而导致切削液渗入电动机。更换电机与密封圈，故障修复即可通电试车。

任务实施

一、任务准备

实施本任务所需要的实训设备及工具材料表见表 10—5。

表 10—5　　实训设备及工具材料表

序号	名称	型号与名称	数量
1	数控加工中心	J1HMC400 卧式加工中心	1 台
2	电工常用工具	自定	1 套
3	仪器仪表	自定	1 块
4	机床说明书		1 本

二、刀库换刀系统的电气线路检修

1. 设置故障

设置数控加工中心换刀不正常的故障。

操作提示

（1）由教师或同组学生人为设置故障，且必须是机床在使用中的常见故障。

（2）设置故障时，必须在停电情况下进行，切忌更改线路和损坏元件等，以确保人身和设备安全。

2. 检修步骤

（1）在教师的指导下，可参考图 10—5 所示的检修流程图，进行逐一的检查，直到找到故障点，并详细填写表 10—6 所示故障检修记录单。

（2）修复故障并通电试车。

（3）检修完毕，切断电源，清扫场地。

操作提示

1）操作时，应切断机床电源，并将拆下导线进行绝缘处理；排除故障时，应注意断电、验电，以确保安全。

2）应在指导教师的监督下进行试车操作，并确保设备正常。

三、填写故障检修记录单

表 10—6　　数控加工中心换刀不正常的故障检修记录单

维修时间		维修人员		
设备名称	加工中心	设备型号		
故障现象				
诊断与维修	可能故障部位	是否正常	排除方法	维修用零配件
维修小结				
修后试车确认 维修结果				

四、评分标准

完成任务后，学生先按照表 10—7 进行自我测评，再由指导教师评价审核。

表 10—7　　评分标准

序号	项目	考核内容及要求	配分	评分标准	扣分	得分
1	材料准备	检查工具（5 分）、资料（5 分）是否准备齐全	10	1. 工具不齐全，每少一件扣 1 分 2. 资料不齐全，扣 5 分		
2	故障现象勘察	1. 通电前，检查机床外观、电气元件（5 分） 2. 正确通电试运行（5 分） 3. 正确描述故障现象（5 分）	15	1. 不能全面检查机床外观、电气元件，每漏检一处扣 1 分 2. 不能正确通电试运行，扣 5 分 3. 不能正确描述故障现象，扣 5 分		
3	故障原因分析	1. 故障分析思路正确、清晰（5 分） 2. 故障原因分析正确、完整（15 分） 3. 正确查阅资料（5 分）	25	1. 思路不清晰或不正确，扣 5 分 2. 不能正确分析故障原因或分析不完整，每错一处扣 3 分 3. 不能正确查阅资料，扣 5 分		
4	故障处理	1. 对故障部位进行维修（25 分）. 2. 试运行，对维修效果进行验证（5 分）	30	1. 工具使用不正确，扣 5 分 2. 停电不验电，扣 5 分 3. 思路不清晰，扣 10 分 4. 工时控制不合理，扣 5 分 5. 不会试运行或维修试运行结果不正确，扣 2 分 6. 查出故障，而不能进行故障修复的，扣 3 分		

续表

序号	项目	考核内容及要求	配分	评分标准	扣分	得分
5	安全文明生产	应符合国家安全文明生产的有关规定	10	违反安全文明生产有关规定，不得分		
6	实操过程记录	填写清晰、准确	10	填写不清晰或不准确，不得分		
指导教师评价					总得分	

思考与练习

一、填空题（将正确答案填在横线上）

1. J1HMC40 卧式加工中心数控系统主要由__________、__________、__________、__________、__________、__________与操作面板、I/O 模块等器件组成。

2. J1HMC40 卧式加工中心为卧式机床，其刀库形式为____________________。

3. J1HMC40 卧式加工中心的三色灯的红灯亮时，表示机床处于________状态；当三色灯的绿灯亮时，表示机床处于_________状态。

二、简答题

1. 简述卧式加工中心在手动方式下交换工作台的动作过程。

2. 试分析卧式加工中心换刀不正常的故障原因与检修过程。